SOLIDWORKS SOLIDWORKS® 公司官方指定培训教程
CSWP 全球专业认证考试培训教程

SOLIDWORKS®
二次开发与API教程

（2020版）

[法] DS SOLIDWORKS®公司 著
胡其登 戴瑞华 主编
杭州新迪数字工程系统有限公司 编译

机械工业出版社
CHINA MACHINE PRESS

《SOLIDWORKS®二次开发与API教程(2020版)》是根据DS SOLIDWORKS®公司发布的《SOLIDWORKS® 2020 API Fundamentals》编译而成的，着重介绍了使用SOLIDWORKS软件进行二次开发的方法和技巧，包括零件、装配体、工程图的二次开发接口和SOLIDWORKS Addin的生成等。本书提供练习文件下载，详见“本书使用说明”。本书提供高清语音教学视频，扫描书中二维码即可免费观看。

本书在保留英文原版教程精华和风格的基础上，按照中国读者的阅读习惯进行了编译，配套教学资料齐全，适合企业工程设计人员和高等本科院校、职业技术院校相关专业师生使用。

北京市版权局著作权合同登记　图字：01-2020-3366号。

图书在版编目（CIP）数据

SOLIDWORKS®二次开发与API教程：2020版/法国DS SOLIDWORKS®公司著；胡其登，戴瑞华主编. —北京：机械工业出版社，2020.12（2025.1重印）

SOLIDWORKS®公司官方指定培训教程　CSWP全球专业认证考试培训教程

ISBN 978-7-111-67178-7

Ⅰ.①S…　Ⅱ.①法…　②胡…　③戴…　Ⅲ.①计算机辅助设计-应用软件-教材　Ⅳ.①TP391.72

中国版本图书馆CIP数据核字（2020）第268664号

机械工业出版社（北京市百万庄大街22号　邮政编码100037）
策划编辑：张雁茹　　责任编辑：张雁茹
责任校对：肖　琳　樊钟英　　封面设计：陈　沛
责任印制：单爱军
北京虎彩文化传播有限公司印刷
2025年1月第1版第5次印刷
184mm×260mm · 18.75印张 · 511千字
标准书号：ISBN 978-7-111-67178-7
定价：69.80元

电话服务　　网络服务
客服电话：010-88361066　　机　工　官　网：www.cmpbook.com
　　　　　010-88379833　　机　工　官　博：weibo.com/cmp1952
　　　　　010-68326294　　金　书　网：www.golden-book.com
封底无防伪标均为盗版　　机工教育服务网：www.cmpedu.com

序

尊敬的中国 SOLIDWORKS 用户：

DS SOLIDWORKS®公司很高兴为您提供这套最新的 SOLIDWORKS®中文官方指定培训教程。我们对中国市场有着长期的承诺，自从 1996 年以来，我们就一直保持与北美地区同步发布 SOLIDWORKS 3D 设计软件的每一个中文版本。

我们感觉到 DS SOLIDWORKS®公司与中国用户之间有着一种特殊的关系，因此也有着一份特殊的责任。这种关系是基于我们共同的价值观——创造性、创新性、卓越的技术，以及世界级的竞争能力。这些价值观一部分是由公司的共同创始人之一李向荣(Tommy Li)所建立的。李向荣是一位华裔工程师，他在定义并实施我们公司的关键性突破技术以及在指导我们的组织开发方面起到了很大的作用。

作为一家软件公司，DS SOLIDWORKS®致力于带给用户世界一流水平的3D 解决方案（包括设计、分析、产品数据管理、文档出版与发布），以帮助设计师和工程师开发出更好的产品。我们很荣幸地看到中国用户的数量在不断增长，大量杰出的工程师每天使用我们的软件来开发高质量、有竞争力的产品。

目前，中国正在经历一个迅猛发展的时期，从制造服务型经济转向创新驱动型经济。为了继续取得成功，中国需要相配套的软件工具。

SOLIDWORKS® 2020 是我们最新版本的软件，它在产品设计过程自动化及改进产品质量方面又提高了一步。该版本提供了许多新的功能和更多提高生产率的工具，可帮助机械设计师和工程师开发出更好的产品。

现在，我们提供了这套中文官方指定培训教程，体现出我们对中国用户长期持续的承诺。这些教程可以有效地帮助您把 SOLIDWORKS® 2020 软件在驱动设计创新和工程技术应用方面的强大威力全部释放出来。

我们为 SOLIDWORKS 能够帮助提升中国的产品设计和开发水平而感到自豪。现在您拥有了功能丰富的软件工具以及配套教程，我们期待看到您用这些工具开发出创新的产品。

Gian Paolo Bassi

DS SOLIDWORKS®公司首席执行官

2020 年 3 月

胡其登 现任DS SOLIDWORKS®公司大中国区技术总监

胡其登先生毕业于北京航空航天大学，先后获得“计算机辅助设计与制造（CAD/CAM）”专业工学学士、工学硕士学位。毕业后一直从事3D CAD/CAM/PDM/PLM技术的研究与实践、软件开发、企业技术培训与支持、制造业企业信息化的深化应用与推广等工作，经验丰富，先后发表技术文章20余篇。在引进并消化吸收新技术的同时，注重理论与企业实际相结合。在给数以百计的企业进行技术交流、方案推介和顾问咨询等工作的过程中，对如何将3D技术成功应用到中国制造业企业的问题，形成了自己的独到见解，总结出了推广企业信息化与数字化的最佳实践方法，帮助众多企业从2D平滑地过渡到了3D，并为企业推荐和引进了PDM/PLM管理平台。作为系统实施的专家与顾问，以自身的理论与实践的知识体系，帮助企业成为3D数字化企业。

胡其登先生作为中国较早使用SOLIDWORKS软件的工程师，酷爱3D技术，先后为SOLIDWORKS社群培训培养了数以百计的工程师，目前负责SOLIDWORKS解决方案在大中国区全渠道的技术培训、支持、实施、服务及推广等全面技术工作。

前言

DS SOLIDWORKS®公司是一家专业从事三维机械设计、工程分析、产品数据管理软件研发和销售的国际性公司。SOLIDWORKS软件以其优异的性能、易用性和创新性，极大地提高了机械设计工程师的设计效率和设计质量，目前已成为主流3D CAD软件市场的标准，在全球拥有超过600万的用户。DS SOLIDWORKS®公司的宗旨是：to help customers design better products and be more successful——让您的设计更精彩。

“SOLIDWORKS®公司官方指定培训教程”是根据DS SOLIDWORKS®公司最新发布的SOLIDWORKS® 2020软件的配套英文版培训教程编译而成的，也是CSWP全球专业认证考试培训教程。本套教程是DS SOLIDWORKS®公司唯一正式授权在中国境内出版的官方指定培训教程，也是迄今为止出版的最为完整的SOLIDWORKS®公司官方指定培训教程。

本套教程详细介绍了SOLIDWORKS® 2020软件的功能，以及使用该软件进行三维产品设计、工程分析的方法、思路、技巧和步骤。值得一提的是，SOLIDWORKS® 2020软件不仅在功能上进行了400多项改进，更加突出的是它在技术上的巨大进步与创新，从而可以更好地满足工程师的设计需求，带给新老用户更大的实惠！

戴瑞华　现任 DS SOLIDWORKS®公司大中国区 CAD 事业部高级技术经理

戴瑞华先生拥有25年以上机械行业从业经验，曾服务于多家企业，主要负责设备、产品、模具以及工装夹具的开发和设计。其本人酷爱3D CAD技术，从2001年开始接触三维设计软件，并成为主流3D CAD SOLIDWORKS的软件应用工程师，先后为企业和SOLIDWORKS社群培训了成百上千的工程师。同时，他利用自己多年的企业研发设计经验，总结出了在中国的制造业企业应用3D CAD技术的最佳实践方法，为企业的信息化与数字化建设奠定了扎实的基础。

戴瑞华先生于2005年3月加入DS SOLIDWORKS®公司，现负责SOLIDWORKS解决方案在大中国区的技术培训、支持、实施、服务及推广等，实践经验丰富。其本人一直倡导企业构建以三维模型为中心的面向创新的研发设计管理平台，实现并普及数字化设计与数字化制造，为中国企业最终走向智能设计与智能制造进行着不懈的努力与奋斗。

《SOLIDWORKS®二次开发与API教程（2020版）》是根据DS SOLIDWORKS®公司发布的《SOLIDWORKS® 2020 API Fundamentals》编译而成的，着重介绍了使用SOLIDWORKS软件进行二次开发的方法和技巧，包括零件、装配体、工程图的二次开发接口和SOLIDWORKS Addin的生成等。

本套教程在保留了英文原版教程精华和风格的基础上，按照中国读者的阅读习惯进行编译，使其变得直观、通俗，让初学者易上手，让高手的设计效率和质量更上一层楼！

本套教程由DS SOLIDWORKS®公司大中国区技术总监胡其登先生和CAD事业部高级技术经理戴瑞华先生共同担任主编，由杭州新迪数字工程系统有限公司副总经理陈志杨负责审校。承担编译、校对和录入工作的有钟序人、唐伟、李鹏、叶伟等杭州新迪数字工程系统有限公司的技术人员。杭州新迪数字工程系统有限公司是DS SOLIDWORKS®公司的密切合作伙伴，拥有一支完整的软件研发队伍和技术支持队伍，长期承担着SOLIDWORKS核心软件研发、客户技术支持、培训教程编译等方面的工作。本书的操作视频由SOLIDWORKS高级咨询顾问赵罡制作。在此，对参与本书编译和视频制作的工作人员表示诚挚的感谢。

由于时间仓促，书中难免存在疏漏和不足之处，恳请广大读者批评指正。

胡其登　戴瑞华

2020年3月

本书使用说明

关于本书

本书的目的是教会读者如何使用 SOLIDWORKS 的应用程序编程接口（API）。API 用来自动化一些冗长的 SOLIDWORKS 设计工作，它还可以用来创建运行在 SOLIDWORKS 程序进程内或进程外的工程应用程序。用户在 SOLIDWORKS 界面上所进行的操作都可以通过 API 编程来实现自动化。SOLIDWORKS API 内容非常丰富，而本书章节有限，不可能覆盖每个细节。因此，本书将重点给读者介绍构建自动化工具时所必需的一些基本技能和概念。当读者掌握了这些基本技能后，就可以通过在线帮助系统学习更多的 API 函数。

前提条件

读者在学习本书之前，应该具备如下经验：

- 机械设计经验。
- 使用 Windows 操作系统的经验。
- 已经学习了 SOLIDWORKS 基础教程。
- 使用 Visual Basic 的经验。

编写原则

本书是基于过程或任务的方法而设计的培训教程，并不专注于介绍单项特征和软件功能。本书强调的是完成一项特定任务所遵循的过程和步骤。通过对每一个应用实例的学习来演示这些过程和步骤，读者将学会为完成一项特定设计任务所需采取的方法，以及所需要的命令、选项和菜单。

知识卡片

除了每章的研究实例和练习外，本书还提供了可供读者参考的“知识卡片”。这些“知识卡片”提供了软件使用工具的简单介绍和操作方法，可供读者随时查阅。

使用方法

本书的目的是希望读者在有 SOLIDWORKS API 使用经验的教师指导下，在培训课中进行学习；希望读者通过“教师现场演示本书所提供的实例，学生跟着练习”的交互式学习方法掌握软件的功能。

读者可以使用练习题来应用和练习书中讲解的或教师演示的内容。本书设计的练习题代表了典型的设计和建模情况，读者完全能够在课堂上完成。应该注意到，学生的学习速度是不同的，因此，书中所列出的练习题比一般读者能在课堂上完成的要多，这确保了学习能力强的读者也有练习可做。

标准、名词术语及单位

SOLIDWORKS 软件支持多种工程图标准，如中国国家标准（GB）、美国国家标准（ANSI）、国际标准（ISO）、德国国家标准（DIN）和日本国家标准（JIS）。本书中的例子和练习基本上采用了中国国家标准（除个别为体现软件多样性的选项外）。为与软件保持一致，本书中一些名词术语、物理量符号和计量单位未与中国国家标准保持一致，请读者使用时注意。

练习文件下载方式

读者可以从网络平台下载本书的练习文件，具体方法是：微信扫描右侧或封底的“机械工人之家”微信公众号，关注后输入“2020API”即可获取下载地址。

机械工人之家

视频观看方式

扫描书中二维码在线观看视频，二维码位于章节之中的“操作步骤”处。可使用手机或平板计算机扫码观看，也可复制手机或平板计算机扫码后的链接到计算机的浏览器中，用浏览器观看。

模板的使用

本书使用一些预先定义好配置的模板，这些模板是通过有数字签名的自解压文件包的形式提供的。这些文件可从网址 http://swsft.solidworks.com.cn/ftp-docs/2020 下载。这些模板适用于所有 SOLIDWORKS 教程，使用方法如下：

1. 单击【工具】/【选项】/【系统选项】/【文件位置】。
2. 从下拉列表中选择文件模板。
3. 单击【添加】按钮并选择练习模板文件夹。
4. 在消息提示框中单击【确定】按钮和【是】按钮。

在文件位置被添加后，每次新建文档时就可以通过单击【高级】/【Training Templates】选项卡来使用这些模板（见下图）。

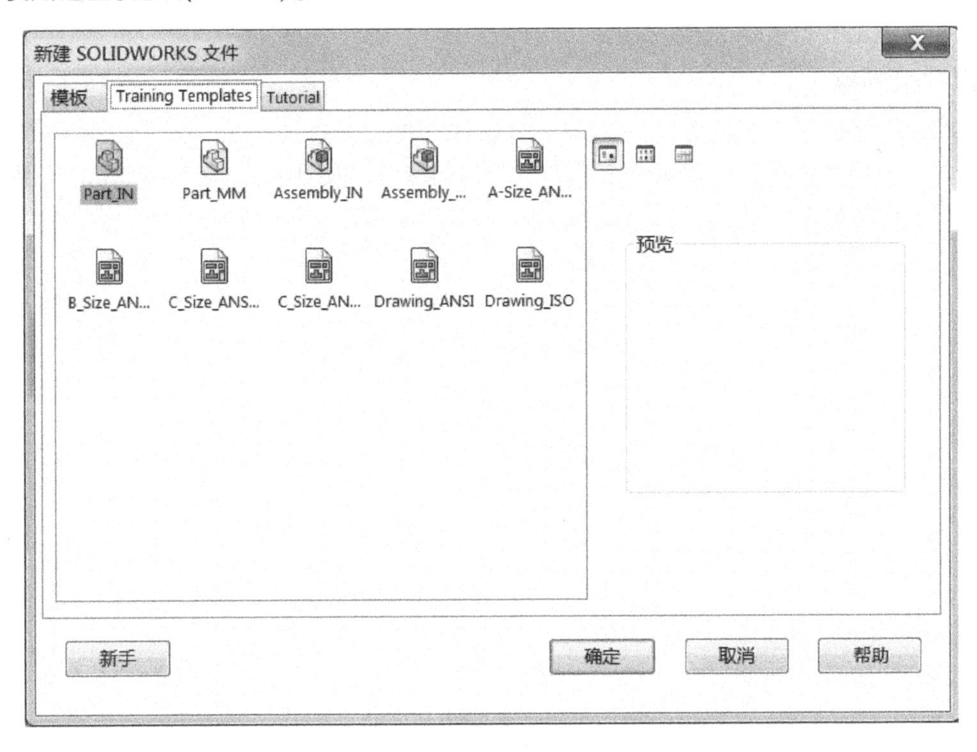

Windows 操作系统

本书所用的屏幕图片是 SOLIDWORKS® 2020 运行在 Windows® 7 时制作的。

本书的格式约定

本书使用下表所列的格式约定：

<table>
<tr><th>约　定</th><th>含　义</th><th>约　定</th><th>含　义</th></tr>
<tr><td>【插入】/【凸台】</td><td>表示 SOLIDWORKS 软件命令和选项。例如，【插入】/【凸台】表示从菜单【插入】中选择【凸台】命令</td><td>注意</td><td>软件使用时应注意的问题</td></tr>
<tr><td>提示</td><td>要点提示</td><td rowspan="2">操作步骤
步骤 1
步骤 2
步骤 3</td><td rowspan="2">表示课程中实例设计过程的各个步骤</td></tr>
<tr><td>技巧</td><td>软件使用技巧</td></tr>
</table>

关于色彩的问题

SOLIDWORKS® 2020 英文原版教程是采用彩色印刷的，而我们出版的中文版教程则采用黑白印刷，所以本书对英文原版教程中出现的颜色信息做了一定的调整，以便尽可能地方便读者理解书中的内容。

更多 SOLIDWORKS 培训资源

my. solidworks. com 提供更多的 SOLIDWORKS 内容和服务，用户可以在任何时间、任何地点，使用任何设备查看。用户也可以访问 my. solidworks. com/training，按照自己的计划和节奏来学习，以提高 SOLIDWORKS 技能。

用户组网络

SOLIDWORKS 用户组网络（SWUGN）有很多功能。通过访问 swugn. org，用户可以参加当地的会议，了解 SOLIDWORKS 相关工程技术主题的演讲以及更多的 SOLIDWORKS 产品，或者与其他用户通过网络来交流。

目　录

绪　　论

0.1　开始

程序员在 SOLIDWORKS 中录制宏或者使用 Visual Basic 编写连接 SOLIDWORKS 的应用程序之前，要注意以下几个方面。

0.1.1　文件类型

在 SOLIDWORKS 中，创建的宏文件类型为 SW VBA Macros（*.swp）。

在 Visual Basic. Net 中，下列文件可能是必需的：

- 解决方案文件（Solution Files）（*.sln）。
- 源代码文件（Source Code Files）（*.vb）。
- .NET 程序集/动态链接库（*.dll）。

0.1.2　使用显示声明 Option Explicit

强烈推荐在 Visual Basic 开发环境中使用 Option Explicit 语句，如图 0-1 所示。这样，Visual Basic 编译器将强制用户在使用变量前先声明它。

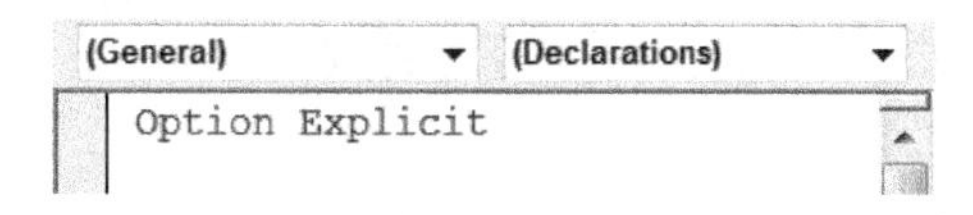

图 0-1　Option Explicit 语句

在 VBA 编辑器中，该选项可以以全局作用的方式打开，选择【工具】/【选项】，然后勾选【编辑器】选项卡中的【需要变量声明】复选框。

在 Visual Basic. NET 中，该选项也可以以全局作用的方式打开，选择【工具】/【选项】，然后选择【项目和解决方案】/【VB 默认】。

0.1.3　变量

变量用于在应用程序运行期间保存一个临时值。变量由名称和数据类型两部分组成。从本质上讲，变量就是内存中用于保存未知值的一个地方。声明变量就是事先把这些告诉程序。

使用 Dim 语句声明一个变量时，变量命名格式为：Dim variablename [As data type]。其中的可选子句"As data type"，允许用户为其定义不同的数据类型或对象类型。在声明时定义类型是一个良好的编程习惯。这样，系统将在运行前为变量分配需要的内存空间，而不是等到运行时动态地确定需要的内存空间。如果运行时确定，可能会分配比实际需要大的内存。

0.1.4　选择数据类型

Visual Basic 支持以下标准数据类型：

（1）String　保存字符串。在变量名后使用$，可以确保变量是该类型。

（2）Integer　在 VBA 中，保存在 -32768 ~ +32767 之间的 16 位数值。在变量名后使用%，可以确保变量是该类型。

（3）Long（长整型）　在 VBA 中，保存在 -2147483648 ~ +2147483647 之间的 32 位数值。

在变量名后使用 &，可以确保变量是该类型。在 VB. NET 中，保存在 -9223372036854775808 ~ +9223372036854775807 之间的 64 位数值。

（4）Single Precision（单精度） 保存带小数点的值，精确到小数点后 7 位。在变量名后使用!，可以确保变量是该类型。

（5）Double Precision（双精度） 保存带小数点的值，精确到小数点后 16 位。在变量名后使用#，可以确保变量是该类型。

（6）Decimal 支持直到 29 位的数值，最大可以表示到 7.9228×10^{28}。它特别适用于需要数值很大但不允许取整误差的计算，例如金融计算。

（7）Date 保存从 1000 年 1 月 1 日到 9999 年 12 月 31 日午夜的时间。使用符号##包围变量，可以确保变量是该类型。

（8）Byte 保存在 0 ~ 255 之间的整型值。

（9）Boolean 保存 True 或者 False 的值。

（10）Variant 保存所有数据类型的值。

（11）Object 保存一个 32bit（4 byte）的地址，指向一个对象。使用 Set 语句可以将任何对象引用赋给声明为 object 的变量。

（12）Dim 语句 声明或定义一个给定类型的变量。

```
Dim swApp            As Object               'Generic object
Dim swap             As SldWorks.SldWorks    'Specific object
Dim fileName         As String               'Simple string
Dim dvarArray(2)     As Double               'Set of 3 doubles
```

当引用了 SldWorks 类型库之后，会有更多可用的数据类型。

0.1.5 API 单位

如果无特别说明，所有 API 都分别使用【米】和【弧度】作为长度单位和角度单位。

0.1.6 SOLIDWORKS Constant Type Library

使用 SOLIDWORKS API 进行开发时，每个项目中必须包含“SOLIDWORKS 2020 Constant type library”。这个类型库包含了 SOLIDWORKS API 方法使用的所有常量定义。实际运行中，传递给方法的是常量定义，而不是它们所代表的实际数值。这能保证程序在安装了新版本的 SOLIDWORKS 之后仍能正常运行。实际使用的数值可能因为版本的不同而有所区别，但是常量定义是相同的，不会改变，只会增加。

使用 VBA 在 SOLIDWORKS 中录制宏时，会自动添加这个库。要验证这一点，可编辑任意一个在 SOLIDWORKS 中录制的宏，并从菜单中选择【工具】/【引用】。弹出的【引用】对话框中会显示项目中已包含的类型库，如图 0-2 所示。

注意

每个项目中都用到了多个 SOLIDWORKS 类型库。

将在第 2 章中详细介绍“SldWorks 2020 Type Library”。

提示

如果程序员忘记在他们的宏或者项目中添加“SOLIDWORKS 2020 Constant type library”，这时会怎样呢？如果代码试图使用常量类型库中的一个不存在的枚举值，并且此时没有使用 Option Explicit，Visual Basic 运行时会自动将枚举值初始化为 0 或者为空。这种情形很容易迷惑程序员，为什么程序不像设想的那样运行。如果使用了 Option Explicit，并且项目中没有包含常量类型库，编译器会告诉程序员枚举值不存在。程序员立刻就会知道项目没有包含 SOLIDWORKS 常量类型库。

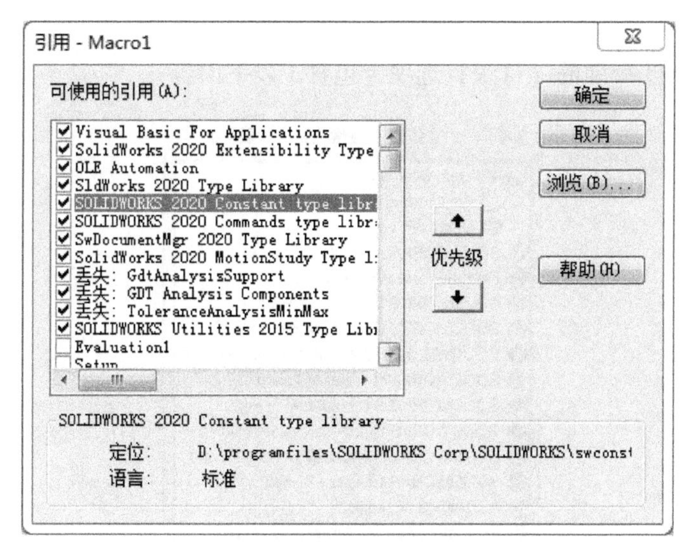

图 0-2 【引用】对话框

0.2　宏录制技巧

录制宏是获得基本函数的一个很好的起点。然而，不是所有的 API 函数都可以被录制。宏录制时要注意以下几个方面：

1）使用宏录制器作为从小应用程序创建大应用程序的工具。每次录制几步。多个记录可以放到一个程序中。

2）在录制前要计划好步骤。

3）录制时尽量减少视图变换的次数。所有的视图变换都将添加到录制的宏中。如果有必要，可选择多次录制而不是一次录制。

4）如果需要在录制时变换视图，则在录制结束后，删除多余的代码行，例如Part. ActiveView( ). RotateAboutCenter。

5）如果在 ClearSelection 调用之后紧接着有 SelectByID 调用，那么删除该 ClearSelection 调用。任何刚好在 ClearSelection 之前的 SelectByID 调用都是没有作用的。

0.2.1　SOLIDWORKS API 帮助

SOLIDWORKS API 帮助文件主要用来帮助程序员和用户了解特定 API 的接口、方法、属性和事件。要在 SOLIDWORKS 中打开帮助文件，单击【帮助】/【API 帮助】。API 帮助文件将显示可用于当前安装的 SOLIDWORKS 软件的每个插件的帮助主题。

0.2.2　API 对象接口

接口是一个 COM 的术语，它包含了 SOLIDWORKS 中使用到的类。SOLIDWORKS 是使用面向对象技术设计的。在 SOLIDWORKS 之下是表示软件各个方面的对象模型。为了将 API 开放给使用其他编程语言的开发者，COM 编程允许 SOLIDWORKS 将实际的 SOLIDWORKS 对象的函数功能开放给外部世界。COM 编程已经超出了本书的涵盖范围，但是读者应该理解 API 是由一组接口组成的，这些接口被组织为接口对象模型（interface object model）。一般来说可将接口看作一个对象（object）。

实际上用户处理的是指向 SOLIDWORKS 对象的接口指针。

0.2.3 目录

如图 0-3 所示，API 帮助的【目录】选项卡包含了以下内容：

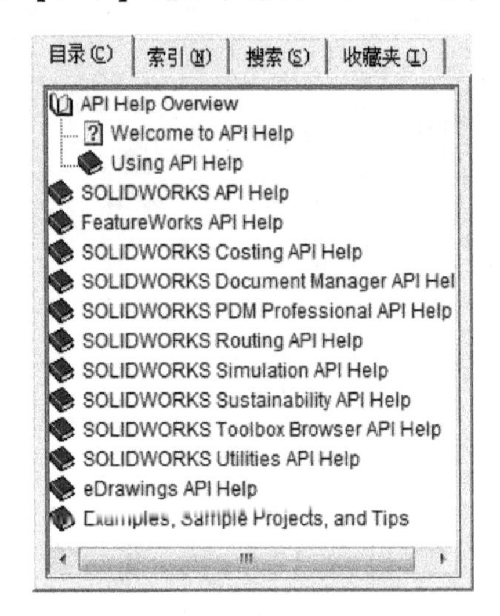

图 0-3 【目录】选项卡

（1） **Getting Started** 包含 SOLIDWORKS API 入门、SOLIDWORKS API 应用程序类型、SOLIDWORKS API 对象模型以及编程主题（如早绑定和后绑定、事件、单位、返回值以及使用安全数组）的有用信息，还包含用来帮助读者入门的示例和项目。

（2） **SOLIDWORKS APIs** 关于 SOLIDWORKS API 支持的所有接口及其方法、属性和事件的完整文件。在这一部分，可以按功能类别查找接口或者查询 SOLIDWORKS 软件中新功能的发行说明信息。

（3） **SOLIDWORKS Enumerations** 关于 SOLIDWORKS API 支持的所有常量的完整文件。

0.2.4 索引

API 帮助的【索引】选项卡（见图 0-4）可以使用户快速定位 API 主题。这些主题是根据关键字按字母表排序的。

图 0-4 【索引】选项卡

0.2.5 搜索

API 帮助的【搜索】选项卡（见图 0-5）允许搜索 API 帮助文件中每一页的关键字。

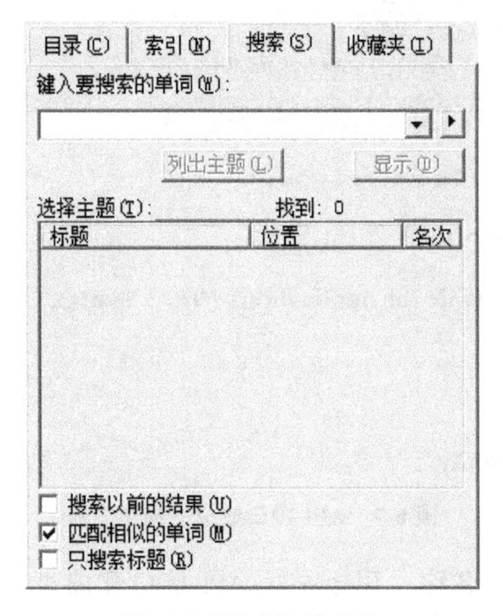

图 0-5 【搜索】选项卡

0.2.6 收藏夹

API 帮助的【收藏夹】选项卡（见图 0-6）允许用户为当前的帮助主题添加书签，以便于快速访问。

图 0-6 【收藏夹】选项卡

0.2.7 理解 API 接口成员的描述方法

API 接口成员的描述方法如图 0-7 所示。

（1）**命名空间名称** 指定 API 接口所属的命名空间。SOLIDWORKS API 功能包含在几个命名空间中。命名空间是用于组织程序代码和避免名称冲突的机制。本书中讨论的大多数 API 功能都包含在 SolidWorks. Interop. sldworks 命名空间中。

①SOLIDWORKS API Help　　Send comments on this topic.
②ActivateTaskPane Method (ISldWorks)
See Also ④
③⊞ Expand All　Language Filter: All
⑤SolidWorks.Interop.sldworks Namespace > ISldWorks Interface : ActivateTaskPane Method (ISldWorks)
⑥Activates the specified task pane.
⊞ .NET Syntax
⊞ Visual Basic for Applications (VBA) Syntax
⑦
⊞ See Also
⊞ Availability

图 0-7　API接口成员的描述方法

（2）**API接口成员和接口名称**　用于描述API接口和成员。成员名称为ActivateTaskPane（本例中是一个方法），其所属的接口（ISldWorks）显示在括号中。

（3）**全部展开/全部折叠**　在帮助主题的展开和折叠显示之间进行切换。

（4）**语言过滤器**　允许根据编程语言过滤成员语法信息的显示，其包含以下选项：

- Visual Basic（Declaration）
- Visual Basic（Usage）
- C#
- C++/CLI

（5）**主题路径**　以命名空间名称开始，显示API帮助文件中所选主题的完整路径。

（6）**API描述**　关于API接口或者选中的成员函数的说明。

（7）**帮助主题正文**　本部分将根据可用性显示如下区域的组合：

- . NET Syntax
- Visual Basic for Applications（VBA）Syntax
- Example
- Accessors
- Remarks
- See Also
- Availability

例如，在语言过滤器（Language Filter）中勾选【Visual Basic（Declaration）】复选框，如图0-8所示。此时展开. NET Syntax区域，将显示以下语法信息，如图0-9所示。

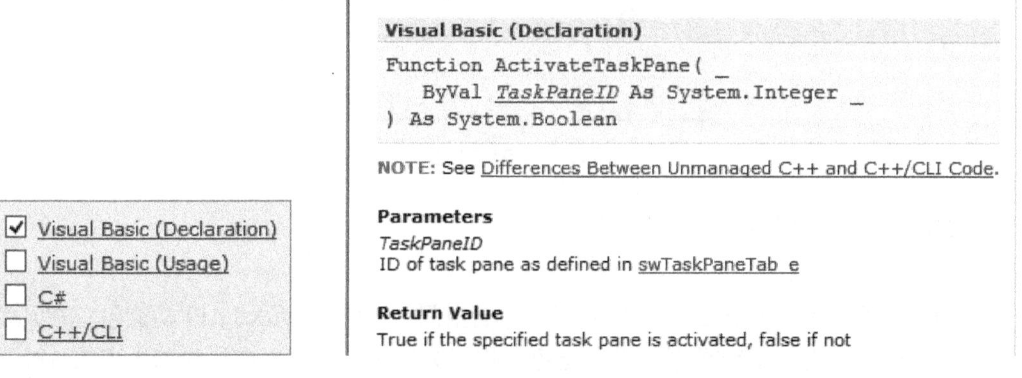

图 0-8　语言过滤器　　　　图 0-9　. NET Syntax区域

1）**. NET Syntax**。该区域显示了成员的原型。如果存在返回值，则将该成员声明为 Function 并声明一个返回值类型。本示例中，返回一个 Boolean 类型值。如果没有返回值，则将该成员声明为 Sub。

传递给 API 成员的参数在成员原型中使用其数据类型进行声明。如果参数作为成员的输入参数，则声明为 ByVal；如果参数用于输出，则声明为 ByRef。

参数（Parameters）部分描述了参数的含义。本例中，提供了指向 swTaskPaneTab_e 枚举的链接，以便于轻松查询 TaskPaneID 参数允许的可能值。

返回值（Return Value）部分描述了返回值的含义。

如果在语言过滤器中勾选了【Visual Basic（Usage）】复选框，如图 0-10 所示，则在 . NET Syntax 区域中将显示有关如何在编程代码中使用该方法的示例，如图 0-11 所示。

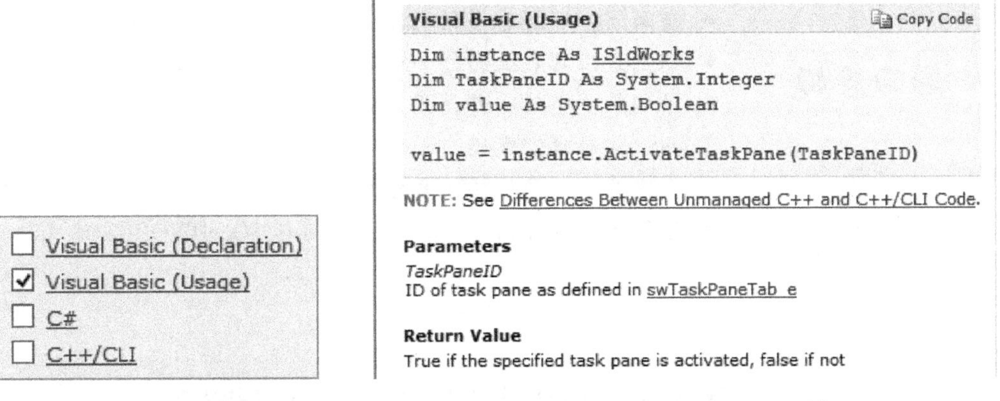

图 0-10　语言过滤器　　　　**图 0-11　. NET Syntax 区域**

2）**Visual Basic for Applications（VBA）Syntax**。提供使用 Visual Basic 应用程序语法表示的方法原型的链接。

提示：在 VBA 中，如果要在左侧返回值上返回数据，就需要将输入参数用括号括起来。如果没有返回值则可以不使用括号。如果直接调用一个返回值的方法或属性，也需要使用括号将输入参数括起来，如下例所示：

```
swSkMgr.CreateLine(0,0,0,1,0,0).ConstructionGeometry = True
```

swSkMgr 只是变量的描述性名称，用户可以使用任何名字命名这个变量（建议使用描述性的名字命名变量）。

3）**Example**。该区域（如果可用）提供了指向代码示例的链接。这些代码示例旨在向用户说明所选成员的用法。

4）**Accessors**。该区域在接口页面上可用，并且包含指向可以返回该接口实例的成员的链接。

5）**Remarks**。包含使用该成员时的注意事项。在使用任何成员之前，都建议花点时间读一读这部分信息。

6）**See Also**。包含指向其他相关信息的链接。

7）**Availability**。包含接口或成员何时可用的信息。

第1章　使用宏录制器

学习目标

- 理解宏，理解怎样利用宏自动操作 SOLIDWORKS
- 识别宏工具栏上的每个按钮
- 录制第一个宏，并使用 Microsoft Visual Basic for Applications 编辑宏代码
- 自定义宏工具栏按钮运行相应的宏
- 理解宏如何开始一个程序，如何与 SOLIDWORKS 建立联系
- 改进宏录制器的默认代码
- 调试宏
- 添加窗体和控件，使用户可以和宏进行交互

1.1 宏录制

SOLIDWORKS 宏可以记录 SOLIDWORKS 用户界面执行的各种操作，并且可以重放这一过程。一个宏包含对应用程序接口（API）的调用，这和使用用户界面进行操作是等效的。宏可以记录鼠标单击、菜单选择和键盘按键的操作。

1.2 宏工具栏

宏工具栏中包含宏录制命令的快捷按钮，如图 1-1 所示。也可以通过【工具】/【宏】菜单得到这些命令。

图 1-1 宏工具栏

默认情况下，宏工具栏是处于关闭状态的。要创建和使用自己的宏，最好将宏工具栏显示在 SOLIDWORKS 窗口的顶层。打开【视图】菜单，选择【工具栏】/【宏】选项，即可显示宏工具栏。

- 【运行宏】▶ 调用【打开】对话框，通过该对话框，用户可以选择要执行的宏。
- 【停止宏】■ 调用【另存为】对话框，提示用户为宏输入合法的名字和扩展名。如果取消保存，会出现一个提示，允许用户继续或取消宏录制。
- 【录制/暂停宏】II● 允许用户开始或暂停宏录制。
- 【新建宏】 此命令进行 3 项操作：首先，调用【新建宏】对话框，为宏输入合法的名字；然后，宏文件自动生成连接 SOLIDWORKS 的程序代码；最后，在 VBA 或 VSTA 编辑器中打开宏文件，用户可以开始编写代码。
- 【编辑宏】 调用【打开】对话框，通过该对话框选择要查看或编辑的宏文件。
- 【自定义宏】 允许用户通过工具栏上的自定义按钮启动一个宏。通过选择一幅图片并设置一个宏文件的路径，可以把自定义的按钮拖放到工具栏上。单击该自定义按钮将启动相应的宏文件。

操作步骤

步骤 1 启动 SOLIDWORKS 并创建新零件 使用 Part_MM 模板创建一个新零件。

步骤 2 查看宏工具栏 如果宏工具栏不可见，在【视图】菜单中选择【工具栏】/【宏】选项，以显示宏工具栏。

步骤 3 单击【录制/暂停宏】II● 按钮启动宏命令

步骤 4 选择前视基准面（见图 1-2）

步骤 5 单击【草图绘制】 以创建草图

扫码看视频

步骤 6 单击【圆形】 以创建圆 绘制半径约为 40mm 的圆，然后在属性管理器中输入精确值 40mm，如图 1-3 所示。

步骤 7 单击【拉伸凸台/基体】 拖动拉伸距离约为 15mm，然后在属性管理器中输入精确值 15mm，单击【确定】✔，如图 1-4 所示。

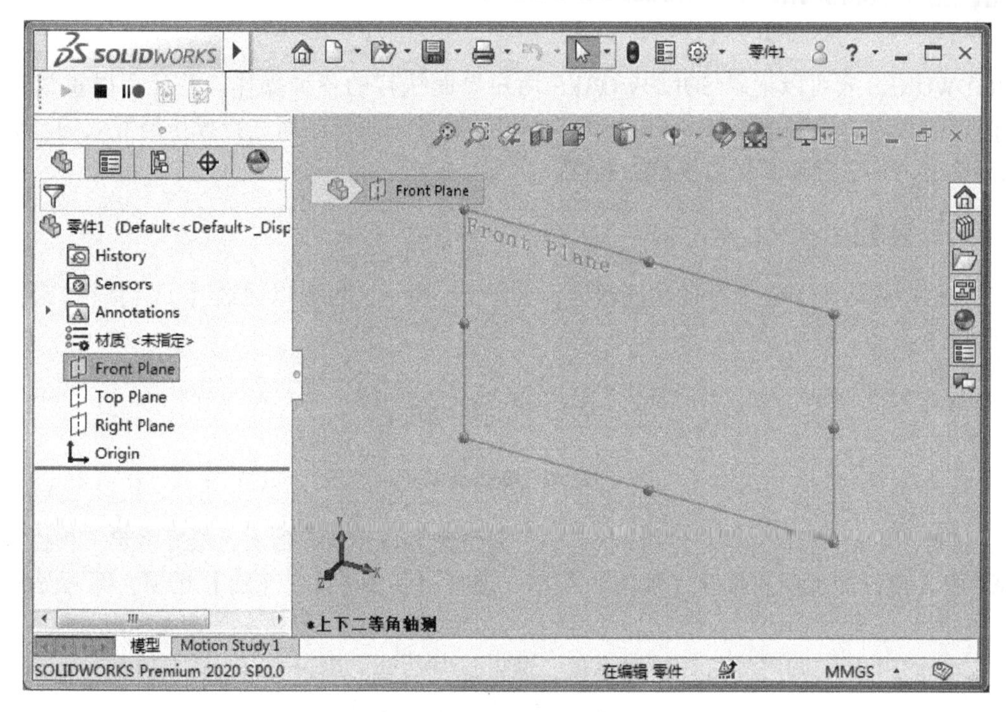

图1-2　选择前视基准面

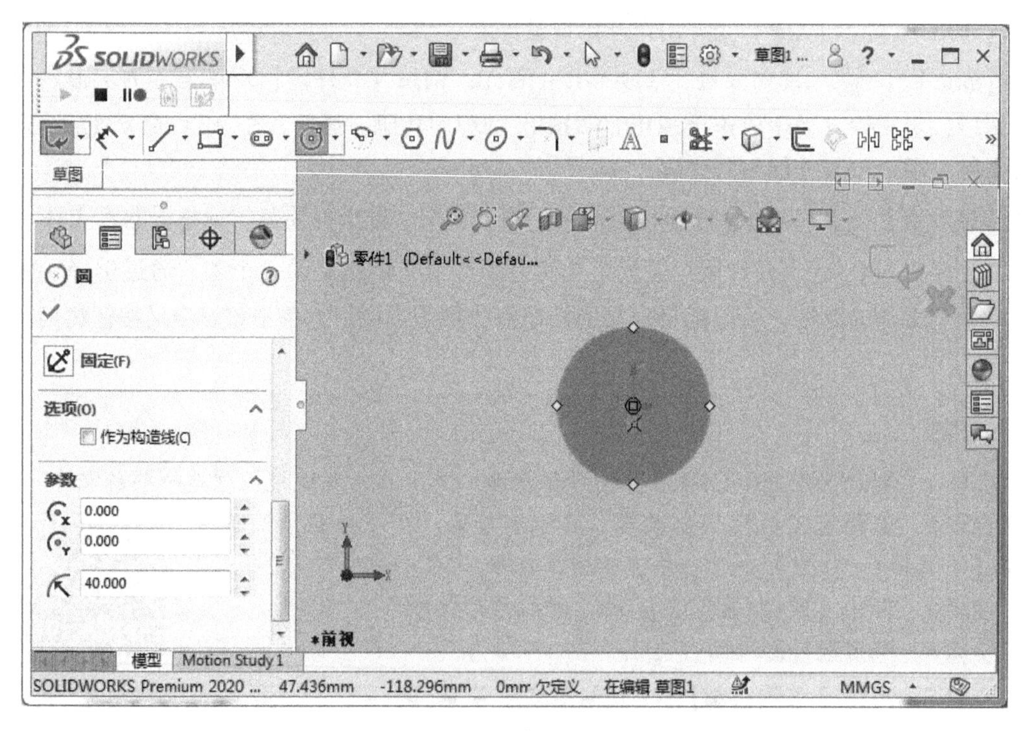

图1-3　创建圆

步骤8　单击【停止宏】■ 停止宏录制。

步骤9　保存宏 打开【另存为】对话框，在【保存类型】下拉框中选择“SW VBA Macros（*.swp）”。保存这个宏为Macro1.swp。

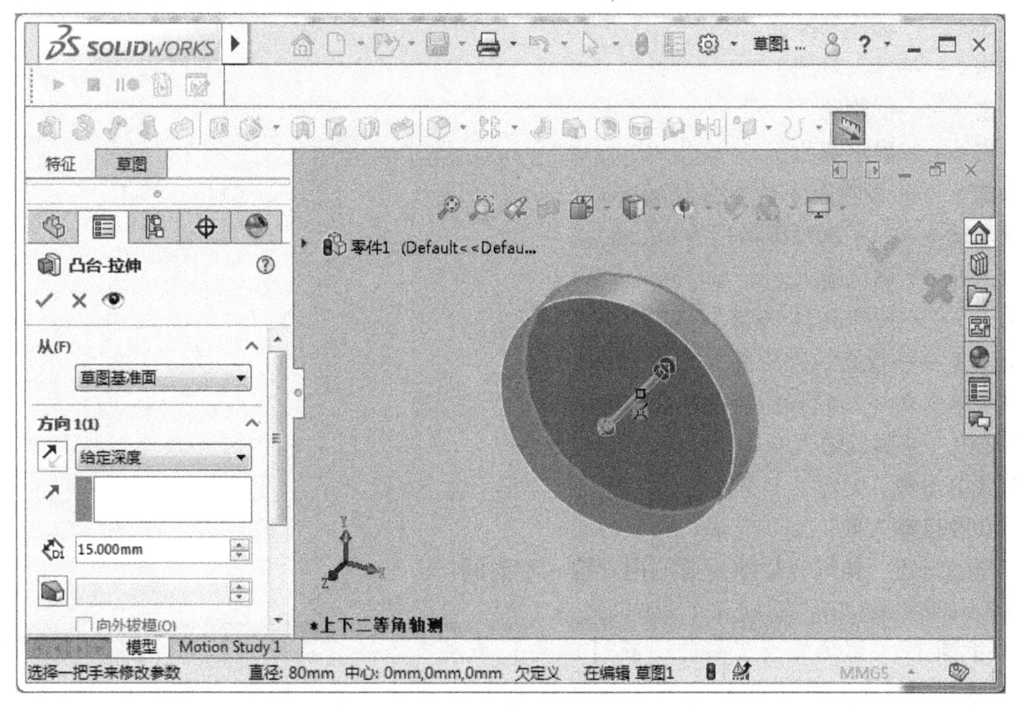

图 1-4　拉伸基体

步骤 10　删除所有的特征　删除拉伸基体和先前创建的草图。

步骤 11　单击【运行宏】▶以测试宏文件　选择上一步保存的 Macro1. swp 文件，如图 1-5 所示。

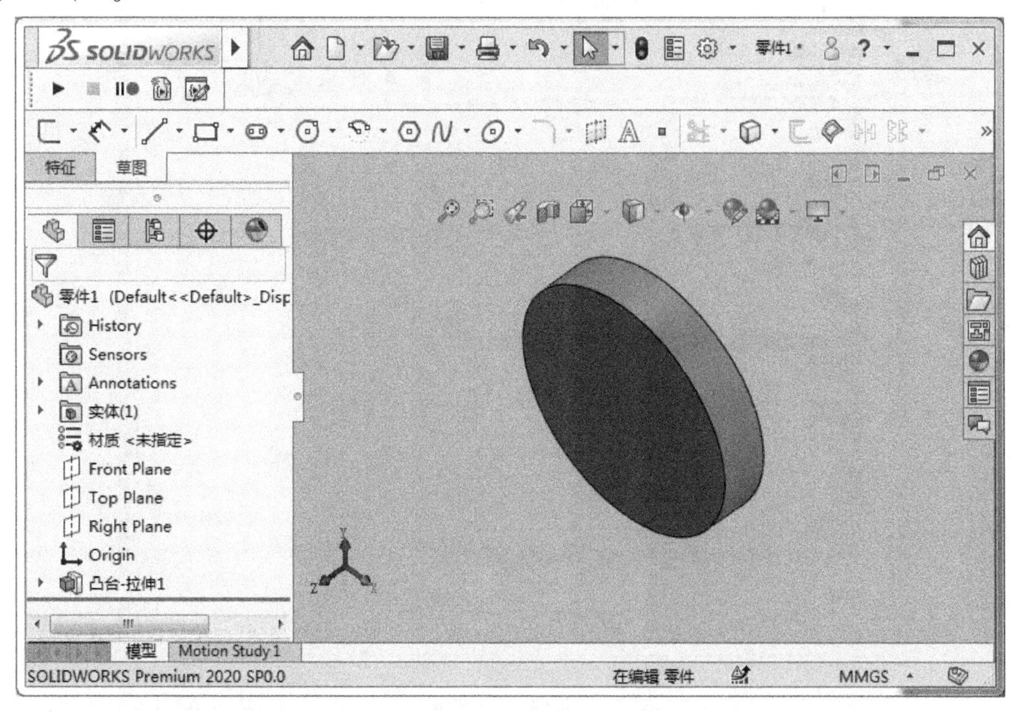

图 1-5　测试宏文件

- 自动操作回顾　让我们来看一下，到目前为止，这个简单的宏实现了多少自动操作。

单击 1——选择基准面。

单击 2——插入草图。

单击 3——创建圆。

单击 4——确定圆心。

单击 5 ——设置圆半径大约为 40mm。

键盘输入 1——精确圆半径为 40mm。

单击 6——确认输入。

单击 7——拉伸凸台/基体。

单击 8 ——设置拉伸距离大约为 15mm。

键盘输入 2 ——精确拉伸距离为 15mm。

单击 9——确认输入。

总共单击数：9。

总共键盘输入数：2。

只需运行宏，便可以删除所有的用户输入和时间。

步骤 12　自定义宏工具栏　在【工具】菜单中选择【自定义】。在【命令】选项卡内选中【宏】。将【自定义宏】按钮从显示的对话框拖放到宏工具栏上，如图 1-6 所示。

图 1-6　自定义宏工具栏

> **注意**　【自定义宏】按钮可以被放置到任何工具栏上，不仅仅是宏工具栏。

步骤 13　编写自定义宏按钮　当拖放新按钮到工具栏后，将自动弹出【自定义宏按钮】对话框，如图 1-7 所示。在【宏】中选择文件 Macro1. swp。【方法】字段将自动用宏文件中可用的子程序更新。保留默认图片，在【工具提示】和【提示】(可选) 中输入帮助文本。单击【确定】按钮。

图 1-7 【自定义宏按钮】对话框

步骤 14　单击【自定义宏】按钮　同样，在运行宏之前，请删除当前的基体和草图。这样，在观看新零件的创建过程时，将不受已有重叠特征的影响。

步骤 15　进入 Visual Basic 应用程序编辑器　单击宏工具栏上的【编辑宏】按钮，选择 Macro1. swp，如图 1-8 所示。

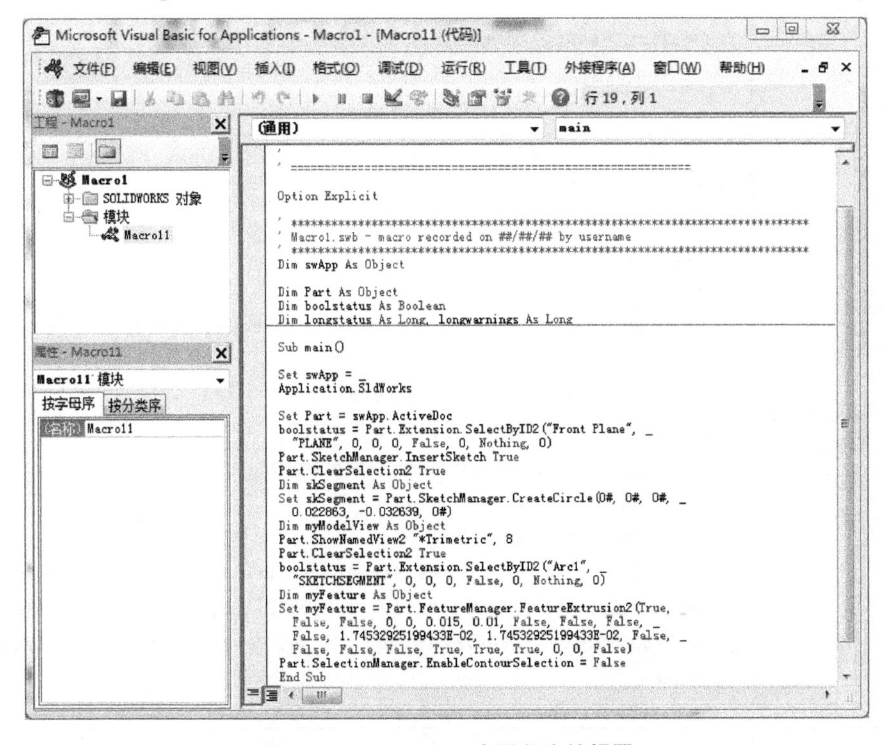

图 1-8　Visual Basic 应用程序编辑器

1.3　理解宏代码是如何工作的

要理解宏代码是如何工作的，必须明白宏代码的含义和作用，见表 1-1。

表 1-1　宏代码程序

录制过程	代　　码
变量声明：宏记录器默认声明（或定义）一些变量。用户可以注释掉或删除在程序入口点未用到的变量	Option Explicit '*** ' Macro1. swb - macro recorded on ##/##/## by userName '*** Dim swApp As Object Dim Part As Object Dim boolstatus As Boolean Dim longstatus As Long, longwarnings As Long
程序入口点：这里是函数开始的地方。每个宏必须建立一个程序入口点	Sub main()
SOLIDWORKS 应用程序对象：这一行代码将开始一个新的 SOLIDWORKS 进程或者连接一个正在运行的 SOLIDWORKS 进程。没有它，用户程序将无法运行	Set swApp = Application. SldWorks
SOLIDWORKS 文件对象：顶层文件对象必须是可访问的，并且要设为活动的，这样宏才可以调用文件的特定函数功能	Set Part = swApp. ActiveDoc
SOLIDWORKS API 调用：调用一个 API，允许宏执行一个特定任务 录制的造型步骤如下： • 选择一个平面 • 插入一个草图 • 创建一个圆 • 拉伸特征	boolstatus = Part. Extension. SelectByID2 ("Front_ Plane", "PLANE", 0, 0, 0, False, 0, Nothing, 0) Part. SketchManager. InsertSketch True Part. ClearSelection2 True Dim skSegment As Object Set skSegment = Part. SketchManager. CreateCircle (0#, 0#, 0#, 0.022863, -0.032639, 0#) Part. ShowNamedView2 "* Trimetric", 8 Part. ClearSelection2 True boolstatus = Part. Extension. SelectByID2 ("Arc1", "SKETCHSEGMENT", 0, 0, 0, False, 0, Nothing, 0) Dim myFeature As Object Set myFeature = Part. FeatureManager. FeatureExtrusion 2 (True, False, False, 0, 0, 0.015, _0.01, False, False, False, False, 1.74532925199433E-02, 1.74532925199433E-02, False, _False, False, False, True, True, True, 0, 0, False) Part. SelectionManager. EnableContourSelection = False
程序结束	End Sub

1.4　理解如何调用 API 接口的成员

API 成员通常指事件、属性、方法、函数，或者简单地称为 APIs。宏通过调用 API 成员与 SOLIDWORKS 应用程序开放的对象成员进行交互。

为了调用 API 对象成员，下面的 3 个步骤是必需的。

(1) 声明和实例化 SOLIDWORKS API 最顶层对象　API 将该对象表示为 SldWorks。下面的宏将使用默认名称 swApp 作为这个变量声明的名字。


```
Dim swApp As Object
Set swApp = Application.SldWorks
```

(2) 声明和实例化一个文件对象　下面几行代码声明了一个用于存储文件对象指针的变量。然后通过调用 SldWorks 的一个访问方法将这个对象实例化。

```
Dim Part As Object
Set Part =swApp.ActiveDoc
```

(3) 访问对象成员　一旦应用程序对象和文件对象被实例化，这些对象的成员就可以被访问了。访问这些成员需要先写出对象的名字，中间紧跟一个句点“.”，然后是要调用的 API 全名。

```
Part.ClearSelection2 True
```

一些 APIs 需要额外的参数，例如下面的函数调用：

```
Part.ShowNamedView2 "* Trimetric", 8
```

一些 APIs 需要额外的对象：

```
Set myFeature = Part.FeatureManager.FeatureExtrusion2(True, False, False, 0, 0, 0.015, _0.01, False, False, False, False, 1.74532925199433E-02, 1.74532925199433E-02, False, _False, False, False, True, True, True, 0, 0, False)
```

一些 APIs 调用返回值：

```
Dim boolstatus As Boolean
boolstatus = Part.Extension.SelectByID2("Front Plane", "PLANE", 0, 0, 0, False, 0, Nothing, 0)
```

1.5　传递参数

很显然，当为 SOLIDWORKS 开发应用程序时，只有 API 的每个参数都满足条件，代码才能够正确执行。这里介绍众多冗长调用中的一个——FeatureManager::FeatureExtrusion2，它总共有 23 个参数，见表 1-2。要学习更多更细节的 API 调用，可以参考 API 帮助文件。

表 1-2　FeatureExtrusion2 的参数说明

```
FeatureManager::FeatureExtrusion2
  pFeat = FeatureManager.FeatureExtrusion2 (sd, flip, dir, t1, t2, d1, d2, dchk1, dchk2, ddir1, ddir2, dang1, dang2, offsetReverse1, offsetReverse2, translateSurface1, translateSurface2, merge, useFeatScope, useAutoSelect, t0, startOffset, flipStartOffset)
```

返回	pFeat	指向 feature 对象
输入	sd	True 为单向，False 为双向
输入	flip	True 为反侧切除
输入	dir	True 为反侧拉伸

（续）

输入	t1	第一方向的拉伸开始条件枚举类型 swEndConditions_e： swEndCondBlind swEndCondThroughAll swEndCondThroughNext swEndCondUpToVertex swEndCondUpToSurface swEndCondOffsetFromSurface swEndCondMidPlane swEndCondUpToBody
输入	t2	第二方向的拉伸开始条件枚举类型 swEndConditions_e：（见上）
输入	d1	米制单位下，第一拉伸方向深度
输入	d2	米制单位下，第二拉伸方向深度
输入	dchk1	True 允许第一方向上有拔模角，False 不允许
输入	dchk2	True 允许第二方向上有拔模角，False 不允许
输入	ddir1	True 使第一方向在拔模角中向内，False 向外
输入	ddir2	True 使第二方向在拔模角中向内，False 向外
输入	dang1	第一方向的拔模角
输入	dang2	第二方向的拔模角
输入	offsetReverse1	如果选择从一个面或平面开始偏置第一方向终止条件，则 True 指定方向为离开草图，False 指定方向为从面或平面指向草图
输入	offsetReverse2	如果选择从一个面或平面开始偏置第二方向终止条件，则 True 指定方向为离开草图，False 指定方向为从面或平面指向草图
输入	translateSurface1	当选择 swEndcondOffsetFromSurface 作为第一方向终止条件，True 指定使用平移的等距曲面，False 使用真实的等距曲面
输入	translateSurface2	当选择 swEndcondOffsetFromSurface 作为第二方向终止条件，True 指定使用平移的等距曲面，False 使用真实的等距曲面
输入	merge	True 为合并多体零件为一个实体，False 不合并
输入	useFeatScope	True 仅影响所选实体，False 影响所有实体
输入	useAutoSelect	True 自动选择所有实体，并使拉伸特征对其产生影响；False 选择被拉伸特征影响的实体。当 useAutoSelect 为 False 时，用户必须选择拉伸特征将影响到的实体。当将切除或型腔特征作用于多体时，无法选择保留所有结果或者一个或多个被选择的体
输入	t0	开始条件，值取自枚举类型 swStartConditions_e： swStartSketchPlane swStartSurface swStartVertex swStartOffset
输入	startOffset	如果 t0 设置为 swStartOffset，则需指定偏移值
输入	flipStartOffset	如果 t0 设置为 swStartOffset，则 True 为反侧方向，反之为 False

1.6 整理代码

不要仅满足于 SOLIDWORKS 宏录制器返回的结果，建议每次都要改进并且整理代码。在完成自动操作的任务前，通常需要编辑宏代码。宏代码编辑实例见表 1-3。

表 1-3　编辑代码

分析	代码
这些注释不是功能性的，可以删除	Option Explicit
	'***
	' Macro1. swb - macro recorded on ##/##/## by userName
	'***
	Dim swApp As Object
	Dim Part As Object
	Dim boolstatus As Boolean
这些变量不需要。可以将它们删除，也可将其注释掉，供以后使用	Dim longstatus As Long, longwarnings As Long
	Sub main()
	Set swApp = Application. SldWorks
	Set Part = swApp. ActiveDoc
	boolstatus = Part. Extension. SelectByID2("Front Plane", "PLANE", 0, 0, 0, False, 0, Nothing, 0)
	Part. SketchManager. InsertSketch True
这个调用是不必要的	Part. ClearSelection2 True
	Dim skSegment As Object
请看下文的“注意”	Set skSegment = Part. SketchManager. CreateCircle(0#, 0#, 0#, 0.022863, -0.032639, 0#)
	Part. ShowNamedView2 "* Trimetric", 8
这些调用都是不必要的	Part. ClearSelection2 True
	boolstatus = Part. Extension. SelectByID2("Arc1", "SKETCHSEGMENT", 0, 0, 0, False, 0, Nothing, 0)
	Dim myFeature As Object
	Set myFeature = Part. FeatureManager. FeatureExtrusion2(True, False, False, 0, 0, 0.015, 0.01, False, False, False, False, 1.74532925199433E-02, 1.74532925199433E-02, False, False, False, False, True, True, True, 0, 0, False)
这个调用是不必要的	Part. SelectionManager. EnableContourSelection = False
	End Sub

SOLIDWORKS API 有成千上万的 API 调用可供选择，所以，用户不必局限于宏录制器返回的 API 调用。还可以使用 SOLIDWORKS 的在线 API 帮助文件搜索新的、改进的或者其他可替代的 API 调用以满足自己的需求。

对于上面的例子，有另外一种方法可创建圆形（不同于宏录制器捕获的方法）。上例中使用的 CreateCircle 需要 6 个参数：xc、yc、zc、xp、yp、zp。此方法基于圆心和圆上一点创建一个圆。这样固然可以实现目标，但却与用户在界面上的操作不完全一致：单击圆心，然后在属性管理器中输入半径。API 帮助文件提供了一个类似的方法 CreateCircleByRadius，它仅需要以下参数：xc、yc、zc、radius。这个 API 方法与用户的手动操作更加一致，完全可以用来替换上例中的方法。

在 API 帮助文件中，某些方法的名称末尾带有一个数字（例如 FeatureManager. FeatureExtrusion2），该数字代表此方法的版本。用户在编程时应尽量考虑使用最新版本的方法，这样可以使代码的寿命更加持久。在选择特定接口时，也应该遵循这个原则。

ModelDoc2 是 SOLIDWORKS 文件对象指针的最新版本。虽然老的版本会继续出现在 SOLIDWORKS 的最新发行版中，并且可以使用，但是这仅仅是为了让使用这些接口的老版本软件可以继续使用。在很多情况下，老版本的 API 有较短的参数列表，会使用户感到使用起来更加方便。

例如，SldWorks. SendMsgToUser 有两个版本。老版本需要一个参数。对于测试代码来说，使用这个版本非常方便，因为不需要满足新版本 SendMsgToUser2 需要的 4 个参数。如果仅仅是简单的功能或者是测试，使用老版本没什么问题，但是，要编写高质量的代码，就应该使用最新版本的 APIs。这将减少程序在更新版本的 SOLIDWORKS 上运行时出现问题的概率。

1.6.1 注释代码

现在，已经能识别出哪些代码要删除，哪些要修改，哪些可以插入注释。要添加注释，只需在注释内容前面加上单引号即可。单引号会告诉编译器忽略这一行的所有内容。

步骤 16 修改代码 通过添加注释来修改代码，并使用 CreateCircleByRadius 代替 CreateCircle。

```
Option Explicit
Dim swApp As Object
Dim Part As Object
Dim boolstatus As Boolean
Sub main()
    'Connect to the SOLIDWORKS software
    Set swApp = Application.SldWorks
    Set Part = swApp.ActiveDoc
    'Create a cylinder on Front Plane
    boolstatus = Part.Extension.SelectByID2("Front Plane", "PLANE", 0, 0, 0, False, 0,Nothing, 0)
    Part.SketchManager.InsertSketch True
    Dim skSegment As Object
    Set skSegment = Part.SketchManager.CreateCircleByRadius(0, 0, 0, 0.04)
    Dim myFeature As Object
    Set myFeature = Part.FeatureManager.FeatureExtrusion2(True, False, False, 0, 0, 0.015,0.01, False, False, False, False, 1.74532925199433E-02, 1.74532925199433E-02, False,False, False, False, True, True, True, 0, 0, False)
End Sub
```

1.6.2 调试代码

尽管本书没有深入介绍关于 Visual Basic 调试技术的细节，但是，养成调试的习惯仍然十分重要。

步骤 17 添加断点 单击程序入口点左边的栏，添加一个断点，如图 1-9 所示。

步骤 18 调试宏 按 <F5> 键开始调试。宏在断点处停止，这样允许程序员一步步运行代码，如图 1-10 所示。

步骤 19 开始步进代码 按 <F8> 键进入程序，黄色高亮（浅灰色）部分将移动，如图 1-11 所示。

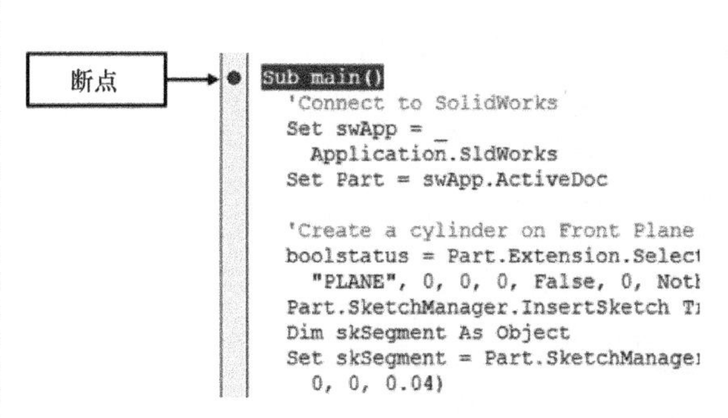

图 1-9 添加断点

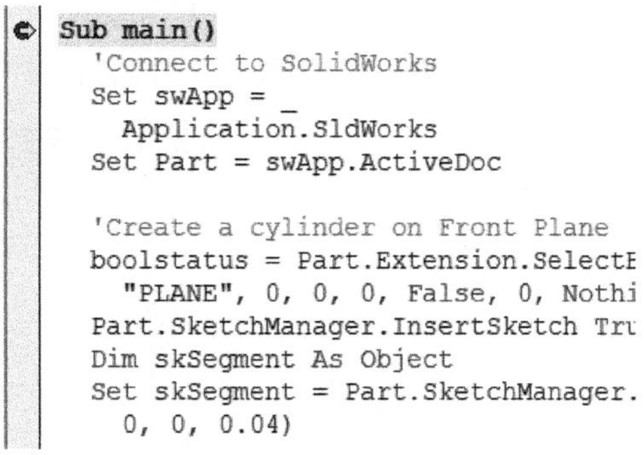

```
Sub main()
  'Connect to SolidWorks
  Set swApp = _
    Application.SldWorks
  Set Part = swApp.ActiveDoc

  'Create a cylinder on Front Plane
  boolstatus = Part.Extension.SelectE
    "PLANE", 0, 0, 0, False, 0, Nothi
  Part.SketchManager.InsertSketch Tru
  Dim skSegment As Object
  Set skSegment = Part.SketchManager.
    0, 0, 0.04)
```

图 1-10 调试宏

步骤 20 按 <F8> 键以继续单步调试 程序运行到如图 1-12 所示的代码行。

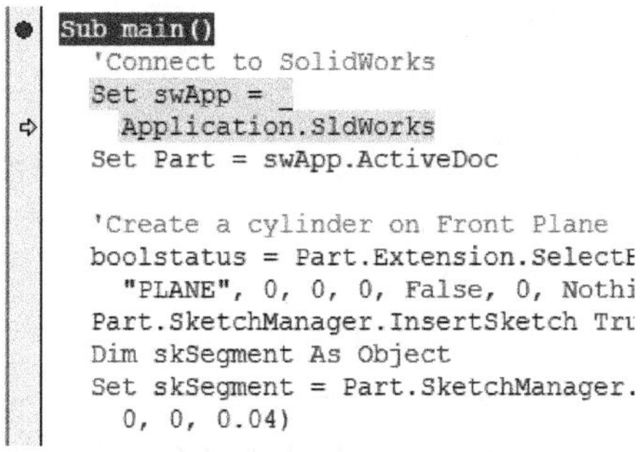

```
Sub main()
  'Connect to SolidWorks
  Set swApp = _
    Application.SldWorks
  Set Part = swApp.ActiveDoc

  'Create a cylinder on Front Plane
  boolstatus = Part.Extension.SelectE
    "PLANE", 0, 0, 0, False, 0, Nothi
  Part.SketchManager.InsertSketch Tru
  Dim skSegment As Object
  Set skSegment = Part.SketchManager.
    0, 0, 0.04)
```

图 1-11 开始步进代码

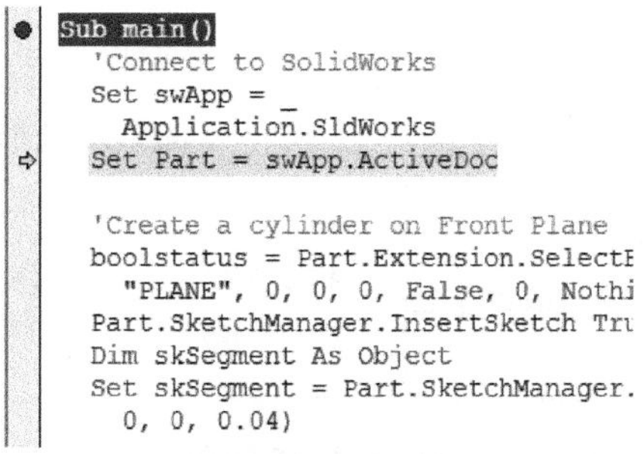

```
Sub main()
  'Connect to SolidWorks
  Set swApp = _
    Application.SldWorks
  Set Part = swApp.ActiveDoc

  'Create a cylinder on Front Plane
  boolstatus = Part.Extension.SelectE
    "PLANE", 0, 0, 0, False, 0, Nothi
  Part.SketchManager.InsertSketch Tru
  Dim skSegment As Object
  Set skSegment = Part.SketchManager.
    0, 0, 0.04)
```

图 1-12 调试代码 1

步骤 21 按 <F8> 键以继续单步调试 程序运行到如图 1-13 所示的代码行。

注意 某些 API 调用含有一个返回值。在执行下一行代码前，将鼠标移到返回值上，可以帮助用户更好地调试宏。

步骤 22 按 <F8> 键以继续单步调试 程序运行到如图 1-14 所示的代码行。

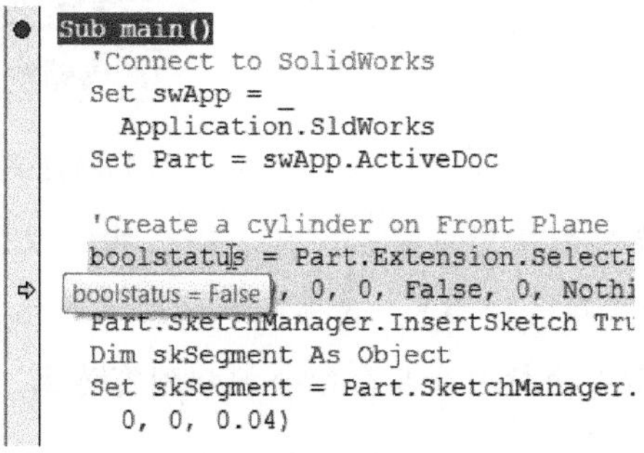

```
Sub main()
  'Connect to SolidWorks
  Set swApp = _
    Application.SldWorks
  Set Part = swApp.ActiveDoc

  'Create a cylinder on Front Plane
  boolstatus = Part.Extension.SelectE
  boolstatus = False ), 0, 0, False, 0, Nothi
  Part.SketchManager.InsertSketch Tru
  Dim skSegment As Object
  Set skSegment = Part.SketchManager.
    0, 0, 0.04)
```

图 1-13 调试代码 2

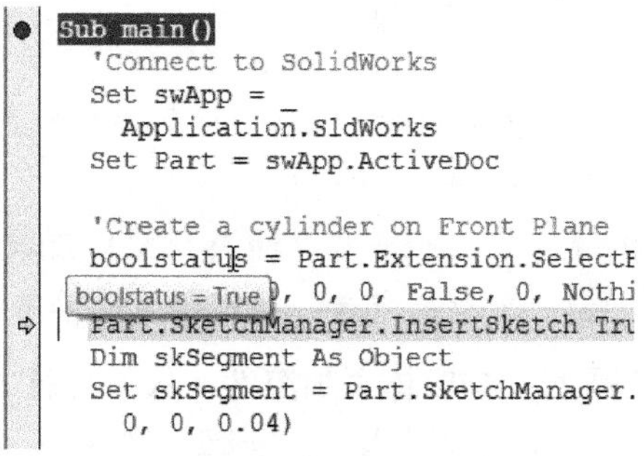

```
Sub main()
  'Connect to SolidWorks
  Set swApp = _
    Application.SldWorks
  Set Part = swApp.ActiveDoc

  'Create a cylinder on Front Plane
  boolstatus = Part.Extension.SelectE
  boolstatus = True ), 0, 0, False, 0, Nothi
  Part.SketchManager.InsertSketch Tru
  Dim skSegment As Object
  Set skSegment = Part.SketchManager.
    0, 0, 0.04)
```

图 1-14 调试代码 3

注意 将鼠标移到同一个返回值上以检查程序是否运行正确。在这个例子中，变量 boolstatus 的值由 False 变为 True。这说明宏成功选中了目标。

步骤 23 继续直到代码结束 按 <F5> 键或者像前面一样单步调试代码，直到程序结束。

1.7 向宏中添加用户窗体

通过在宏中添加用户窗体，可以为程序添加用户界面，如图 1-15 所示。

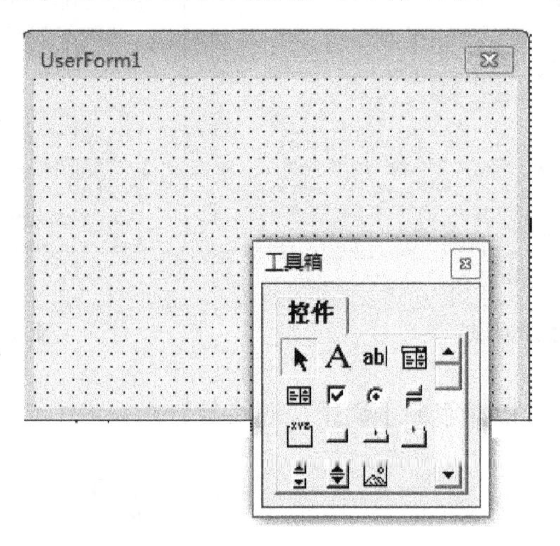

图 1-15 向宏中添加用户窗体

知识卡片	添加用户窗体	• 在 VBA 中，单击【插入】/【用户窗体】。 • 在 VBA 中，在【工程】窗口中右击宏，选择【插入】/【用户窗体】。

默认情况下，VBA 工具箱会和窗体一起显示。如果没有，单击【视图】/【工具箱】可以使其显示。

步骤 24 向宏中添加用户窗体 在 VBA 中，单击【插入】/【用户窗体】。

步骤 25 编辑用户窗体属性 选中的用户窗体会高亮显示，这时在用户窗体对象的属性窗口中输入以下属性值，如图 1-16 所示。

扫码看视频

```
UserForm1:
(名称): frmMacro1a
Caption: Cylinders
Startup Position: 2 - CenterScreen
ShowModal: False
```

提示 如果需要的属性窗口没有在代码编辑器中显示，按 <F4> 键可以调出该窗口。或者，也可以通过单击菜单中的【视图】/【属性窗口】使其显示。

步骤 26 向窗体添加控件 从工具箱中拖放 1 个标签和 5 个命令按钮到窗体上。使用下面的内容设置各个控件，如图 1-17 所示。

```
Label:
(名称): Label1
Caption: Extrude Cylinder
CommandButton1:
(名称): cmd100mm
Caption: 100 mm
```

CommandButton2:
(名称): cmd500mm
Caption: 500 mm
CommandButton3:
(名称): cmd1m
Caption: 1 m
CommandButton4:
(名称): cmd5m
Caption: 5 m
CommandButton5:
(名称): cmdExit
Caption: Exit

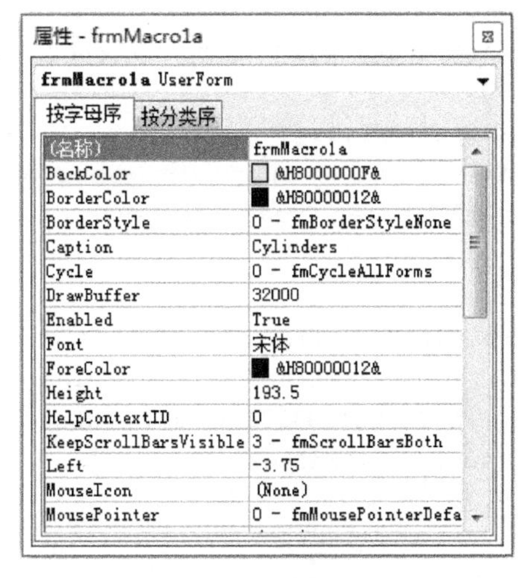

图 1-16　编辑用户窗体属性

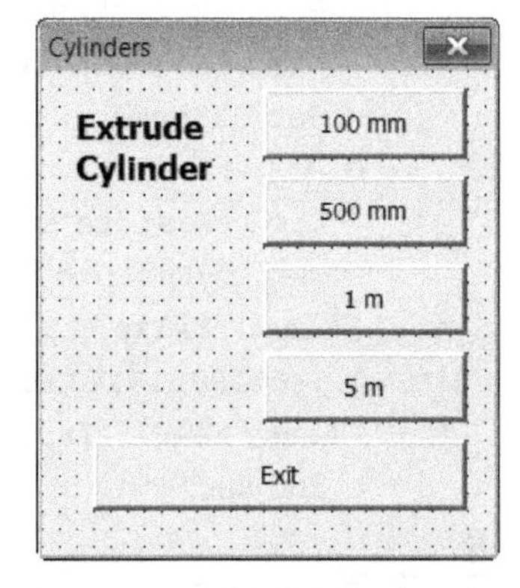

图 1-17　添加控件

步骤 27　为每个按钮添加单击事件　双击窗体上的每个按钮就可以为这些控件添加按钮单击事件句柄。当双击每个按钮时，VBA 环境会自动为源代码添加事件句柄框架。在宏运行时，若用户单击按钮，添加到事件句柄中的代码就会执行。

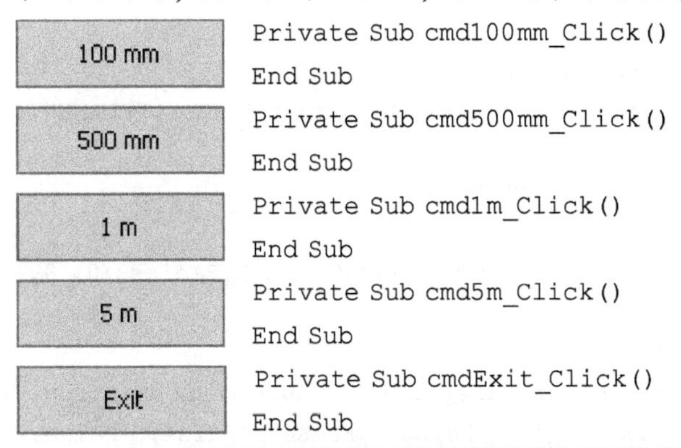


```
Private Sub cmd100mm_Click()
End Sub
Private Sub cmd500mm_Click()
End Sub
Private Sub cmd1m_Click()
End Sub
Private Sub cmd5m_Click()
End Sub
Private Sub cmdExit_Click()
End Sub
```

提示　每次添加一个新的事件句柄，可以使用 <Ctrl> + <Tab> 组合键切换回用户窗体。在 VBA 中，窗体和窗体背后运行的源代码是分离的。

步骤 28　将代码从模块移到按钮事件　此时，整个宏应包含一个模块和一个窗体。下面我们要在保留模块和窗体的情况下将代码从一个位置移到另一个位置。剪切模块中的所有代码，仅留下空的程序入口点（Sub main.... End Sub）。将代码粘贴到每个命令按钮（Exit 按钮除外）的单击事件中。每个按钮代表不同的拉伸距离。仔细观察下面的代码会发现，对于每个按钮的单击事件，仅改变了一个参数（以浅灰色显示）。

100 mm

```
Private Sub cmd100mm_Click()
  Dim swApp As Object
  Dim Part As Object
  Dim boolstatus As Boolean
  'Connect to the SOLIDWORKS software
  Set swApp = Application.SldWorks
  Set Part = swApp.ActiveDoc
  'Create a cylinder on Front Plane
  boolstatus = Part.Extension.SelectByID2("Front Plane","PLANE",
0, 0, 0, False, 0, Nothing, 0)
  Part.SketchManager.InsertSketch True
  Dim skSegment As Object
  Set skSegment = Part.SketchManager.CreateCircleByRadius (0, 0,
0, 0.04)
  Dim myFeature As Object
  Set myFeature = Part.FeatureManager.FeatureExtrusion2 (True,
False, False, 0, 0, 0.1, 0.01, False, False, False, False,
1.74532925199433E - 02, 1.74532925199433E - 02, False, False,
False, False, True, True, True, 0, 0, False)
  End Sub
```

500 mm

```
Private Sub cmd500mm_Click()
  Dim swApp As Object
  Dim Part As Object
  Dim boolstatus As Boolean
  'Connect to the SOLIDWORKS software
  Set swApp = Application.SldWorks
  Set Part = swApp.ActiveDoc
  'Create a cylinder on Front Plane
  boolstatus = Part.Extension.SelectByID2("Front Plane","PLANE",
0, 0, 0, False, 0, Nothing, 0)
  Part.SketchManager.InsertSketch True
  Dim skSegment As Object
  Set skSegment = Part.SketchManager.CreateCircleByRadius (0, 0,
0, 0.04)
  Dim myFeature As Object
  Set myFeature = Part.FeatureManager.FeatureExtrusion2 (True,
False, False, 0, 0, 0.5, 0.01, False, False, False, False,
1.74532925199433E-02, 1.74532925199433E-02, False,False, False,
False, True, True, True, 0, 0, False)
  End Sub
```

1 m

```
Private Sub cmd1m_Click()
  Dim swApp As Object
  Dim Part As Object
  Dim boolstatus As Boolean
  'Connect to the SOLIDWORKS software
  Set swApp = Application.SldWorks
  Set Part =swApp.ActiveDoc
  'Create a cylinder on Front Plane
  boolstatus = Part.Extension.SelectByID2("Front Plane","PLANE",
0, 0, 0, False, 0, Nothing, 0)
  Part.SketchManager.InsertSketch True
  Dim skSegment As Object
  Set skSegment = Part.SketchManager.CreateCircleByRadius(0, 0,
0, 0.04)
  Dim myFeature As Object
  Set myFeature = Part.FeatureManager.FeatureExtrusion2(True,
False, False, 0, 0, 1, 0.01, False, False, False, False,
1.74532925199433E - 02, 1.74532925199433E - 02, False, False,
False, False, True, True, True, 0, 0, False)
  End Sub
```

5 m

```
Private Sub cmd5m_Click()
  Dim swApp As Object
  Dim Part As Object
  Dim boolstatus As Boolean
  'Connect to the SOLIDWORKS software
  Set swApp = Application.SldWorks
  Set Part =swApp.ActiveDoc
  'Create a cylinder on Front Plane
  boolstatus = Part.Extension.SelectByID2("Front Plane","PLANE",
0, 0, 0, False, 0, Nothing, 0)
  Part.SketchManager.InsertSketch True
  Dim skSegment As Object
  Set skSegment = Part.SketchManager.CreateCircleByRadius(0, 0,
0, 0.04)
  Dim myFeature As Object
  Set myFeature = Part.FeatureManager.FeatureExtrusion2(True,
False, False, 0, 0, 5, 0.01, False, False, False, False,
1.74532925199433E - 02, 1.74532925199433E - 02, False, False,
False, False, True, True, True, 0, 0, False)
  End Sub
```

步骤 29 为 Exit 按钮编写单击事件代码

Exit

```
Private Sub cmdExit_Click()
  End
End Sub
```

步骤 30　在模块中添加代码　模块的程序入口点需要显示用户窗体，这样用户窗体才会在 SOLIDWORKS 中出现。请输入下面的代码行：

```
Sub main()
  frmMacro1a.Show
End Sub
```

步骤 31　保存并运行宏　保存宏。打开 SOLIDWORKS，创建一个新的零件，从宏工具栏或者 VBA 编辑器运行宏。单击按钮创建不同长度的圆柱体，如图 1-18 所示。

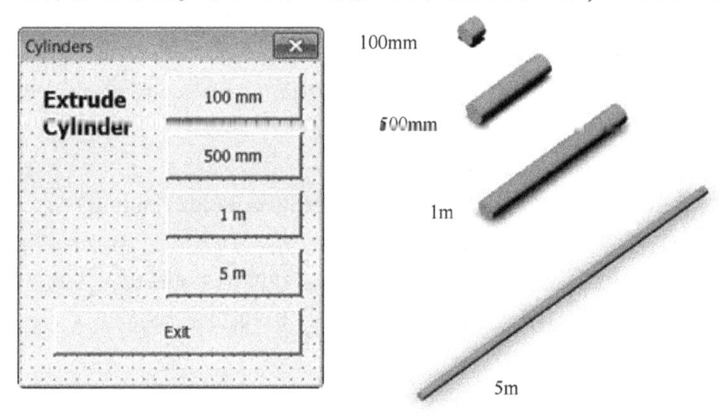

图 1-18　创建不同长度的圆柱体

步骤 32　退出宏　单击 Exit 按钮结束宏，并返回到 VBA。

步骤 33　添加第二个用户窗体　单击【插入】/【用户窗体】，输入下面的属性值：

```
UserForm2:
(名称): frmMacro1b
Caption: CustomCylinder
Startup Position: 2 -CenterScreen
ShowModal: False
```

步骤 34　为第二个窗体添加控件　为了捕获用户输入，这里添加文本框控件，要求用户指定直径和深度，而不是通过硬编码的方式。用下面的内容设置各个控件，如图 1-19 所示。

```
TextBox1:
(名称): txtDiameter
Text: <leave blank>
TextBox2:
(名称): txtDepth
Text: <leave blank>
CommandButton1:
(名称): cmdBuild
Caption: Build
CommandButton2:
```

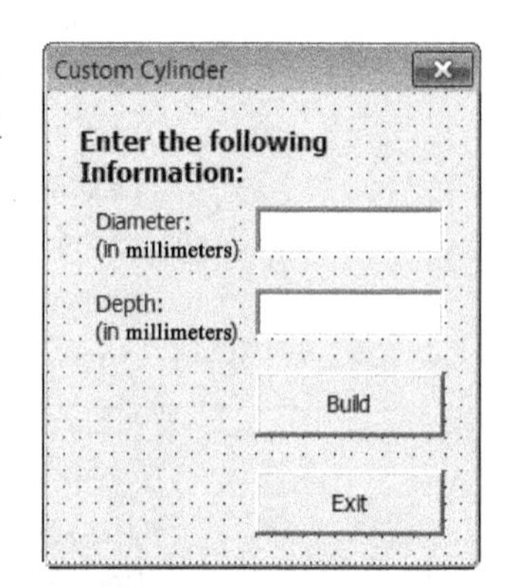

图 1-19　添加控件

```
(名称): cmdExit
Caption: Exit
```

步骤 35　为按钮添加响应代码　下面要把文本框中的字符串转换成 double 型的值，以对应于直径和深度。在已有的代码中，从 frmMacro1a 的一个按钮响应中复制代码，然后粘贴到 frmMacro1b 的 cmdBuild 按钮的单击响应中，然后对代码进行以下调整：

Build

```
Private Sub cmdBuild_Click()
  Dim swApp As Object
  Dim Part As Object
  Dim boolstatus As Boolean
  Dim diameter As Double
  Dim depth As Double
  diameter =CDbl(txtDiameter.Text) / 1000
  depth =CDbl(txtDepth.Text) / 1000
  'Connect to the SOLIDWORKS software
  Set swApp = Application.SldWorks
  Set Part =swApp.ActiveDoc
  'Create a cylinder on Front Plane
  boolstatus = Part.Extension.SelectByID2("Front Plane","PLANE", 0,
0, 0, False, 0, Nothing, 0)
  Part.SketchManager.InsertSketch True
  Dim skSegment As Object
  Set skSegment = Part.SketchManager.CreateCircleByRadius(0, 0, 0,
diameter / 2)
  Dim myFeature As Object
  Set myFeature = Part.FeatureManager.FeatureExtrusion2(True, False,
False, 0, 0, depth, 0.01, False, False, False, False, 1.74532925199433E
-02, 1.74532925199433E-02, False, False, False, False, True, True,
True, 0, 0, False)
  End Sub
```

步骤 36　为 Exit 按钮编写响应代码

Exit

```
Private Sub cmdExit_Click()
  End
End Sub
```

步骤 37　在模块中添加代码　模块的程序入口点需要显示用户窗体，这样用户窗体才会在 SOLIDWORKS 中出现。请输入下面的代码行：

```
Sub main()
  frmMacro1b.Show
End Sub
```

步骤 38　保存并运行宏　运行结果如图 1-20 所示。

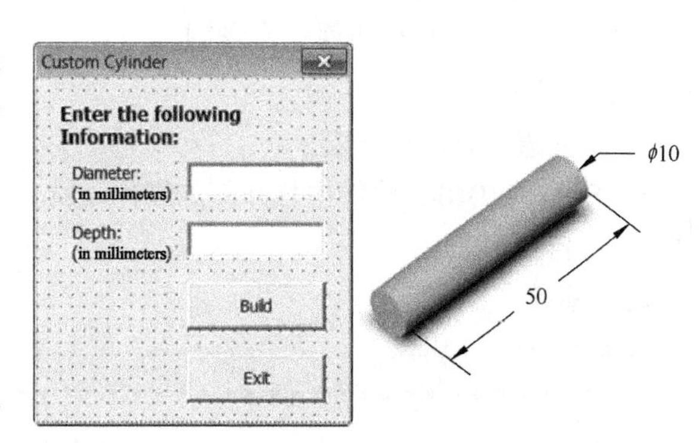

图 1-20　运行结果

步骤 39　退出宏

练习1-1　录制宏

1. 训练目标

熟悉API编程的起点——宏录制器。宏录制器可以捕获与SOLIDWORKS应用程序进行交互的必要方法。通过记录宏，用户可以在SOLIDWORKS中自动执行重复性任务，例如拉伸、旋转、压缩和选择，如图1-21所示。

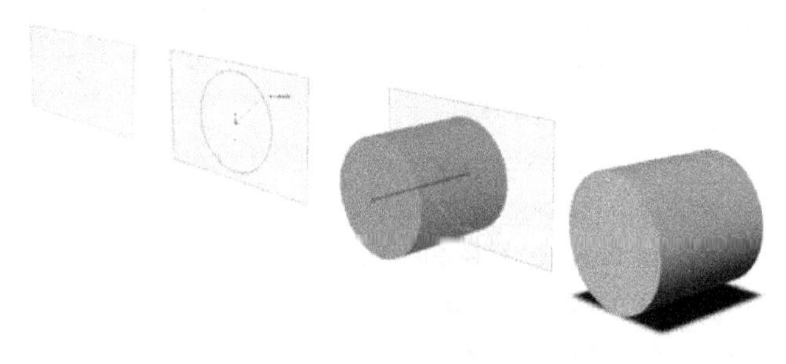

图1-21　录制宏

2. 使用的功能

- 录制、保存、运行宏。
- 自定义宏工具栏。

3. 用到的API

- SldWorks. ActiveDoc
- ModelDocExtension. SelectByID2
- SketchManager. InsertSketch
- SketchManager. CreateCircle
- FeatureManager. FeatureExtrusion2

4. 操作步骤

扫码看视频

1）在SOLIDWORKS软件中打开新的零件文件。
2）显示宏工具栏。
3）单击【录制/暂停宏】按钮开始录制宏。
4）创建圆柱体：$R20$ mm×80 mm（请参见案例学习）。
5）单击【停止宏】按钮停止宏录制。
6）保存宏到临时文件。
7）自定义宏工具栏运行宏。
8）在SOLIDWORKS软件中打开新的零件文件。
9）运行自定义宏。

5. 程序解答

```
Option Explicit
'**************************************************
' Macro1.swb - macro recorded on ##/##/## by userName
'**************************************************
```

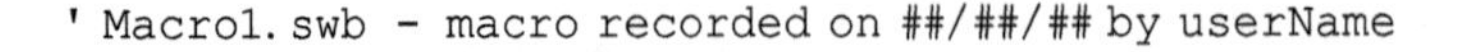

```
Dim swApp As Object
Dim Part As Object
Dim boolstatus As Boolean
Dim longstatus As Long, longwarnings As Long
Sub main()
  Set swApp = Application.SldWorks
  Set Part = swApp.ActiveDoc
  boolstatus = Part.Extension.SelectByID2("Front Plane", "PLANE", 0, 0, 0,
False, 0, Nothing, 0)
  Part.SketchManager.InsertSketch True
  Part.ClearSelection2 True
  Dim skSegment As Object
  Set skSegment = Part.SketchManager.CreateCircle(0#, 0#, 0#, 0.02, 0#, 0#)
  Part.ShowNamedView2 "* Trimetric", 8
  Part.ClearSelection2 True
  boolstatus = Part.Extension.SelectByID2("Arc1", "SKETCHSEGMENT", 0, 0, 0,
False, 0, Nothing, 0)
  Dim myFeature As Object
  Set myFeature = Part.FeatureManager.FeatureExtrusion2(True, False, False, 0,
0, 0.08, 0.01, False, False, False, False, 1.74532925199433E - 02,
1.74532925199433E-02, False, False, False, False, True, True, True, 0, 0, False)
  Part.SelectionManager.EnableContourSelection = False
End Sub
```


练习 1-2　添加宏代码到 VBA 按钮控件

1. 训练目标

在 VBA 中编辑 SOLIDWORKS 宏，使用简单的窗体自动创建特征。请在 VBA 中使用编辑工具粘贴一段录制的宏代码到几个命令按钮的单击事件中，创建一个简单的自动创建工具，如图 1-22所示。

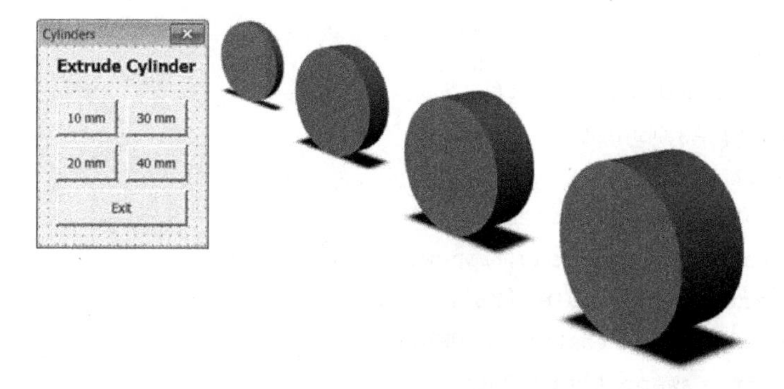

图 1-22　添加宏代码到 VBA 按钮控件

2. 使用的功能

- 添加窗体。
- 显示窗体。
- 在窗体中添加命令按钮控件。

- 添加按钮单击事件代码。
- 使用更新的方法改进宏。

3. 用到的 API

- SldWorks. ActiveDoc
- ModelDocExtension. SelectByID2
- SketchManager. InsertSketch
- SketchManager. CreateCircleByRadius
- FeatureManager. FeatureExtrusion2

4. 操作步骤

扫码看视频

1）在 SOLIDWORKS 软件中打开新的零件文件。

2）在宏工具栏中，单击【编辑宏】。

3）选择上一个练习中创建的宏。

4）插入用户窗体。

5）拖放 1 个标签和 5 个命令按钮控件到用户窗体上。其中 4 个按钮用于创建不同的拉伸长度，第 5 个按钮用于退出宏。

6）剪切模块程序入口点的代码，粘贴到拉伸命令按钮的单击事件程序中。以递增 10mm 来改变每个按钮的拉伸长度。

7）为第 5 个按钮添加事件响应代码，实现退出宏功能。

8）修改程序入口点代码，使其能够显示用户窗体。

9）使用另一种方法来创建草图圆。

10）注释掉所记录代码的任何不必要的行。

11）从 VBA 中运行宏，测试窗体是否加载正常、命令按钮是否有效。

5. 程序解答

```
Option Explicit
Sub main()
frmMacro1a.Show
End Sub
```

10 mm

```
Option Explicit
Private Sub cmd10mm_Click()
  Dim swApp As Object
  Dim Part As Object
  Dim boolstatus As Boolean
  'Dim longstatus As Long, longwarnings As Long
  'Connect to the SOLIDWORKS software
  Set swApp = Application.SldWorks
  Set Part = swApp.ActiveDoc
  'Create a cylinder on Front Plane
  boolstatus = Part.Extension.SelectByID2("Front Plane", "PLANE", 0,0, 0, 
False, 0, Nothing, 0)
  Part.SketchManager.InsertSketch True
  'Part.ClearSelection2 True
  Dim skSegment As Object
```

```
  'Set skSegment = Part. SketchManager. CreateCircle(0#, 0#, ' 0#, 0.02, 0#, 0#)
  Set skSegment = Part. SketchManager. CreateCircleByRadius( 0#, 0#, 0#, 0.02)
  'Part. ShowNamedView2 "* Trimetric", 8
  'Part. ClearSelection2 True
  'boolstatus = Part. Extension. SelectByID2 ("Arc1", "SKETCHSEGMENT", 0, 0, 0,
False, 0, Nothing, 0)
  Dim myFeature As Object
  Set myFeature = Part. FeatureManager. FeatureExtrusion2 (True, False, False,
0, 0, 0.01, 0.01, False, False, False, False, 1.74532925199433E - 02,
1.74532925199433E - 02, False, False, False, False, True, True, True, 0, 0,
False)
  'Part. SelectionManager. EnableContourSelection = False
  End Sub
```


20 mm

```
Private Sub cmd20mm_Click()
  Dim swApp As Object
  Dim Part As Object
  Dim boolstatus As Boolean
  'Dim longstatus As Long, longwarnings As Long
  'Connect to the SOLIDWORKS software
  Set swApp = Application. SldWorks
  Set Part =swApp. ActiveDoc
  'Create a cylinder on Front Plane
  boolstatus = Part. Extension. SelectByID2 ("Front Plane", "PLANE", 0, 0, 0,
False, 0, Nothing, 0)
  Part. SketchManager. InsertSketch True
  'Part. ClearSelection2 True
  Dim skSegment As Object
  'Set skSegment = Part. SketchManager. CreateCircle(0#, 0#, 0#, '0.02, 0#, 0#)
  Set skSegment = Part. SketchManager. CreateCircleByRadius( 0#, 0#, 0#, 0.02)
  'Part. ShowNamedView2 "* Trimetric", 8
  'Part. ClearSelection2 True
  'boolstatus = Part. Extension. SelectByID2 ("Arc1", "SKETCHSEGMENT", 0, 0, 0,
False, 0, Nothing, 0)
  Dim myFeature As Object
  Set myFeature = Part. FeatureManager. FeatureExtrusion2 (True, False, False,
0, 0, 0.02, 0.01, False, False, False, False, 1.74532925199433E - 02,
1.74532925199433E - 02, False, False, False, False, True, True, True, 0, 0,
False)
  'Part. SelectionManager. EnableContourSelection = False
End Sub
```

30 mm

```
Private Sub cmd30mm_Click()
  Dim swApp As Object
  Dim Part As Object
```

```
  Dim boolstatus As Boolean
  'Dim longstatus As Long, longwarnings As Long
  'Connect to the SOLIDWORKS software
  Set swApp = Application. SldWorks
  Set Part = swApp. ActiveDoc
  'Create a cylinder on Front Plane
  boolstatus = Part. Extension. SelectByID2 ("Front Plane", "PLANE", 0,0, 0,
False, 0, Nothing, 0)
  Part. SketchManager. InsertSketch True
  'Part. ClearSelection2 True
  Dim skSegment As Object
  'Set skSegment = Part. SketchManager. CreateCircle(0#, 0#, ' 0#, '0.02, 0#, 0#)
  Set skSegment = Part. SketchManager. CreateCircleByRadius ( 0#, 0#, 0#, 0.02)
  'Part. ShowNamedView2 "* Trimetric", 8
  'Part. ClearSelection2 True
  'boolstatus = Part. Extension. SelectByID2 ("Arc1", "SKETCHSEGMENT", 0, 0, 0,
False, 0, Nothing, 0)
  Dim myFeature As Object
  Set myFeature = Part. FeatureManager. FeatureExtrusion2 (True, False, False,
0, 0, 0.03, 0.01, False, False, False, False, 1.74532925199433E - 02,
1.74532925199433E - 02, False, False, False, False, True, True, True, 0, 0,
False)
  'Part. SelectionManager. EnableContourSelection = False
End Sub
```

40 mm

```
Private Sub cmd40mm_Click()
  Dim swApp As Object
  Dim Part As Object
  Dim boolstatus As Boolean
  'Dim longstatus As Long, longwarnings As Long
  'Connect to the SOLIDWORKS software
  Set swApp = Application. SldWorks
  Set Part = swApp. ActiveDoc
  'Create a cylinder on Front Plane
  boolstatus = Part. Extension. SelectByID2 ("Front Plane", "PLANE", 0, 0, 0,
False, 0, Nothing, 0)
  Part. SketchManager. InsertSketch True
  'Part. ClearSelection2 True
  Dim skSegment As Object
  'Set skSegment = Part. SketchManager. CreateCircle(0#, 0#, ' 0#, '0.02, 0#, 0#)
  Set skSegment = Part. SketchManager. CreateCircleByRadius ( 0#, 0#, 0#, 0.02)
  'Part. ShowNamedView2 "* Trimetric", 8
  'Part. ClearSelection2 True
  'boolstatus = Part. Extension. SelectByID2 ("Arc1", "SKETCHSEGMENT", 0, 0, 0,
False, 0, Nothing, 0)
  Dim myFeature As Object
  Set myFeature = Part. FeatureManager. FeatureExtrusion2 (True, False, False,
0, 0, 0.04, 0.01, False, False, False, False, 1.74532925199433E - 02,
1.74532925199433E - 02, False, False, False, False, True, True, True, 0, 0,
False)
```

```
    'Part.SelectionManager.EnableContourSelection = False
End Sub
```

Exit

```
Private Sub cmdExit_Click()
  End
End Sub
```


练习1-3 在VBA窗体中添加用户输入域

1. 训练目标

使用用户给出的参数自动创建特征。在运行宏前，将从用户获得两个参数：Radius和Depth。在代码中，变量被声明为string型，需要将其转换为double型才能传递给调用的方法。当用户单击按钮时，程序应该自动创建用户定义的圆柱体，如图1-23所示。

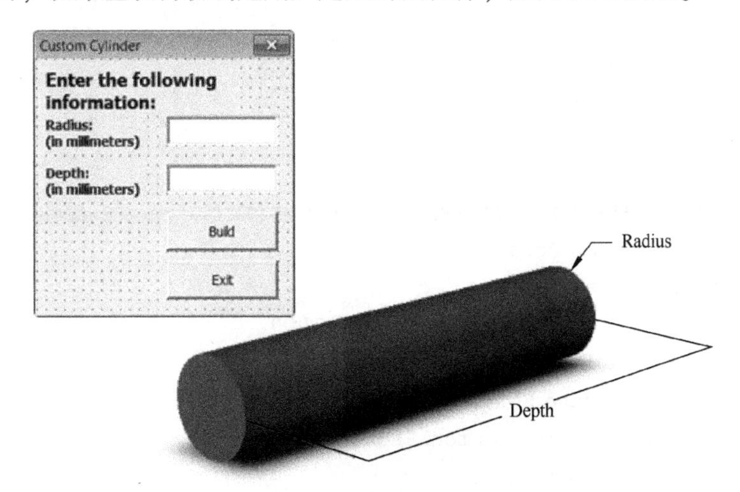

图1-23 添加用户输入域

2. 使用的功能

- 在窗体上添加文本框控件。
- 声明变量，转换文本框内的值。
- 调试代码。

3. 用到的API

- SldWorks. ActiveDoc
- ModelDocExtension. SelectByID2
- SketchManager. InsertSketch
- SketchManager. CreateCircleByRadius
- FeatureManager. FeatureExtrusion2

4. 操作步骤

扫码看视频

1）在SOLIDWORKS软件中打开新的零件文件。

2）编辑上一练习中创建的宏。

3）插入第2个用户窗体。

4）拖放3个标签、2个文本框和2个命令按钮到窗体上。

5）从第1个窗体上的1个按钮中剪切宏代码，并将其粘贴到第2个窗体中

Build 按钮的单击事件程序中。

6）修改入口点程序以显示第 2 个窗体。

7）添加代码转换从文本框中获得的值，传递给 API 调用，创建 1 个圆及拉伸凸台。

8）删除宏代码中多余的行。

9）在 Build 按钮的单击事件程序入口添加断点。

10）单步调试宏。测试第 2 个窗体加载是否正常及各个控件工作是否正常。

5. 程序解答

```
Option Explicit
Sub main()
  frmMacro1b.Show
End Sub

Option Explicit
Private Sub cmdBuild_Click()
  Dim swApp As Object
  Dim Part As Object
  Dim boolstatus As Boolean
  Dim radius As Double
  Dim depth As Double
  radius = CDbl(txtRadius.Text) / 1000
  depth = CDbl(txtDepth.Text) / 1000
  'Connect to the SOLIDWORKS software
  Set swApp = Application.SldWorks
  Set Part = swApp.ActiveDoc
  'Create a cylinder on Front Plane
  boolstatus = Part.Extension.SelectByID2("Front Plane", "PLANE", 0, 0,
0, False, 0, Nothing, 0)
  Part.SketchManager.InsertSketch True
  Dim skSegment As Object
  Set skSegment = Part.SketchManager.CreateCircleByRadius(0#, 0#, 0#, ra-
dius)
  Dim myFeature As Object
  Set myFeature = Part.FeatureManager.FeatureExtrusion2(True, False,
False, 0, 0, depth, 0.01, False, False, False, False, 1.74532925199433E-
02, 1.74532925199433E-02, False, False, False, False, True, True, True, 0,
0, False)
End Sub
```

Build

```
Private Sub cmdExit_Click()
  End
End Sub
```

Exit

第2章　API对象模型

学习目标

- 识别SOLIDWORKS API对象模型中的对象关系和组织结构
- 连接宏和API对象模型中最顶层的应用程序对象SldWorks
- 使用访问器连接宏和其他应用程序对象：ModelDoc2、ModelDocExtension、PartDoc、AssemblyDoc和DrawingDoc
- 识别每个应用程序对象共有的API方法
- 创建一个包含窗体和控件的宏，用以显示每个应用程序对象的不同

2.1 SOLIDWORKS API 对象模型概述

图 2-1 所示是对 SOLIDWORKS API 对象模型的概要描述。本章将学习 API 对象模型中的接口对象如何组织以及如何访问。在 API 在线帮助文件里也有一个类似的图表。为简单起见，一些较低层级的对象未显示在本图表中。

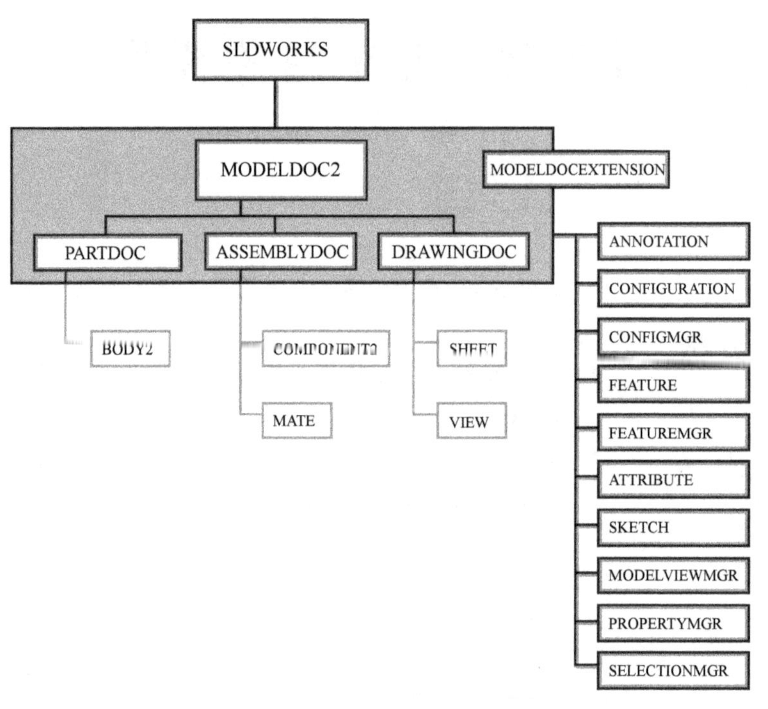

图 2-1　SOLIDWORKS API 对象模型

设计的宏是用来检查 SOLIDWORKS API 对象模型的层次结构的。注意，必须先访问层次结构中的高层级对象，才能访问层次结构中的低层级对象。

以 ModelDoc2 接口为例。要获得指向 ModelDoc2 的接口指针，上层 SldWorks 对象必须先被连接，然后调用访问器才可以获得一个指向 ModleDoc2 的接口指针，如图 2-2 所示。

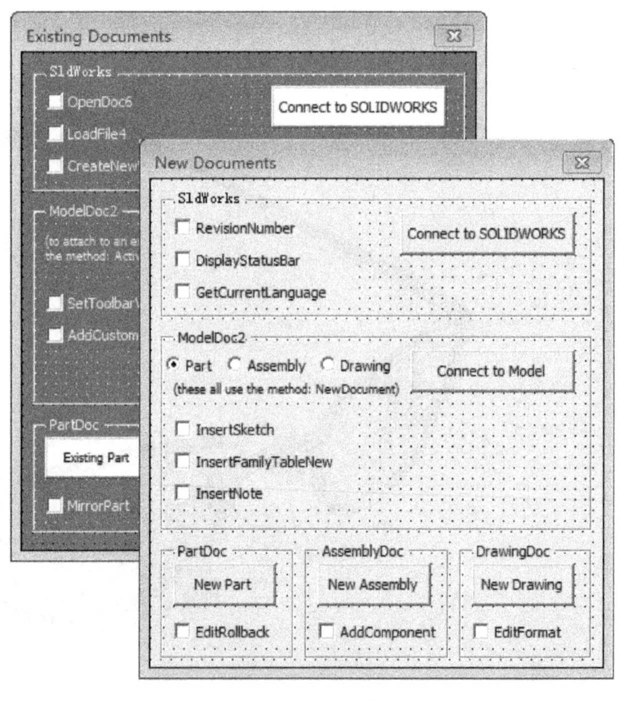

图 2-2　访问器

本章案例学习中的宏会重点说明连接一个新文件和连接已有文件之间的不同。在 SldWorks 接口中有不同的访问器方法可以完成这项工作。本案例学习将有助于读者理解 ModelDoc2 对象和其他更具体文件对象的区别，如 PartDoc、AssemblyDoc 和 DrawingDoc。

- **Visual Basic 自动类型转换**　与 C++相比，Visual Basic 是一种更直观、

更容易学习的编程语言。在自动类型转换上，Visual Basic 非常方便。例如，PartDoc、AssemblyDoc 和 DrawingDoc 对象都派生自 ModelDoc2 对象，如果从其中的一个派生对象调用属于 ModelDoc2 对象的方法，则调用可以成功。这是因为 Visual Basic 会自动在上层对象中查找是否存在这个方法，然后从上层对象调用该方法。换句话说，Visual Basic 会自动将调用对象转换为其基类类型，例如 PartDoc. InsertNote（InsertNote 是属于 ModelDoc2 对象的方法）的调用。

自动类型转换在两个方向上都是有效的。如果一个上层对象调用存在于子类对象的方法，调用也将成功。尽管 GetPartBox 方法是在派生对象 PartDoc 中实现的，ModelDoc2. GetPartBox 仍然是合法的 API 调用。

对缺少经验的程序员来说，Visual Basic 隐藏了部分 COM 编程的复杂性，这将有助于他们将精力集中在解决程序的主要任务上，而不是放在 COM 自动化编程的复杂性上。

在 C ++ 中，当调用接口中的特定方法时，基类对象和派生对象间的类型转换必须显式执行。

2.2　应用程序对象

本章将介绍连接 SOLIDWORKS 软件和每种文件类型的 API 分类。要调用这些 API，必须首先连接到确定的应用程序对象。

2.2.1　SldWorks 对象

表 2-1 是最顶层的 API 接口对象 SldWorks 的描述。

表 2-1　SldWorks 对象

SldWorks 对象（swApp）	SldWorks 对象（宏录制器声明变量 swApp 为此类型）是 SOLIDWORKS 中的最顶层对象，提供对 API 中所有其他对象的访问。它同样也作为一个接口提供应用程序级操作的函数集。下面的两行代码将连接到 SldWorks 对象： Dim swApp As SldWorks. SldWorks Set swApp = Application. SldWorks 变量 swApp 可以是任意对象类型，它被声明为通用类型 Object 而不是特定类型 SldWorks. SldWorks。更详细的介绍请参考 2. 2. 4 节 “早绑定和后绑定”。随着学习的进行，在使用 SOLIDWORKS API 编程时，最好养成使用早绑定（Early binding）技术的习惯
SldWorks 的方法与属性	. NewDocument（TemplateName, PaperSize, Width, Height）
	. RevisionNumber
	. DisplayStatusBar（OnOff）
	. GetCurrentLanguage
	. OpenDoc6（FileName, Type, Options, Config, Errors, Warnings）
	. LoadFile4（FileName, ArgumentString, ImportData, Errors）
	. CreateNewWindow
	. ArrangeWindows（Style）
	. ActiveDoc
	. ActivateDoc3（Name, UseUserPreferences, Option, Errors）
	. CloseDoc（Name）
	. QuitDoc（Name）
	. ExitApp
	. DocumentVisible（Visible, Type）
	. SendMsgToUser2（Message, icons, buttons）

注意 表 2-1 并不是所描述接口的所有方法和属性的完整文件。要获得完整的列表，请参考 API 帮助文档。

操作步骤

扫码看视频

步骤 1 创建新的宏 单击宏工具栏上的【新建宏】创建新的宏。命名这个宏为 ObjectModel. swp。

步骤 2 查看默认宏代码 默认情况下应该出现下面的宏代码：

```
Dim swApp As Object
Sub main()
  Set swApp = Application.SldWorks
End Sub
```


2.2.2 SOLIDWORKS 2020 类型库

通过创建特定接口类型而不是通用类型的对象可以增强 Visual Basic 程序。为了更加有效地利用这一点，VBA 添加了 SOLIDWORKS 类型库的引用。

为了确保 SOLIDWORKS 类型库已被正确引用，请在 VBA 中单击【工具】/【引用】，此时【SldWorks 2020 Type Library】复选框应处于勾选状态，如图 2-3 所示。

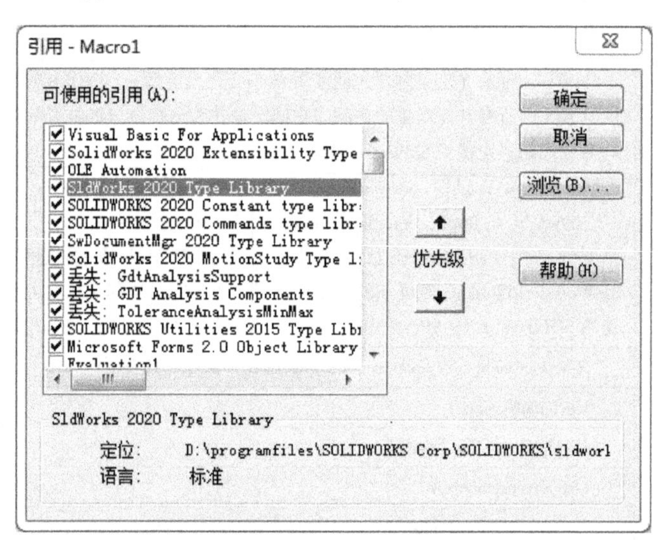

图 2-3 SOLIDWORKS 2020 类型库

如果 SOLIDWORKS 2020 类型库未被正确加入，请浏览至其位置（与 SOLIDWORKS 软件一同被安装）：<安装目录> \ SOLIDWORKS \ sldworks. tlb，进行安装。

这个文件包含了所有公开的 API 接口定义及它们包含的可用于 SOLIDWORKS 自动操作的成员。当类型库被引用时，句点（.）分隔符后会出现下拉列表，以显示可使用的 SOLIDWORKS 对象、属性和方法［称为“智能感知”（IntelliSense）］。

2.2.3 IntelliSense

IntelliSense 是 Microsoft 的一项技术，通过显示类的定义、方法、属性、参数和注释，使程序员在向编辑器中输入代码时，可以预先获知可选代码。

IntelliSense 还可以最大限度地减少字符输入，因为通过从列表中选择方法和属性可自动完成代码行，如图 2-4 所示。

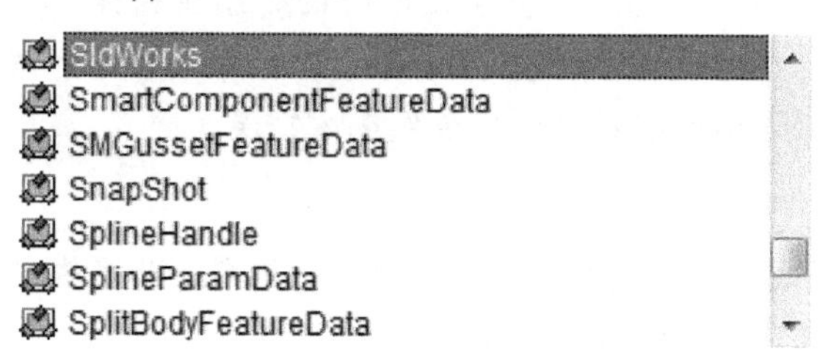

图 2-4　IntelliSense

2.2.4　早绑定和后绑定

绑定是匹配函数调用与所使用对象的实际方法和属性的过程。

1. 早绑定

为了更好地理解早绑定（Early binding），可以将“绑定”想象成图书管理员在书中查找特定章节的过程。如果图书管理员在卡片目录（card catalogue）中查找某本书，就可以获知图书馆是否有此藏书。如果有此藏书，图书管理员就必须到此书所在书架找书，并查找特定章节。如果那个书架上没有这本书，那么卡片目录就存在错误。如果找到了藏书，但是找不到特定章节，那么这本书就有问题。在这个场景中，图书管理员就相当于编译器。编译器查找对象，然后创建一个指向它的间接指针。创建指针之后，编译器查找对象的虚函数表（称为 v-table），确认是否存在需要的方法。如果没有发现这个成员，编译器会向程序员报错。

通过在设计时绑定到对象，程序员可以获得指向该对象的间接指针。这个间接指针由编译器创建，并允许编译器在设计时确认对象的内容。程序员也可以使用 IntelliSense 来查看对象内容。在设计时创建此间接指针被称为早绑定。要实现早绑定对象，只需要将其声明为其所属类型库中定义的类型即可。早绑定代码示例如下：

```
Dim swApp As SldWorks.SldWorks
Dim swModel As SldWorks.ModelDoc2
Sub main()
  Set swApp = Application.SldWorks
  Set swModel = swApp.ActiveDoc
End Sub
```

2. 后绑定

后绑定（Late binding）是指在设计时不创建间接指针，而是依靠 Visual Basic 运行时确认对象及其方法和属性是否存在。实现后绑定对象，只需将对象变量声明为 Object（Visual Basic 通用数据类型），并允许运行时确定对象是否存在于用于编写应用程序的类型库中。后绑定代码示例如下：

```
Dim swApp As Object
Dim swModel As Object
Sub main()
  Set swApp = Application.SldWorks
  Set swModel = swApp.ActiveDoc
End Sub
```

> **提示** 最好使用早绑定。早绑定有助于其他程序员理解您的代码，也可以使您的应用程序更快。早绑定还会在编译时检查编码错误。如果编译器在编译时绑定到对象，编译器可以检查该对象是否支持从该对象调用的成员。如果使用后绑定，则在运行代码之前不会发现该错误。

步骤3　修改宏代码　通过更改声明将代码由后绑定改为早绑定：

```
Dim swApp As SldWorks.SldWorks
Sub main()
  Set swApp = Application.SldWorks
End Sub
```

步骤4　测试IntelliSense下拉列表　添加下面的代码直到IntelliSense出现，如图2-5所示。

```
Dim swApp As SldWorks.SldWorks
Sub main()
  Set swApp = Application.SldWorks
  swApp.setu
```

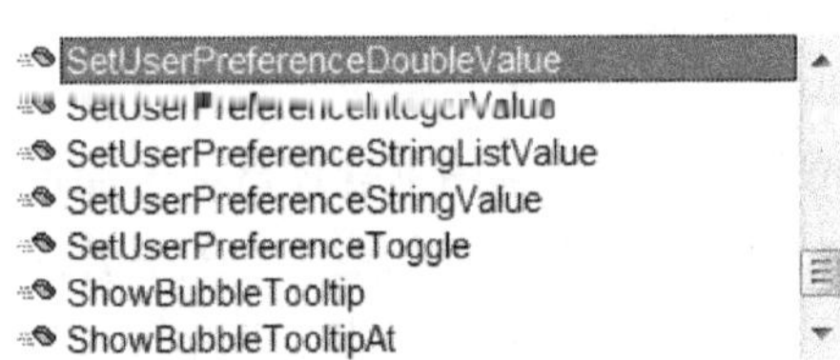

图2-5　IntelliSense下拉列表

可以使用键盘上的↑和↓箭头键浏览下拉列表的内容，使用空格键让VBA自动输入所选方法的剩余部分，从而有效地节省程序员输入代码的工作量。IntelliSense还会自动更正一些语法错误并确认类型库是否被正确引用。如果IntelliSense在这一步没有出现，则说明变量声明存在问题或者没有正确引用类型库。

步骤5　使用IntelliSense添加参数　某些方法（如下例所示）具有参数。IntelliSense会在代码行的正下方显示这些信息，并作为添加参数列表和正确完成API调用的向导帮助。

```
Dim swApp As SldWorks.SldWorks
Sub main()
  Set swApp = Application.SldWorks
  swApp.SetUserPreferenceDoubleValue
  SetUserPreferenceDoubleValue(UserPreferenceValue As Long, Value As Double)
End Sub
```

步骤6　关闭宏　现在完成了对IntelliSense和早绑定的测试。

2.3　实例学习：连接到新文件

本实例将讲解如何连接到正在运行的SOLIDWORKS进程及如何使用这个API接口的成员。为了节省时间，已经完成了用户窗体和所有控件的创建。在前面的章节中，已经学习了如何添加窗体和控件来为程序创建用户界面。本节将学习如何使用添加到窗体中的其他控件，例如复选框和单选按钮。

操作步骤

步骤1 打开宏 打开Lesson02文件夹中名为ObjectModelBasics. SWP的宏。

技巧 如果在VBA编辑器中不能看到窗体，请使用<Ctrl>+<R>组合键，打开【工程】窗口，如图2-6所示。双击“窗体”文件夹下的frmNewDocs以在编辑器中显示该窗体。

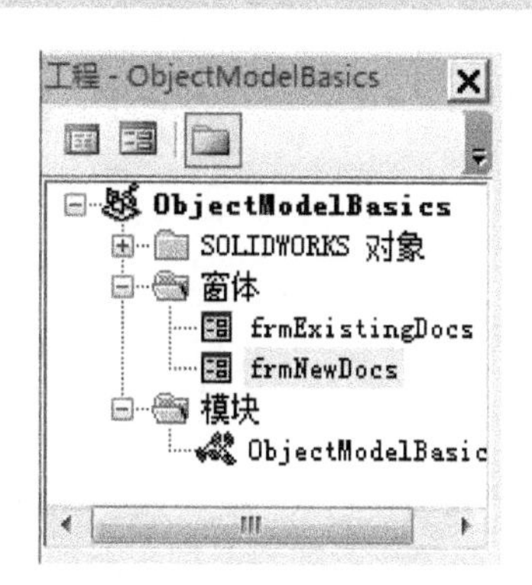

图2-6 【工程】窗口

扫码看视频

步骤2 查看用户窗体的顶部和控件属性 用户窗体属性已经设置好了。窗体的顶部有一个框架控件，其他控件包含在框架控件内部，如图2-7所示。添加窗体和控件的属性如下：

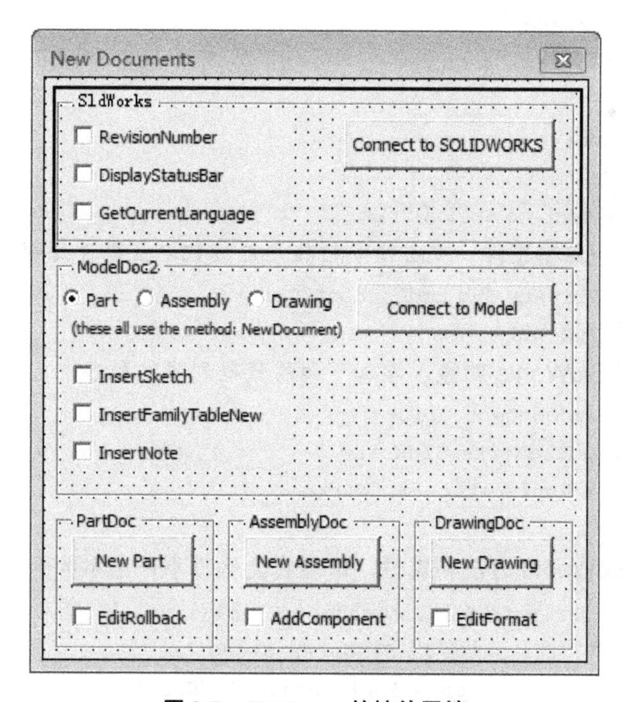

图2-7 SldWorks的控件属性

```
UserForm1:
(名称): frmNewDocs
Caption: New Documents
```

```
BorderStyle: 1  - fmBorderStyleSingle
Startup Position: 2  - CenterScreen
ShowModal: False
Height: 300
Width: 270

Frame1:
(名称): fraSldWorks
Caption:SldWorks
Height: 72
Width: 252

CheckBox1:
(名称): chkRevNum
Caption:RevisionNumber

CheckBox2:
(名称): chkDispStatBar
Caption:DisplayStatusBar

CheckBox3:
(名称): chkCurLang
Caption:GetCurrentLanguage

CommandButton1:
(名称): cmdConnect
Caption: Connect to SolidWorks
```

步骤 3　添加按钮单击事件　双击命令按钮设置按钮单击事件处理程序。

Connect to SolidWorks

```
Private Sub cmdConnect_Click()
End Sub
```

步骤 4　连接到 SldWorks 对象　添加下面的代码到事件程序中。

```
Private Sub cmdConnect_Click()
  Dim swApp As SldWorks.SldWorks
  Set swApp  = Application.SldWorks
End Sub
```

步骤 5　添加 SldWorks 方法和属性　继续在复选框事件中添加如下代码。

☑ RevisionNumber

```
Private Sub cmdConnect_Click()
  Dim swApp As SldWorks.SldWorks
  Set swApp  = Application.SldWorks
    If chkRevNum.Value  = True Then
      Dim retval As String
      retval  = swApp.RevisionNumber
    Dim vRevNo As Variant
```

```
        vRevNo = Split(retval, ".", -1, vbTextCompare)
        If vRevNo(0) > 1 Then 'Version is 2000 or later
          Dim MajorRev As String
          '8 + 1992 = SOLIDWORKS 2000
          MajorRev = vRevNo(0) + 1992
          MajorRev = IIf(MajorRev = "2002", "2001Plus", MajorRev)
          MsgBox "You are running SOLIDWORKS " &MajorRev & _
          " SP" &vRevNo(1) & "." & vRevNo(2)
        Else
          MsgBox "You are running pre-SOLIDWORKS 2000"
        End If
      End If
```

☑ DisplayStatusBar

```
If chkDispStatBar.Value = True Then
  swApp.DisplayStatusBar True
Else
  swApp.DisplayStatusBar False
End If
```

☑ GetCurrentLanguage

```
  If chkCurLang.Value = True Then
    Dim CurrentLanguage As String
    CurrentLanguage = swApp.GetCurrentLanguage
    MsgBox "SOLIDWORKS is currently using the " _
    & CurrentLanguage & " language."
  End If
End Sub
```

步骤6　向 Sub Main 添加代码　切换回 ObjectModelBasics1 模块，建立程序入口点如下。

```
Sub main()
  frmNewDocs.Show
End Sub
```

步骤7　保存并运行宏　分别测试每个复选框，观察 SOLIDWORKS 如何工作。宏运行结果如下。

1）☑ RevisionNumber和 [Connect to SolidWorks] 的运行结果如图 2-8 所示。

2）☑ DisplayStatusBar和 [Connect to SolidWorks] 的运行结果如图 2-9 所示。

3）☑ GetCurrentLanguage和 [Connect to SolidWorks] 的运行结果如图 2-10 所示。

步骤8　停止宏

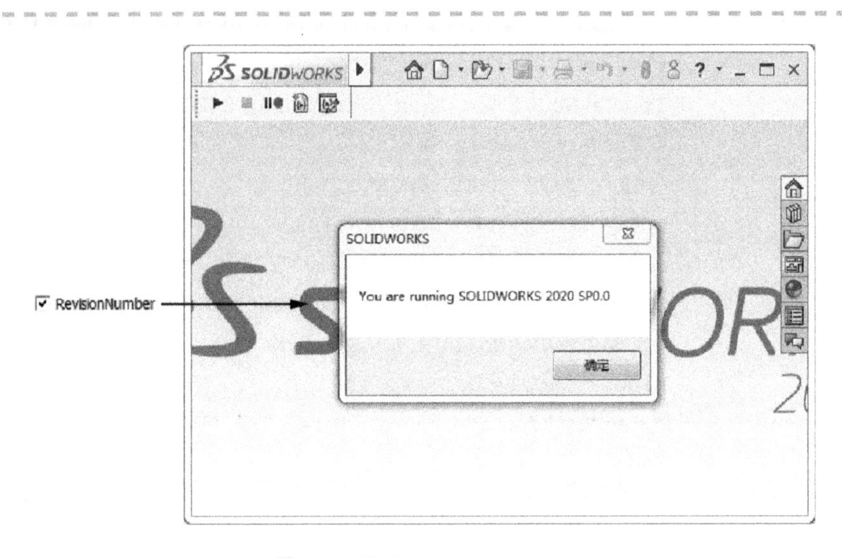

图 2-8 运行 RevisionNumber

图 2-9 运行 DisplayStatusBar

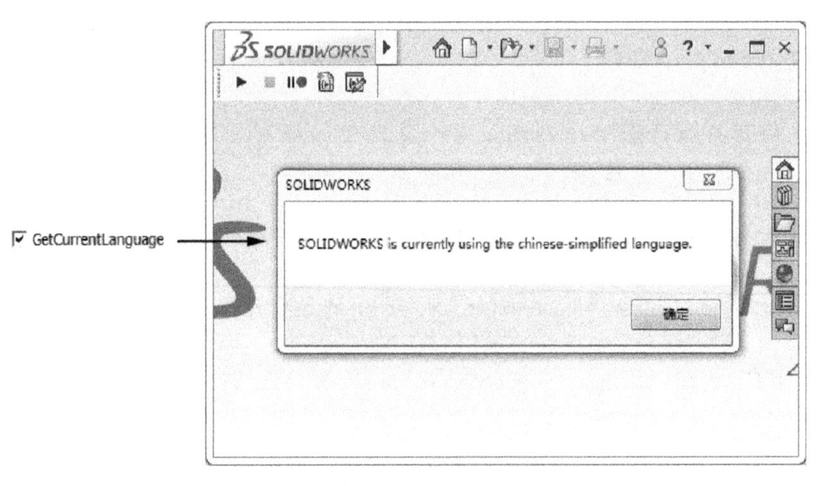

图 2-10 运行 GetCurrentLanguage

下面将测试 API 对象层次结构中第二高级别的对象 ModelDoc2（见表 2-2）。

表 2-2　ModelDoc2 对象

<table>
<tr>
<td>ModelDoc2 对象（swModel）
图 2-11 显示的 Accessors（访问器）区域是从 SOLIDWORKS API 帮助文件截取的。当展开 ModelDoc2 接口描述页面上的 Accessors 区域时会显示图 2-11 所示的成员
这个区域可帮助用户了解有哪些方法可以成功连接到对象模型内的深层对象</td>
<td>ModelDoc2 包含 3 种文件类型：零件（parts）、装配体（assemblies）和工程图（drawings），ModelDoc2 对象具有这 3 种文件类型的通用功能。使用下面列出的 SldWorks 对象的任一种方法（也称为访问器）都可以连接到 ModelDoc2 对象
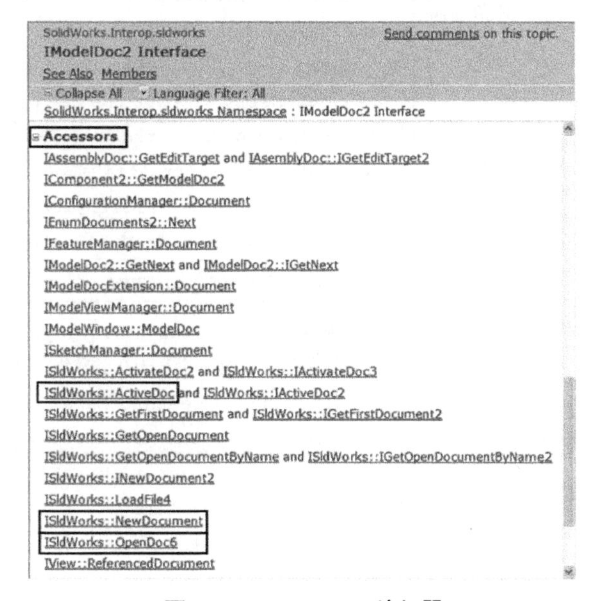

图 2-11　ModelDoc2 访问器
' option 1
Dim swModel As SldWorks.ModelDoc2
Set swModel = swApp.ActiveDoc
' option 2
Dim swModel As SldWorks.ModelDoc2
Set swModel = swApp.NewDocument (TemplateName, PaperSize, Width, Height)
' option 3
Dim swModel As SldWorks.ModelDoc2
Set swModel = swApp.OpenDoc6 (FileName, Type, Options, Config, Errors, Warnings)</td>
</tr>
<tr><td rowspan="7">ModelDoc2 的方法和属性</td><td>.InsertFamilyTableNew</td></tr>
<tr><td>.InsertNote (Text)</td></tr>
<tr><td>.SetToolbarVisibility (Toolbar, Visible)</td></tr>
<tr><td>.EditRebuild3</td></tr>
<tr><td>.FeatureManager</td></tr>
<tr><td>.InsertFeatureShell (Thickness, Outward)</td></tr>
<tr><td>.ViewZoomtofit2</td></tr>
</table>

经过多年的发展，随着 SOLIDWORKS 功能的增强，ModelDoc2 的方法已经增长到了容量的上限。因此，产生了一个扩展对象来作为接口以提供新的方法，这个对象叫作 ModelDocExtension，见表 2-3。

表 2-3 ModelDocExtension 对象

ModelDocExtension 对象（swModelExt）	使用 ModelDoc2 的属性 Extension 可以得到 ModelDocExtension 对象 'option 1 - get a pointer to the ModelDocExtension object Dim swModelExt As SldWorks. ModelDocExtension Set swModelExt = swModel. Extension swModelExt. SelectByID2 (....) swModelExt. GetMassProperties2 (....) 'option 2 - call the Extension object directly fromModelDoc2 'as a property without the need for ModelDocExtension pointer Dim swModel As SldWorks. ModelDoc2 Set swModel = swApp. ActiveDoc swModel. Extension. SelectByID2 (....) swModel. Extension. GetMassProperties2 (....)
ModelDocExtension 的方法和属性	. SelectByID2 (Name, Type, X, Y, Z, Append, Mark, Callout,electOption)
	. GetMassProperties2 (Accuracy, Status, UseSelected) 此方法的返回值是一个基于 0 的数组，其由 13 个 double 类型元素组成，如下所示： returnvalue0 = CenterOfMassX returnvalue1 = CenterOfMassY returnvalue2 = CenterOfMassZ returnvalue3 = Volume returnvalue4 = Area returnvalue5 = Mass returnvalue6 = MomXX returnvalue7 = MomYY returnvalue8 = MomZZ returnvalue9 = MomXY returnvalue10 = MomZX returnvalue11 = MomYZ returnvalue12 = Accuracy
	. SetMaterialPropertyValues (material _property _values, config _opt, config_Names)

下面的步骤演示了如何使用访问器方法 SldWorks::NewDocument 创建新的 ModelDoc2 接口指针实例，并调用几个成员方法。

步骤 9　回顾创建新文件的控件　如图 2-12 所示，第二个框架控件包含 3 个单选按钮、1 个命令按钮以及 3 个复选框。这些控件允许用户创建新的 ModelDoc2 对象。ModelDoc2 对象包括 PartDoc 对象、AssemblyDoc 对象和 DrawingDoc 对象。

添加窗体和控件的属性如下：

Frame2:

(名称): fraModelDoc2

Caption:ModelDoc2

Height: 114

Width: 252

扫码看视频

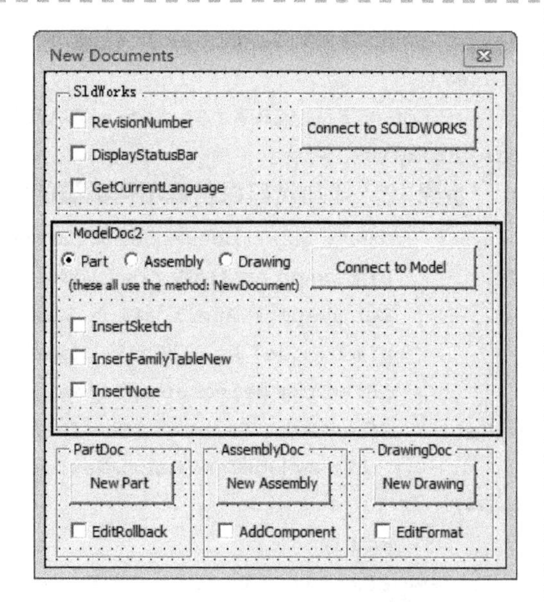

图 2-12　ModelDoc2 的控件属性

```
OptionButton1:
(名称): optPart
Caption: Part
Value: True

OptionButton2:
(名称): optAssy
Caption: Assembly
Value: False

OptionButton3:
(名称): optDraw
Caption: Drawing
Value: False

CheckBox4:
(名称): chkSketch
Caption:InsertSketch

CheckBox5:
(名称): chkFamilyTable
Caption: InsertFamilyTableNew

CheckBox6:
(名称): chkNote
Caption:InsertNote

CommandButton2:
(名称): cmdNewModel
Caption: Connect to Model
```

步骤 10　添加按钮单击事件　双击第二个命令按钮以设置事件处理程序。

Connect to Model

```
Private Sub cmdNewModel_Click()
End Sub
```

步骤 11　连接 SldWorks 并创建新文件　添加以下代码行到事件处理程序中。

```
Private Sub cmdNewModel_Click()
  Dim swApp As SldWorks.SldWorks
  Set swApp = Application.SldWorks
  Dim swModel As SldWorks.ModelDoc2
  Set swModel = swApp.NewDocument(TEMPLATEDIR + "Part_MM.prtdot", 0, 0#, 0#)
End Sub
```

将以下代码放在代码模块的最前面：

```
Const TRAININGDIR As String = "C:\SOLIDWORKS Training Files\API Fundamentals\"
```

```
        Const TEMPLATEDIR As String ="C:\SolidWorks Training Files\Training Tem-
plates\"
        Const FILEDIR As String =TRAININGDIR & "Lesson02 - Object Model Basics\
Case Study\"
```

步骤12　添加代码以创建不同类型的文件　为3个单选按钮添加条件语句如下：

```
          Private Sub cmdNewModel_Click()
            Dim swApp As SldWorks.SldWorks
            Set swApp = Application.SldWorks
            Dim swModel As SldWorks.ModelDoc2
            'Find the selected option and connect to theModelDoc2 object
(•) Part    If optPart.Value = True Then
              Set swModel = swApp.NewDocument(TEMPLATEDIR + "Part_MM.prtdot", 0, 0
#, 0#)
            End If
(•) Assembly If optAssy.Value = True Then
              Set swModel = swApp.NewDocument(TEMPLATEDIR + "Assembly_MM.asmdot",
0, 0#, 0#)
            End If
(•) Drawing If optDraw.Value = True Then
              Set swModel = swApp.NewDocument(TEMPLATEDIR + "B_Size_ANSI_
MM.drwdot", 0, 0#, 0#)
            End If
```

步骤13　添加ModelDoc2方法和属性　为每个复选框添加剩余的代码。将以下代码添加到上一步的代码与End Sub语句之间。

```
                          ' Determine which items are checked
                          ' and call specific methods and properties onModelDoc2
[✓] InsertSketch          If chkSketch.Value = True Then
                            If optDraw.Value = True Then
                            Else
                              swModel.SketchManager.InsertSketch True
                            End If
                          End If

[✓] InsertFamilyTableNew  If chkFamilyTable.Value = True Then
                            If optDraw.Value = True Then
                            Else
                              swModel.InsertFamilyTableNew
                            End If
                          End If

[✓] InsertNote            If chkNote.Value = True Then
                            Dim swNote As SldWorks.note
                            Dim swAnnotation As SldWorks.Annotation
```

```
            Dim text As String
            text = "Sample Note"
            Set swNote = swModel.InsertNote(text)
            Set swAnnotation = swNote.GetAnnotation
            swAnnotation.SetPosition 0.01, 0.01, 0
        End If
    End Sub
```

步骤 14　保存并运行宏

1）测试下列 3 个单选按钮，结果如图 2-13 所示。

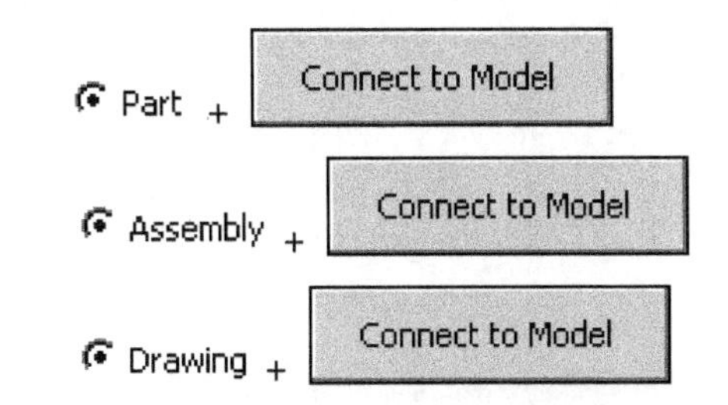

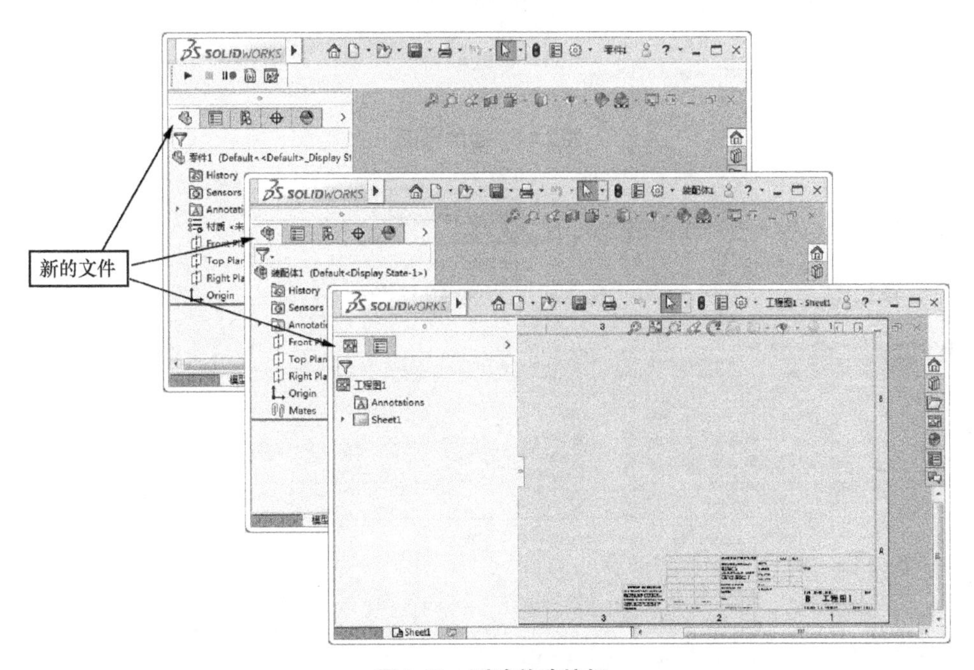

图 2-13　测试单选按钮

2）在零件文件和装配体文件中添加草图，结果如图 2-14 所示。

3）在零件文件和装配体文件中插入设计表，结果如图 2-15 所示。

4）在 3 种文件类型中插入注释，结果如图 2-16 所示。

注意

并不是所有的 ModelDoc2 方法在 3 种文件类型中的使用方法都完全相同。例如，在工程图文件中，必须先插入一个视图，然后才能使用 FocusLocked 和 InsertFamilyTableNew 方法（见步骤 16）。

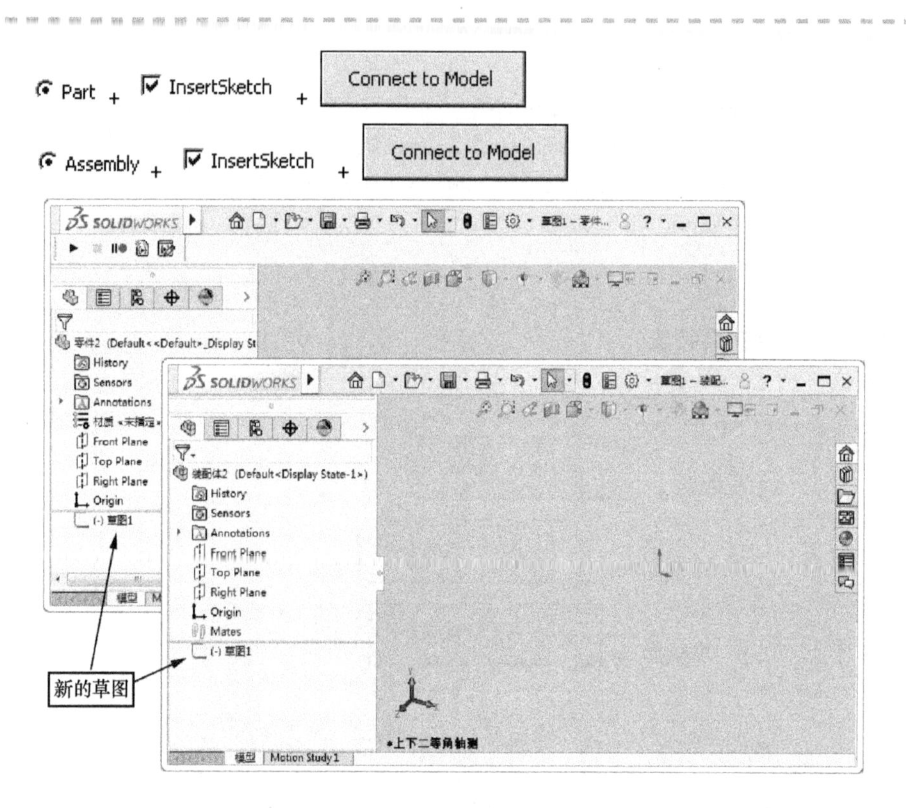

图 2-14　添加草图

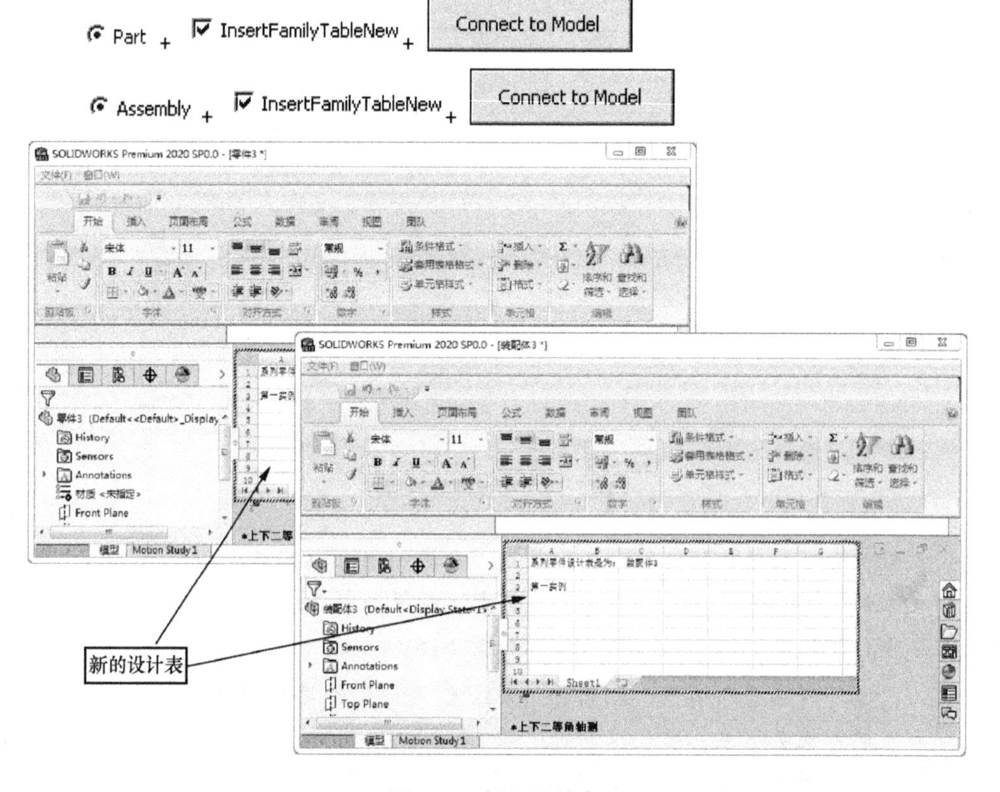

图 2-15　插入设计表

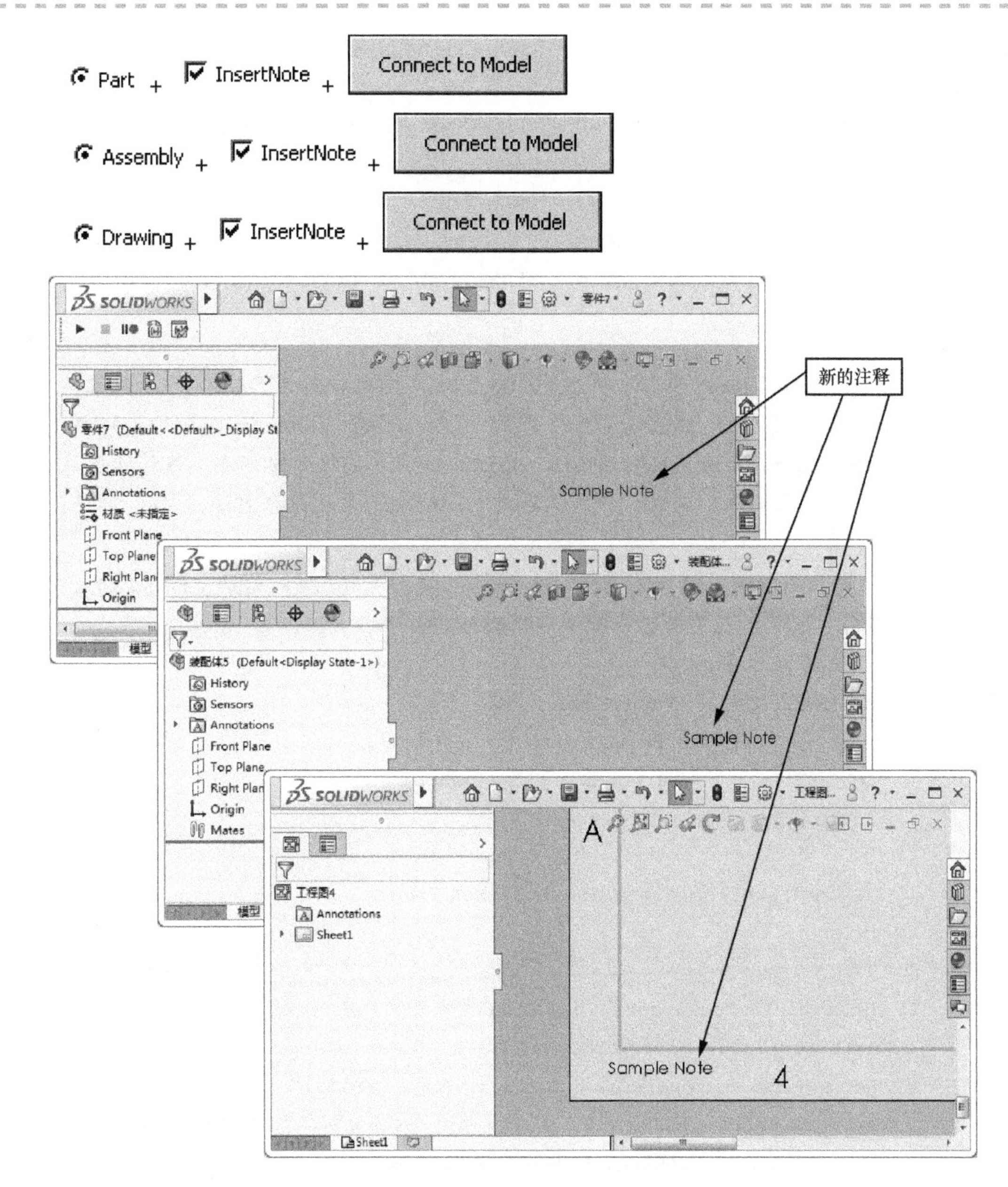

图 2-16　插入注释

步骤 15　停止宏　单击窗体右上角的关闭图标，停止宏。

步骤 16　添加代码，准备工程图文件　在模块底部添加代码，以准备工程图文件。

```
Private Function preparedrawingView(ByRef swApp As _
SldWorks.SldWorks, ByRef swModel As SldWorks.ModelDoc2) As SldWorks.View
  Dim drawName As String
  Dim errors As Long
  Dim warnings As Long

  drawName = swModel.GetTitle
```

```
        swApp.OpenDoc6 FILEDIR + "BlockwithDesignTable.SLDPRT", 1, 0, "", errors, warnings
        Set swModel = swApp.ActivateDoc3 (drawName, False, swRebuildActiveDoc, errors)
        'Notice automatic typecasting toDrawingDoc!
        Set preparedrawingView =swModel.CreateDrawViewFromModelView3_
        (FILEDIR +"BlockwithDesignTable.SLDPRT", "* Isometric", 0.1, 0.1, 0)
    End Function
```

注意

Visual Basic 会自动将 ModelDoc2 对象类型转换为 DrawingDoc 对象，这就允许直接从 ModelDoc2 对象调用 CreateDrawViewFromModelView3 方法。CreateDrawViewFromModelView3 是 DrawingDoc 接口上的方法。另外还要注意的是，在输入代码时，并不能通过 IntelliSense 看到这个方法。

步骤 17　插入新代码以调用新函数　为 FocusLocked 和 InsertFamilyTableNew 插入下面的附加条件语句，使它们从前面的步骤中调用新函数。

```
        Dim swView As SldWorks.View
        If chkSketch.Value = True Then
          If optDraw.Value = True Then
            Set swView = preparedrawingView(swApp, swModel)
            swView.FocusLocked = True
          Else
            swModel.SketchManager.InsertSketch True
          End If
        End If
        If chkFamilyTable.Value = True Then
          If optDraw.Value = True Then
            Set swView = preparedrawingView(swApp, swModel)
            swModel.Extension.SelectByID2 swView.GetName2, "DRAWINGVIEW", 0, _
            0,0, False, 0, Nothing, swSelectOptionDefault
            swModel.InsertFamilyTableNew
          Else
            swModel.InsertFamilyTableNew
          End If
        End If
```

步骤 18　保存并运行宏　现在，宏在插入草图或设计表之前应该会先创建一个示例工程图，如图 2-17 所示。

步骤 19　停止宏　单击窗体右上角的关闭图标停止宏。

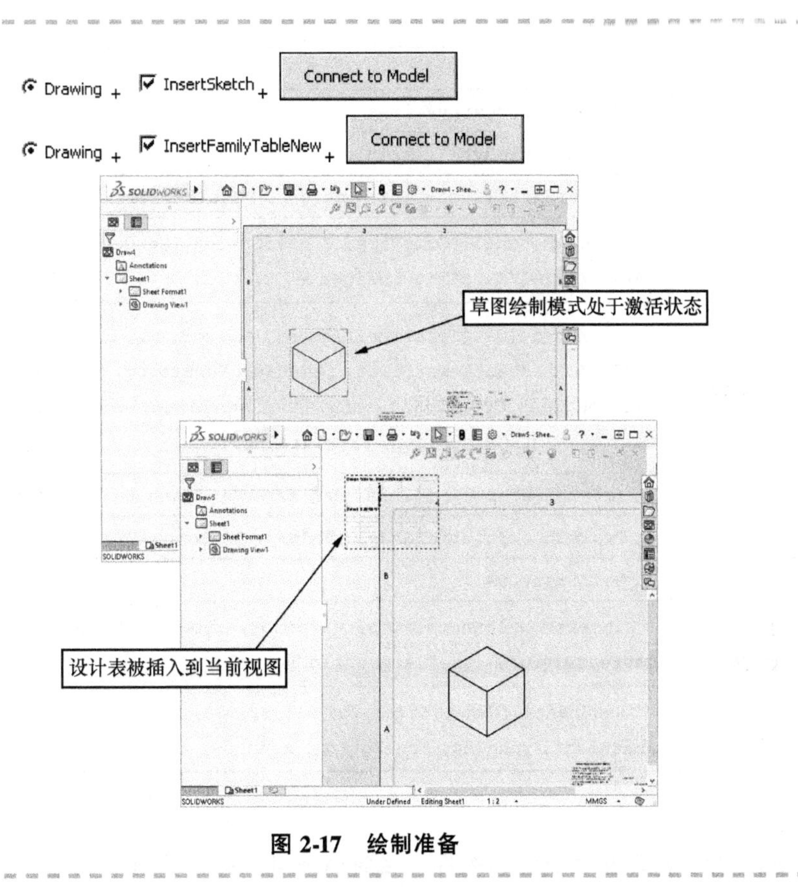

图 2-17　绘制准备

现在，来看一下 3 个具体的 Document 对象类型：PartDoc、AssemblyDoc 和 DrawingDoc，见表 2-4。

表 2-4　PartDoc、AssemblyDoc 和 DrawingDoc 文件

PartDoc 对象
(swPart)
AssemblyDoc 对象
(swAssy)
DrawingDoc 对象
(swDraw)
	文件对象都派生自 ModelDoc2，因此，它们可以访问 ModelDoc2 对象的所有函数。要连接到文件对象，使用 ModelDoc2 的某个访问器并进行一个简单的错误检查以确认其类型即可
	Dim swModel As SldWorks. ModelDoc2
	Dim swPart As SldWorks. PartDoc
	Dim swAssy As SldWorks. AssemblyDoc
	Dim swDraw As SldWorks. DrawingDoc
	Set swModel = swApp. ActiveDoc
	If (swModel. GetType = swDocPART) Then
	  Set swPart = swModel
	End If
	If (swModel. GetType = swDocASSEMBLY) Then
	  Set swAssy = swModel
	End If
	If (swModel. GetType = swDocDRAWING) Then
	  Set swDraw = swModel
	End If
	If swModel Is Nothing Then
	  swApp. SendMsgToUser2 "Open a part, assembly or_drawing!", swMbStop, swMbOk
	End If

（续）

PartDoc 方法和属性	.EditRollback
	.MaterialPropertyValues
	.CreateNewBody
	.MirrorPart2(BreakLink, Options, ResultPart)
AssemblyDoc 方法和属性	.AddComponent5 (CompName, ConfigOption, NewConfigName, UseConfigForPartReferences, ExistingConfigName, X, Y, Z)
	.AddMate5 (mateTypeFromEnum, alignFromEnum, flip, distance, dis tAbsUpperLimit, istAbsLowerLimit, gearRatioNumerator, gearRatio Denominator, angle, angleAbsUpperLimit, angleAbsLowerLimit, ForPositioningOnly, LockRotation, WidthMateOption, ErrorStatus)
	.InsertNewPart2 (filePathIn, face_or_Plane_to_select)
	.ToolsCheckInterference2 (NoComp, LstComp, CoInt, Comp, Face)
DrawingDoc 方法和属性	.GetFirstView
	.InsertModelAnnotations3 (option, types, allViews, duplicateDims, hiddenFeatureDims, usePlacementInSketch)
	.NewSheet4 (Name, Size, In, S1, S2, FA, TplName, W, H, PropV, zone Left, zoneRight, zoneTop, zoneBottom, zoneRow, zoneCol)

步骤20　查看特定文件类型的控件　在窗体底部，每个文件类型对应一个框架控件、一个命令按钮和一个复选框，如图2-18所示。这些控件的属性如下：

扫码看视频

```
Frame3:
(名称): fraPart
Caption: PartDoc
Height: 66
Width: 78
CommandButton3:
(名称): cmdPart
Caption: New Part
CheckBox7:
(名称): chkRollback
Caption:EditRollback

frame4:
(名称): fraAssy
Caption: AssemblyDoc
Height: 66
Width: 84
CommandButton4:
(名称): cmdAssy
```

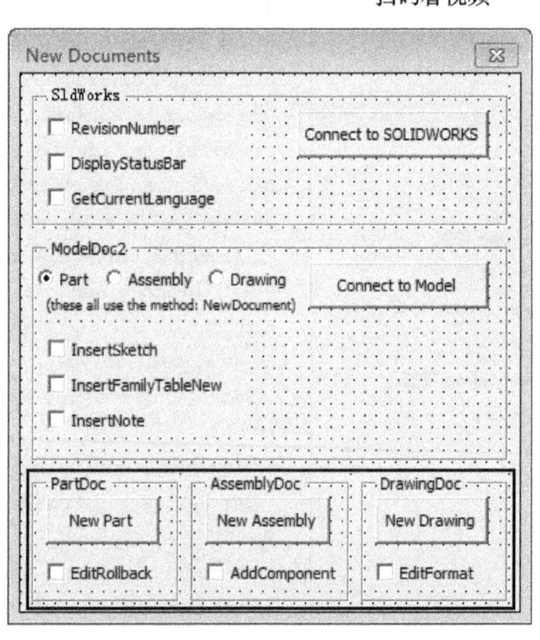

图2-18　特定文件类型的控件属性

```
Caption: New Assembly
CheckBox8:
(名称): chkComponent
Caption: AddComponent

Frame5:
(名称): fraDraw
Caption: DrawingDoc
Height: 66
Width: 78
CommandButton5:
(名称): cmdDraw
Caption: New Drawing
CheckBox9:
(名称): chkFormat
Caption: EditFormat
```

步骤 21 为每个按钮添加单击事件

New Part

```
Private Sub cmdPart_Click()
End Sub
```

New Assembly

```
Private Sub cmdAssy_Click()
End Sub
```

New Drawing

```
Private Sub cmdDraw_Click()
End Sub
```

步骤 22 连接 SldWorks 对象 在每个单击事件中添加下面的代码：

```
Private Sub cmdPart_Click()
  Dim swApp As SldWorks.SldWorks
  Set swApp = Application.SldWorks
End Sub
Private SubcmdAssy_Click()
  Dim swApp As SldWorks.SldWorks
  Set swApp = Application.SldWorks
End Sub
Private Sub cmdDraw_Click()
  Dim swApp As SldWorks.SldWorks
  Set swApp = Application.SldWorks
End Sub
```

步骤 23 连接 PartDoc 对象并调用特定方法 添加下面的代码：

```
Private Sub cmdPart_Click()
  Dim swApp As SldWorks.SldWorks
  Set swApp = Application.SldWorks
  Dim swModel As SldWorks.ModelDoc2
```

```
    Set swModel = swApp.NewDocument(TEMPLATEDIR + "Part_MM.prtdot", 0, 0#, 0#)
    Dim swPart As SldWorks.PartDoc
    Set swPart = swModel
    swModel.SketchManager.InsertSketch True
    swModel.SketchManager.CreateCornerRectangle 0, 0, 0, 0.1, 0.1, 0
    swModel.FeatureManager.FeatureExtrusion2 True, False, False, 0, 0, 0.1, _
      0.01, False, False, False, False, 0.01745329251994, 0.01745329251994, _
      False, False,False, False, 1, 1, 1, 0, 0, False

☑ EditRollback  If chkRollback.Value = True Then
                  swPart.EditRollback
                End If
              End Sub
```

步骤 24　连接 AssemblyDoc 对象并调用特定方法　添加下面的代码：

```
  Private Sub cmdAssy_Click()
    Dim swApp As SldWorks.SldWorks
    Set swApp = Application.SldWorks
    Dim fileerror As Long
    Dim filewarning As Long
    swApp.OpenDoc6 FILEDIR + "Sample.sldprt", swDocPART, _
    swOpenDocOptions_Silent, "", fileerror, filewarning
    Dim swModel As SldWorks.ModelDoc2
    Set swModel = swApp.NewDocument(TEMPLATEDIR + "Assembly_MM.asmdot", 0,
0#, 0#)
☑ AddComponent    Dim swAssy As SldWorks.AssemblyDoc
                  Set swAssy = swModel
                If chkComponent.Value = True Then
                  swAssy.AddComponent5 FILEDIR + "Sample.sldprt", _
                  swAddComponentConfigOptions_CurrentSelectedConfig, "", False,
"", 0, 0, 0
                End If
              End Sub
```

步骤 25　连接 DrawingDoc 对象并调用特定方法　添加下面的代码：

```
  Private Sub cmdDraw_Click()
    Dim swApp As SldWorks.SldWorks
    Set swApp = Application.SldWorks
    Dim swDraw As SldWorks.DrawingDoc
    Set swDraw = swApp.NewDocument(TEMPLATEDIR + "B_Size_ANSI_MM.drwdot",
0, 0#, 0#)

☑ EditFormat  If chkFormat.Value = True Then
                'Notice the automatic type casting
                'Visual Basic does for you
```

```
        swDraw.EditTemplate
      End If
    End Sub
```

保存并运行宏。

步骤26 测试

1）测试☑ EditRollback + New Part，如图2-19所示。

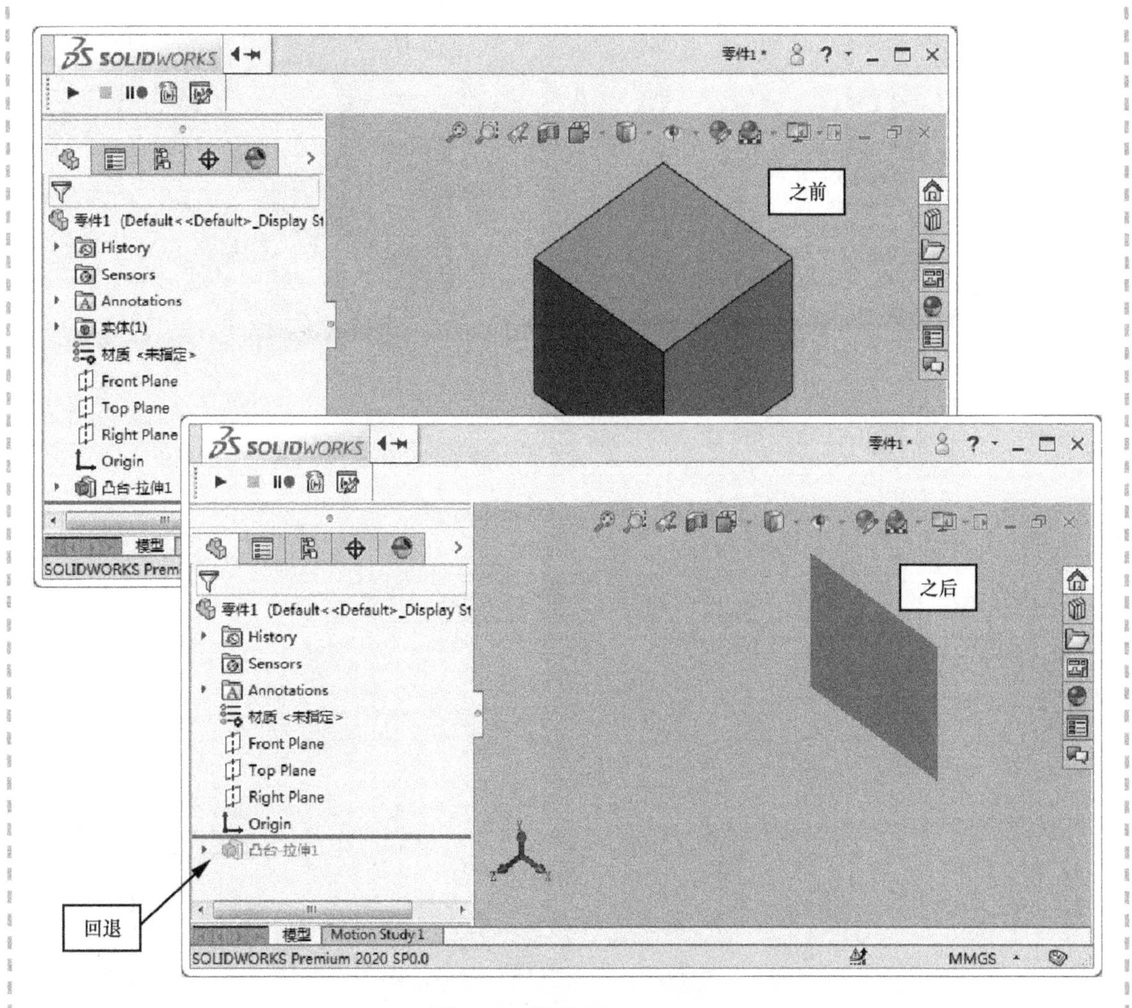

图2-19 测试EditRollback

2）测试☑ AddComponent + New Assembly，如图2-20所示。

3）测试☑ EditFormat + New Drawing，如图2-21所示。

步骤27 停止宏 单击窗体右上角的关闭图标停止宏。

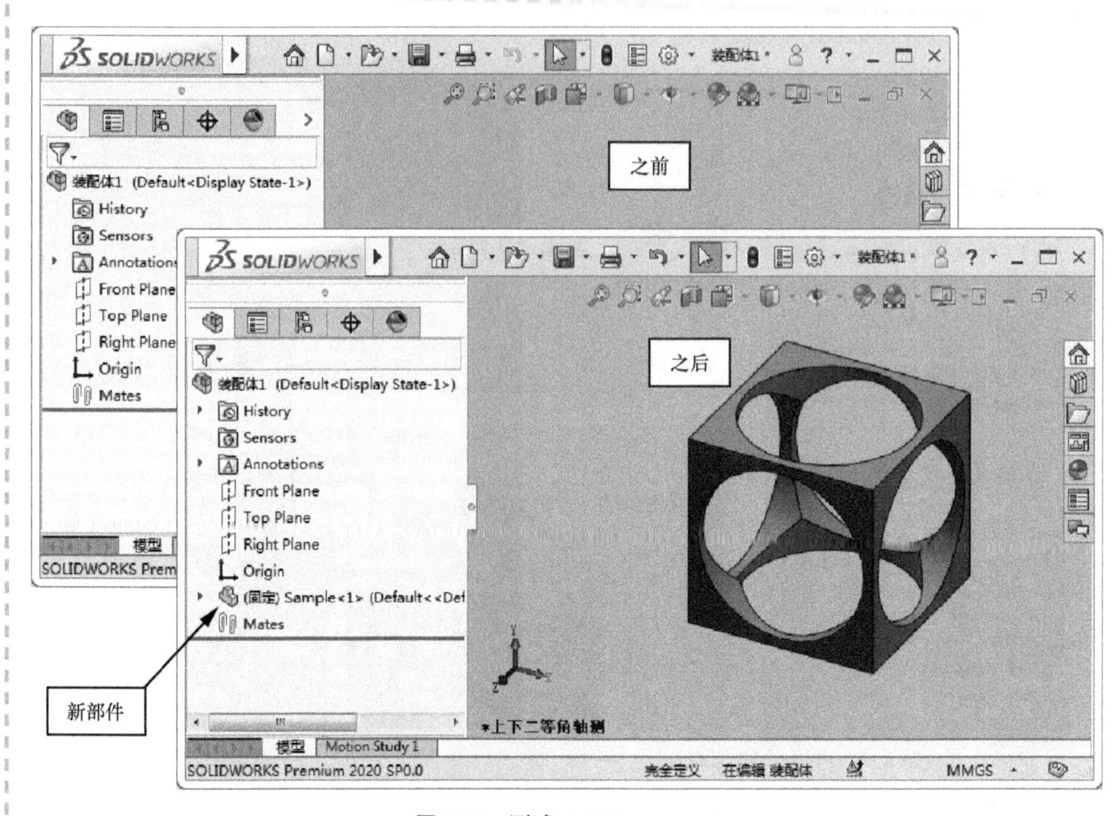

图 2-20　测试 AddComponent

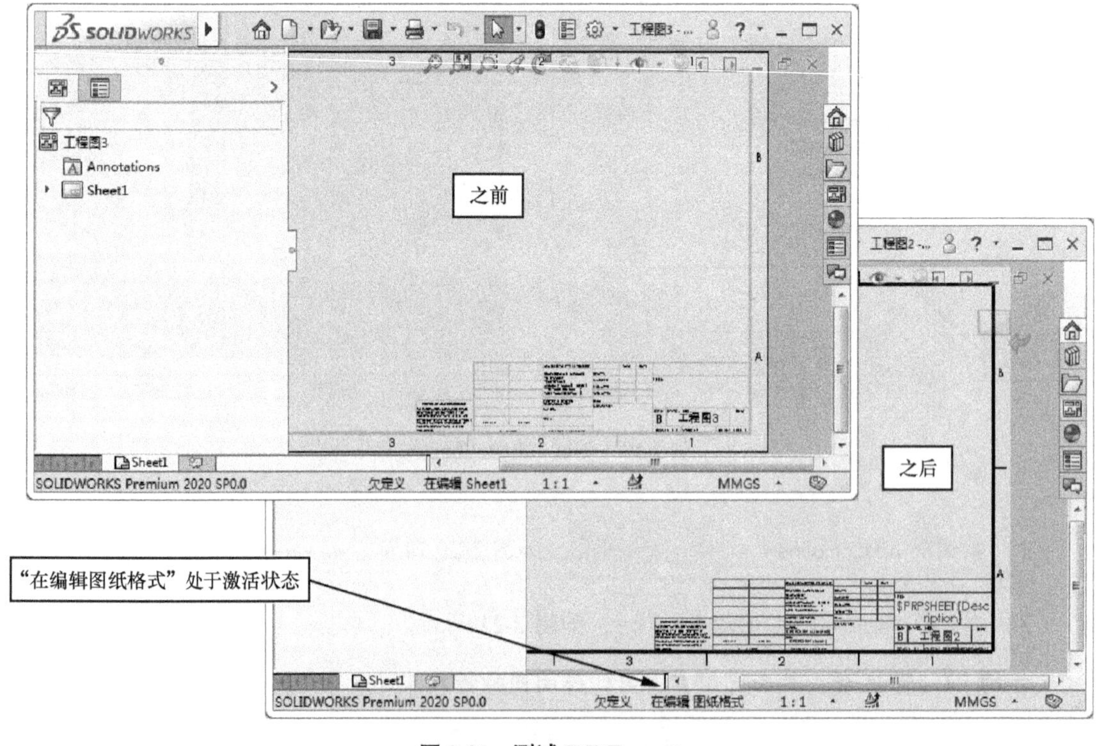

图 2-21　测试 EditFormat

2.4 实例学习：连接到现有文件

到目前为止，已经学习了使用 NewDocument 方法来创建不同类型文件接口的对象。现在，将学习如何连接到 SOLIDWORKS 中已打开的现有文件。

扫码看视频

步骤28 导入另一个用户窗体 右键单击 VBA【工程】窗口，从弹出菜单中选择【导入文件】。导入 Lesson 02 Case study 中的名为 frmExistingDocs. frm 的窗体文件。

步骤29 查看用于现有文件的方法 单击【视图】/【代码窗口】或者双击第一个命令按钮（Connect to SolidWorks），如图2-22所示。

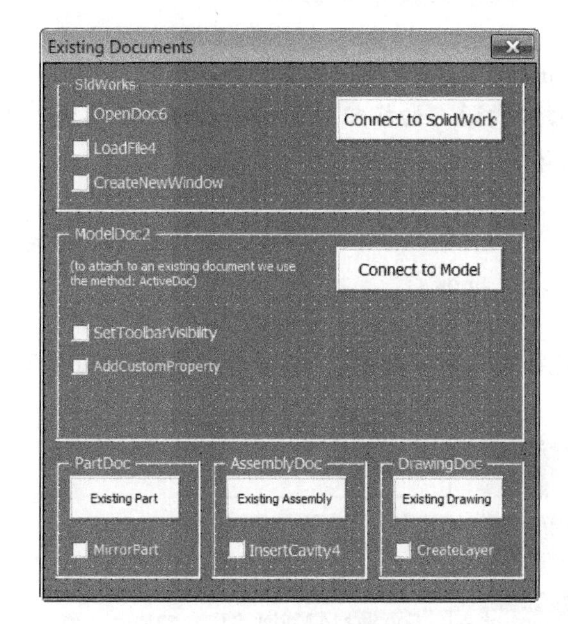

图2-22 frmExistingDocs 窗体

```
Const TRAININGDIR As String = "C:\SOLIDWORKS Training Files\API Fundamentals\"
Const FILEDIR As String = TRAININGDIR & "Lesson02 - Object Model Basics\Case Study\"
```

Connect to SolidWorks

```
Private Sub cmdConnect_Click()
  Dim swApp As SldWorks.SldWorks
  Set swApp = Application.SldWorks
```

```
  If chkOpen.Value = True Then
    Dim fileerror As Long
    Dim filewarning As Long
    swApp.OpenDoc6 FILEDIR + "Sample.sldprt", swDocPART, _
    swOpenDocOptions_Silent, "", fileerror, filewarning
  End If
```

☑ LoadFile4

```
If chkLoad.Value = True Then
  Dim errors As Long
  Dim ImportedModelDoc As SldWorks.ModelDoc2
  Set ImportedModelDoc = swApp.LoadFile4(FILEDIR +
"Sample.igs", "", Nothing, errors)
End If
```

☑ CreateNewWindow

```
    If chkNewWindow.Value = True Then
      swApp.CreateNewWindow
      swApp.ArrangeWindows 1
    End If
End Sub
```

步骤 30　向模块添加代码　切换回 ObjectModelBasics1 模块。在第一行之前添加注释，在第二行显示新窗体。

```
Sub main()
  'frmNewDocs.Show
  frmExistingDocs.Show
End Sub
```

步骤 31　保存并运行宏　分别测试每个复选框以查看 SOLIDWORKS 的响应。测试顺序如下：

1）☑ OpenDoc6 ＋ Connect to Model。

2）☑ LoadFile4 ＋ Connect to Model。

3）☑ CreateNewWindow ＋ Connect to Model。

步骤 32　停止宏　单击窗体右上角的关闭图标，回到 VBA 编辑器。

步骤 33　可用于查看各种文件类型的方法　单击【视图】/【代码窗口】或双击第二个命令按钮（Connect to Model）。

扫码看视频

Connect to Model

```
Private Sub cmdNewModel_Click()
  Dim swApp As SldWorks.SldWorks
  Dim swModel As SldWorks.ModelDoc2

  Set swApp = Application.SldWorks
  Set swModel = swApp.ActiveDoc
  ' Check to see if a document is loaded
  If swModel Is Nothing Then
    swApp.SendMsgToUser2 _
    "Please open a part, assembly or drawing.", swMbStop, swMbOk
    Exit Sub
  End If
```

☑ SetToolbarVisibility

```
If chkToolbars.Value = True Then
  swModel.SetToolbarVisibility swFeatureToolbar, True
  swModel.SetToolbarVisibility swMacroToolbar, True
  swModel.SetToolbarVisibility swMainToolbar, True
  swModel.SetToolbarVisibility swSketchToolbar, True
  swModel.SetToolbarVisibility swSketchToolsToolbar, True
  swModel.SetToolbarVisibility swStandardToolbar, True
  swModel.SetToolbarVisibility swStandardViewsToolbar, True
  swModel.SetToolbarVisibility swViewToolbar, True
```

☐ SetToolbarVisibility

```
Else
  swModel.SetToolbarVisibility swFeatureToolbar, False
  swModel.SetToolbarVisibility swMacroToolbar, False
  swModel.SetToolbarVisibility swMainToolbar, False
  swModel.SetToolbarVisibility swSketchToolbar, False
  swModel.SetToolbarVisibility swSketchToolsToolbar, False
  swModel.SetToolbarVisibility swStandardToolbar, False
  swModel.SetToolbarVisibility swStandardViewsToolbar, False
  swModel.SetToolbarVisibility swViewToolbar, False
End If
```

☐ SetToolbarVisibility

```
If chkCustomInfo.Value = True Then
  Dim retval As Long
  retval = swModel.Extension.CustomPropertyManager("").Add3 _
   ("MyInfo", swCustomInfoText, "MyData", swCustomProperty-
DeleteAndAdd)
End If
End Sub
```

步骤 34　打开以下文件并运行宏　在复选框不同的选中状态下测试下列 3 个文件：SheetMetalSample. sldprt、SheetMetalSample. sldasm 和 SheetMetalSample. slddrw。

1）测试 ☑ SetToolbarVisibility + Connect to Model ，如图 2-23 所示。

2）测试 ☑ SetToolbarVisibility + Connect to Model ，如图 2-24 所示。

3）测试 ☑ SetToolbarVisibility + Connect to Model ，如图 2-25 所示。

步骤 35　停止宏　回到 VBA 编辑器。

步骤 36　仅适用于 PartDoc 的查看方法　单击【视图】/【代码窗口】或双击第三个命令按钮（Existing Part）。

扫码看视频

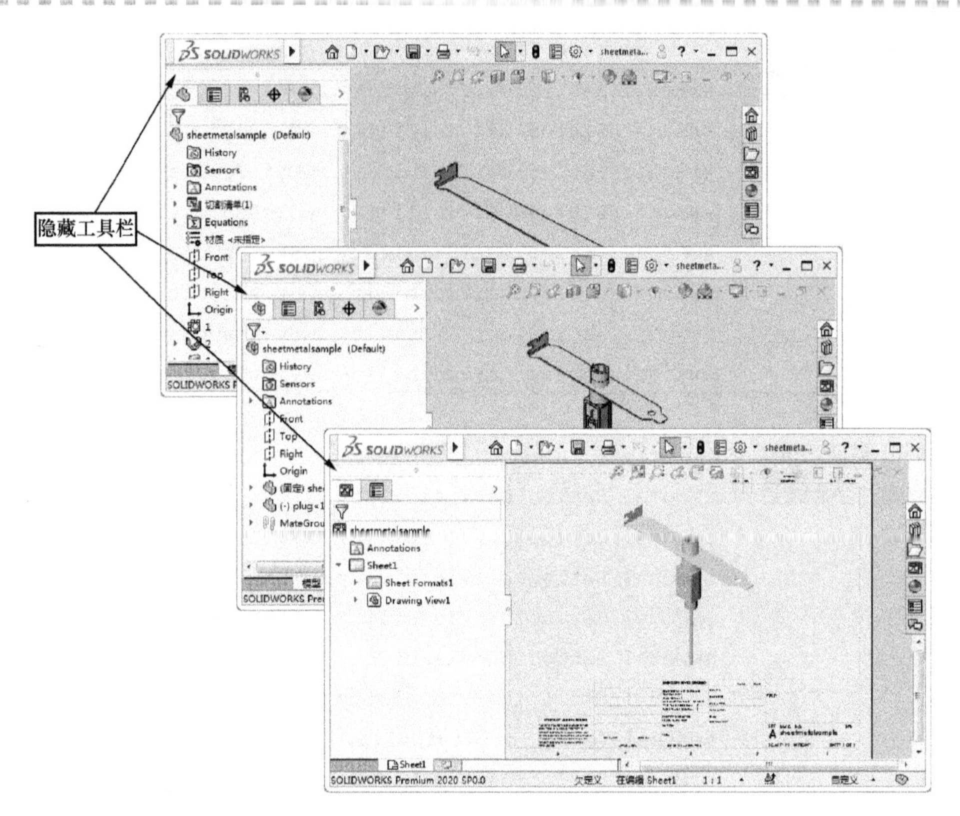

图 2-23　隐藏工具栏测试

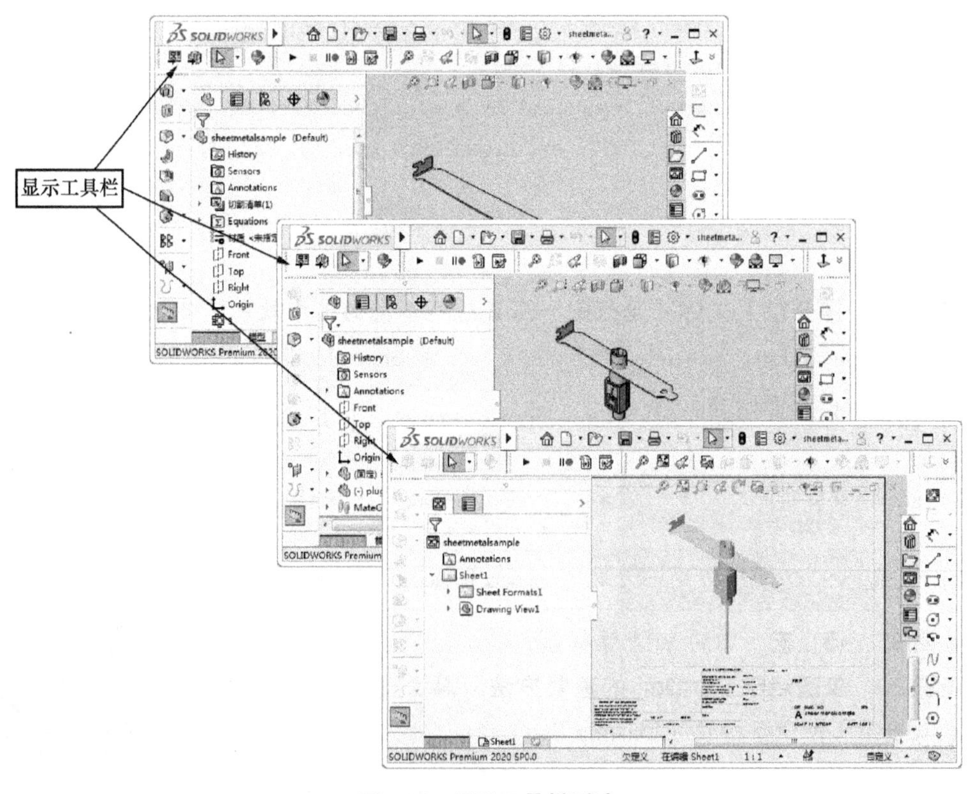

图 2-24　显示工具栏测试

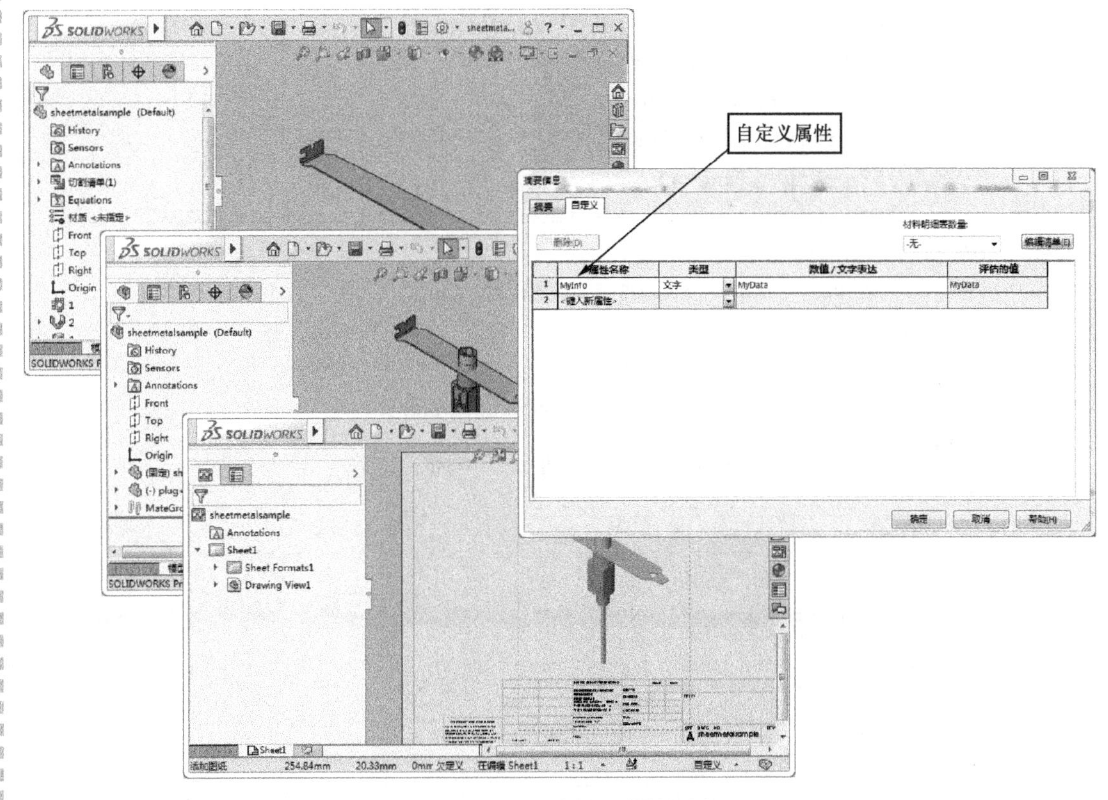

图 2-25　添加自定义属性测试

Existing Part

```
Private Sub cmdPart_Click()
  Dim swApp As SldWorks.SldWorks
  Dim swModel As SldWorks.ModelDoc2
  Dim swPart As SldWorks.PartDoc

  Set swApp = Application.SldWorks
  Set swModel = swApp.ActiveDoc
  Set swPart = swModel 'Explicit Type Cast

  ' Check to see if a part is loaded
  If swModel Is Nothing Then
    swApp.SendMsgToUser2 "Please open a part.", swMbStop, swMbOk
    Exit Sub
  End If
```

MirrorPart

```
  If chkMirror.Value = True Then
    Dim boolstatus As Boolean
    boolstatus = swModel.Extension.SelectByID2("Top", "PLANE", 0, 0, 0, False, 0, Nothing, 0)
    'Next method called from specificPartDoc object.
     swPart.MirrorPart2  False,  swMirrorPartOptions _ ImportSolids, swModel
```

```
            swModel.ShowNamedView2 "* Isometric", 7
            swModel.ViewZoomtofit2
            swApp.ArrangeWindows 1
            Dim retval As Boolean
            Dim errors As Long
            Set swModel = swApp.ActivateDoc3 ("sheetmetalsample.SLDPRT", False,
swRebuildActiveDoc, errors)
            retval = swModel.DeSelectByID("Top", "PLANE", 0, 0, 0)
        End If
    End Sub
```


步骤 37　运行宏　使用零件文件 SheetMetalSample. sldprt。

测试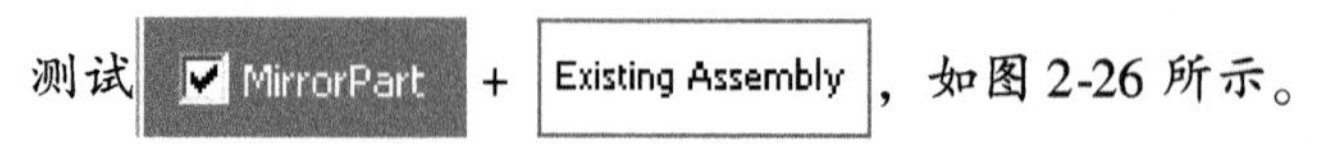，如图 2-26 所示。

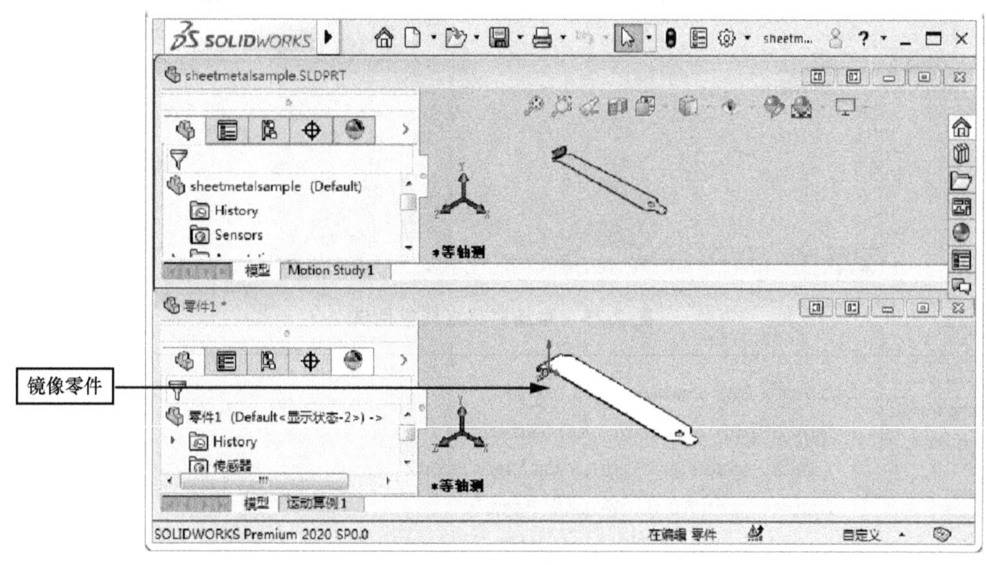

图 2-26　运行宏镜像零件

步骤 38　停止宏　返回 VBA 编辑器。

步骤 39　仅适用于 AssemblyDoc 的查看方法

Existing Assembly

```
Private Sub cmdAssy_Click()
  Dim swApp As SldWorks.SldWorks
  Dim swModel As SldWorks.ModelDoc2
  Dim swAssy As SldWorks.AssemblyDoc
  Set swApp = Application.SldWorks
  Set swModel = swApp.ActiveDoc
  Set swAssy = swModel 'Explicit Type Cast!
  ' Check to see if an assembly is loaded
  If swModel Is Nothing Then
    swApp.SendMsgToUser2 "Please open an assembly.", swMbStop, swMbOk
    Exit Sub
  End If
```

InsertCavity4

```
If chkCavity.Value = True Then
  Dim boolstatus As Boolean
  boolstatus = swModel.Extension.SelectByID2( _
  "sheetmetalsample-1@sheetmetalsample", "COMPONENT", 0, 0,
0, _
  False, 0, Nothing, 0)
  Dim info As Long
  Dim retval As Long
  retval = swAssy.EditPart2(True, False, info)
  swModel.ClearSelection2 True
  boolstatus = swModel.Extension.SelectByID2( _
  "plug-1@sheetmetalsample", "COMPONENT", 0, 0, 0, True, 0 ,
Nothing, 0)
  swAssy.InsertCavity4 10, 10, 10, 1, 1, -1
  swAssy.EditAssembly
  boolstatus = swModel.Extension.SelectByID2( _
  "plug-1@sheetmetalsample", "COMPONENT", 0, 0, 0, True, 0,
Nothing, 0)
  swAssy.EditSuppress2
 End If
End Sub
```

步骤40　运行宏　使用装配体文件SheetMetalSample.sldasm。

测试 InsertCavity4 + Existing Assembly，如图2-27所示。

步骤41　停止宏　返回VBA编辑器。

步骤42　仅适用于DrawingDoc的查看方法　单击【视图】/【代码窗口】。

Existing Drawing

```
Private Sub cmdDraw_Click()

 Dim swApp As SldWorks.SldWorks
 Dim swDraw As SldWorks.DrawingDoc

 Set swApp = Application.SldWorks
 Set swDraw = swApp.ActiveDoc

 'Check to see if a drawing is loaded
 If swDraw Is Nothing Then
   swApp.SendMsgToUser2 "Please open a drawing.", swMbStop, swMbOk
   Exit Sub
 End If
```

CreateLayer

```
If chkLayer.Value = True Then
  'Notice automatic type cast.
  swDraw.ClearSelection2 True
```

```
    Dim retval As Boolean
    retval = swDraw.CreateLayer2("MyRedLayer", "Red", RGB(255, 0,0), _
      swLineSTITCH, swLW_THICK, True, True)
    End If
End Sub
```


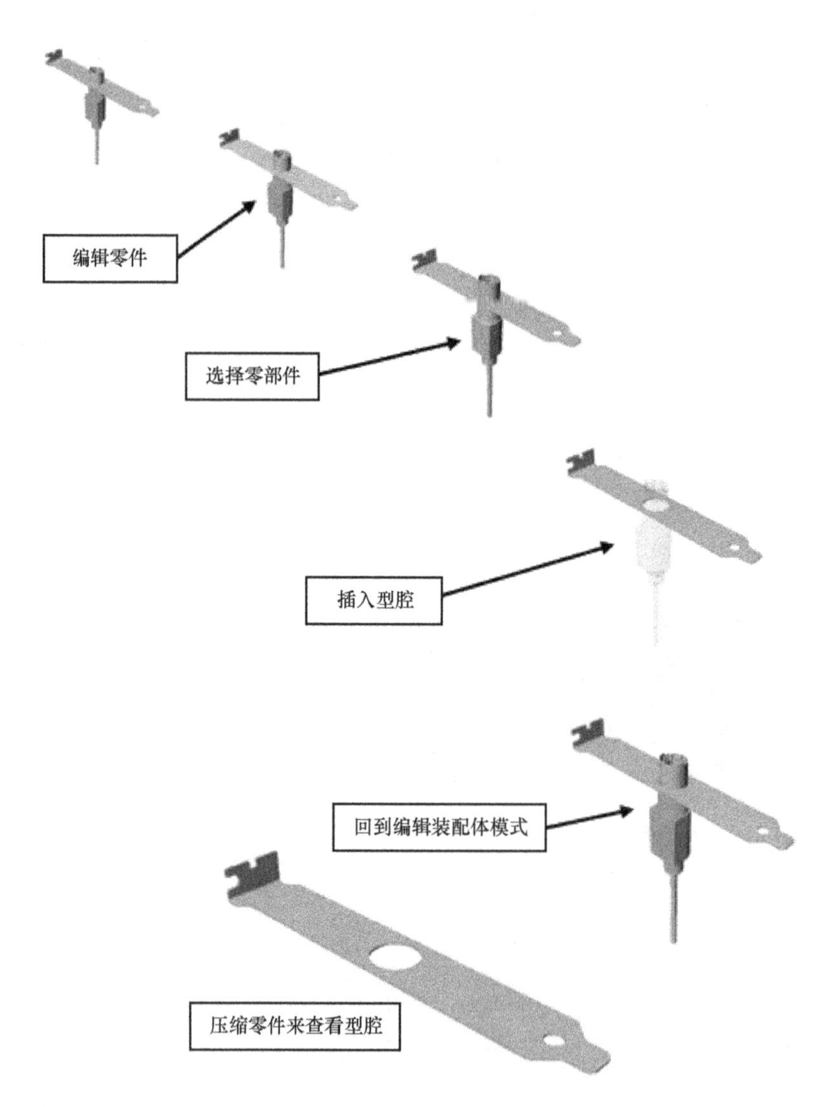

图 2-27　运行宏

步骤 43　运行宏　使用工程图文件 SheetMetalSample. slddrw。

测试 CreateLayer + Existing Drawing，如图 2-28 所示。

步骤 44　退出宏

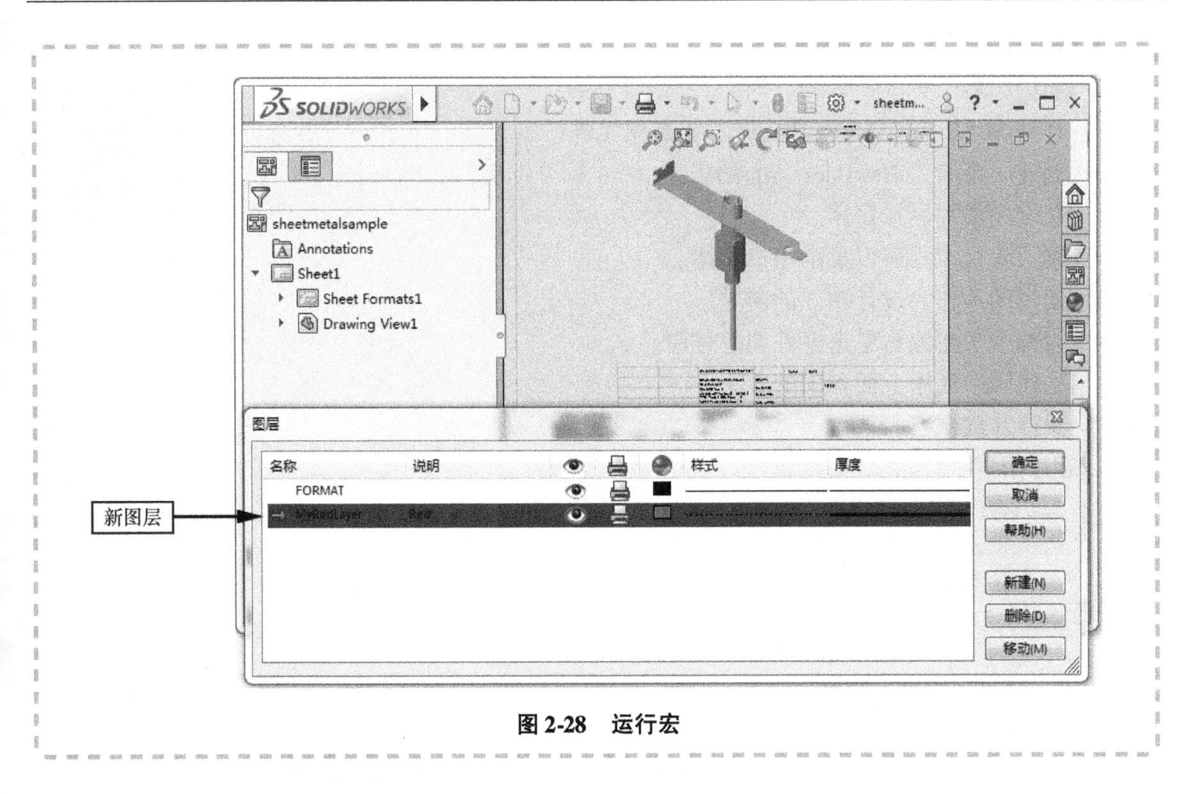

图2-28 运行宏

练习2-1 使用新建文件

1. 训练目标

连接宏到SOLIDWORKS应用程序，新建文件并调用SldWorks和ModelDoc2对象的方法，如图2-29所示。

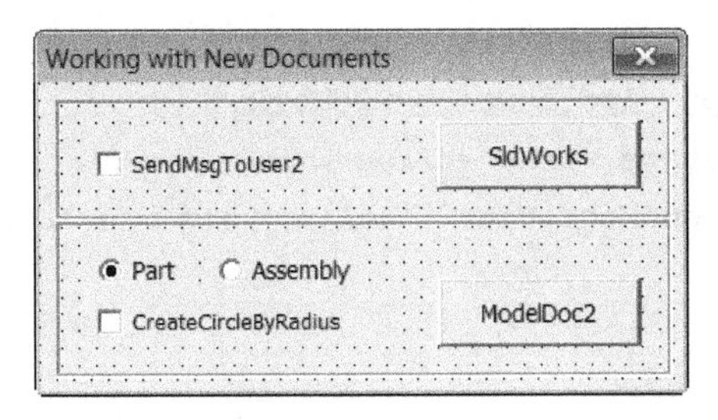

图2-29 用户窗体

2. 使用的功能

- 添加单选按钮控件到窗体。
- 添加复选框控件到窗体。
- 编程调用SldWorks和ModelDoc2对象特有的API调用。
- 导入模块。

3. 用到的API

- SldWorks. SendMsgToUser2
- SldWorks. NewDocument
- SketchManager. InsertSketch
- SketchManager. CreateCircleByRadius

- ModelDoc2. ViewZoomtofit2

4. 操作步骤

扫码看视频

1）打开 SOLIDWORKS 软件，但不要新建文件。
2）创建一个名为 NewDocs. swp 的宏。
3）在宏中添加用户窗体。
4）编写入口点程序以显示用户窗体。
5）使用图片作为设计控件的向导。
6）为每个按钮编写单击事件响应程序。
7）在代码中使用上面列出的方法。
8）保存并测试宏。

5. 程序解答

```
Option Explicit
Sub main()
  frmNewDocs.Show
End Sub

Option Explicit

Const TRAININGDIR As String = "C:\SOLIDWORKS Training Files\API Fundamentals\"
Const TEMPLATEDIR As String = "C:\SolidWorks Training Files\Training Templates\"

Dim swApp As SldWorks.SldWorks
Dim swModel As SldWorks.ModelDoc2
```

SldWorks

```
Private Sub cmdSldWorks_Click()
  Set swApp = Application.SldWorks
  If chkMessage.Value = True Then
    swApp.SendMsgToUser2 "Hello, this is a sample message", 1, 2
  End If
End Sub
```

ModelDoc2

```
Private Sub cmdModel_Click()
  Set swApp = Application.SldWorks
  If optPart.Value = True Then
    Set swModel = swApp.NewDocument(TEMPLATEDIR + "Part_MM.prtdot", 0,
0#, 0#)
  End If
  If optAssy.Value = True Then
    Set swModel = swApp.NewDocument(TEMPLATEDIR + "Assembly_MM.asmdot",
0, 0#, 0#)
  End If
  If chkCircle.Value = True Then
    swModel.SketchManager.InsertSketch True
    swModel.SketchManager.CreateCircleByRadius 0, 0, 0, 0.05
```

```
      swModel.SketchManager.InsertSketch True
      swModel.ViewZoomtofit2
    End If
  End Sub
```

练习 2-2　使用已存在的文件

1. 训练目标

打开特定的文件类型并连接到已打开的现有文件，如图 2-30 所示。

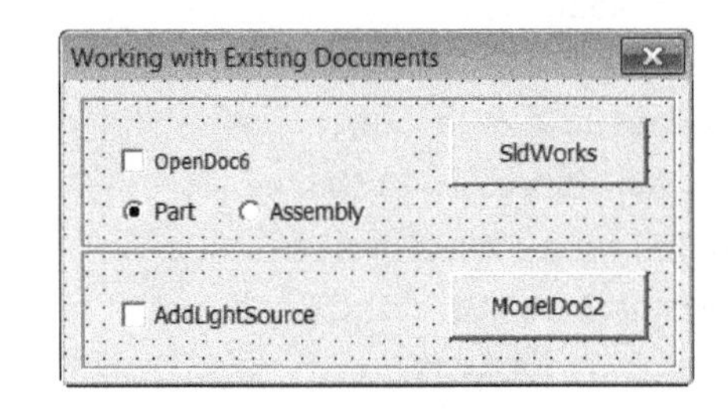

图 2-30　用户窗体

2. 使用的功能

- 添加单选按钮控件到窗体。
- 添加复选框控件到窗体。
- 编程调用 SldWorks 和 ModelDoc2 对象特有的 API 调用。
- 导入模块。

3. 用到的 API

- SldWorks. OpenDoc6
- SldWorks. ActiveDoc
- ModelDoc2. AddLightSource
- ModelDoc2. SetLightSourcePropertyValuesVB
- ModelDoc2. LockLightToModel
- ModelView. GraphicsRedraw

4. 操作步骤

扫码看视频

1）打开 SOLIDWORKS 软件，但不要新建文件。
2）创建一个名为 ExistingDocs. swp 的宏。
3）在宏中添加用户窗体。
4）编写入口点程序以显示用户窗体。
5）使用图片作为设计控件的向导。
6）为每个按钮编写单击事件响应程序。
7）在代码中使用上面列出的方法。
8）保存并测试宏。

5. 程序解答

```
Option Explicit
Sub main()
  frmExistingDocs.Show
End Sub
```

```
Option Explicit

Const TRAININGDIR As String = "C:\SOLIDWORKS Training Files\API Fundamentals\"
Const FILEDIR As String = TRAININGDIR & "Lesson02 - Object Model Basics\Case Study\"

Dim swApp As SldWorks.SldWorks
Dim swModel As SldWorks.ModelDoc2
```


SldWorks

```
Private Sub cmdSldWorks_Click()
  Set swApp = Application.SldWorks
  If chkOpen.Value = True Then
    Dim fileerror As Long
    Dim filewarning As Long
    If optPart.Value = True Then
      swApp.OpenDoc6 FILEDIR + "sample.sldprt", swDocPART, _
      swOpenDocOptions_Silent, "", fileerror, filewarning
    End If
    If optAssy.Value = True Then
      swApp.OpenDoc6 FILEDIR + "sample.sldasm", swDocASSEMBLY, _
        swOpenDocOptions_Silent, "", fileerror, filewarning
    End If
  End If
End Sub
```

ModelDoc2

```
Private Sub cmdModel_Click()
  Set swApp = Application.SldWorks
  Set swModel = swApp.ActiveDoc
  ' Check to see if a document is loaded
  If swModel Is Nothing Then
    swApp.SendMsgToUser2 "Please open a part or assembly", swMbStop, swMbOk
    Exit Sub
  End If
  If chkSpot.Value = True Then
    swModel.AddLightSource "SW#2", 4, "Directional2"
    swModel.SetLightSourcePropertyValuesVB "SW#2", 4, 1, 16777215, 1, 1, _
    1, 1, 0, 0, 0, 0, 0, 0, 0, 0, 0, 0, 0
    swModel.LockLightToModel 2, False
    swModel.ActiveView.GraphicsRedraw
  End If
End Sub
```

第3章　设置系统选项和文档属性

学习目标

- 使用 API 改变系统选项和文档属性
- 定位并设置 SOLIDWORKS 选项对话框内的复选框、文本框、列表框、单选按钮和滑动条

3.1　用户参数选择——系统选项

要使用程序自动更改 SOLIDWORKS 的系统选项，必须调用特定的用户参数选择方法（user preference methods）。这些方法允许程序更改在【工具】/【选项】对话框和一些菜单项中的个性化设置。这些方法是：

- SldWorks::SetUserPreferenceToggle
- SldWorks::SetUserPreferenceIntegerValue
- SldWorks::SetUserPreferenceDoubleValue
- SldWorks::SetUserPreferenceStringValue

提示　上面列出的每个方法都有一个对应的 Get 方法。用 GetUserPreference 替换 SetUserPreference 可以获取当前的系统选项。

3.1.1　设置复选框

调用 SldWorks::SetUserPreferenceToggle 方法以打开和关闭 SOLIDWORKS 选项对话框中的复选框，见表 3-1。

表 3-1　打开和关闭复选框

SldWorks::SetUserPreferenceToggle

SldWorks. SetUserPreferenceToggle (UserPreferenceValue, onFlag)

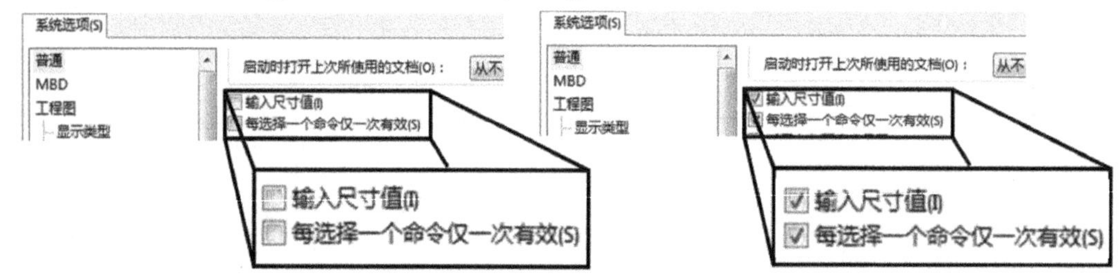

输入	UserPreferenceValue	请参阅 3.4 节“系统选项、文档属性和菜单项用户参数选择表”。“Toggle”项指定为“Toggle”
输入	onFlag	True = 切换为打开 False = 切换为关闭

操作步骤

扫码看视频

步骤 1　新建宏　单击宏工具栏上的【新建宏】，命名宏为 SystemOptions. swp。

步骤 2　早绑定至 SOLIDWORKS　编辑以下代码以实现早绑定：

```
Dim swApp As SldWorks.SldWorks
Sub main()
  Set swApp = Application.SldWorks
End Sub
```

步骤 3　添加代码，改变开关值　自动设置【系统选项】选项卡内【普通】中的前两个复选框。

```
Dim swApp As SldWorks. SldWorks
Sub main ( )
  Set swApp = Application. SldWorks
  swApp. SetUserPreferenceToggle swInputDimValOnCreate, True
  swApp. SetUserPreferenceToggle swSingleCommandPerPick, True
End Sub
```

步骤4　保存并运行宏　测试复选框是否被选中，结束后返回VBA。

在很多情况下，一个选项只需要在宏运行时被更改。把更改的选项重新设为宏运行前的值是一个比较好的做法，这样可使终端用户避免每次运行完宏之后都要手动改回选项值。

3.1.2　设置整型文本框

对于需要输入整型值的文本框，其调用方法见表3-2。

表3-2　调用输入整型值的文本框

SldWorks::SetUserPreferenceIntegerValue

retval = swApp. SetUserPreferenceIntegerValue (UserPreferenceValue, value)

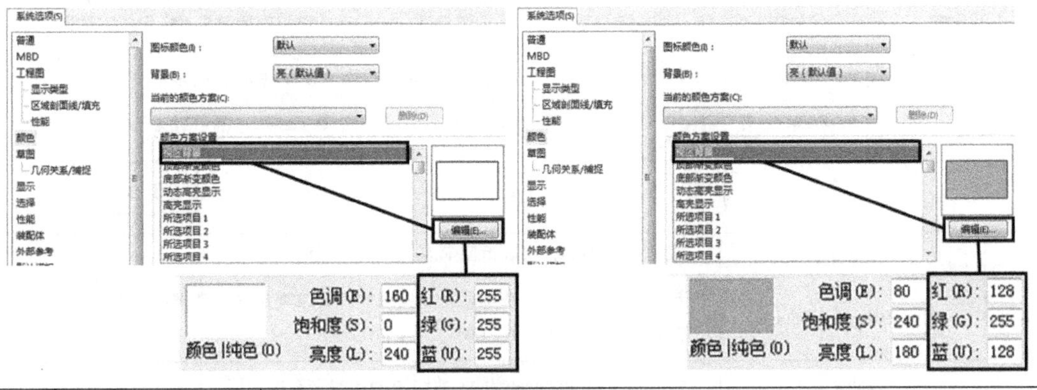

输出	retval	成功返回True，否则返回False
输入	UserPreferenceValue	请参阅3.4节“系统选项、文档属性和菜单项用户参数选择表” 整型值指定为“Int”
输入	value	传递给userPreferenceValue所指定的用户参数的数值

步骤5　添加代码，改变视口背景色　在【颜色】中更改【视区背景】（Viewport Background）颜色值。请输入以下代码：

```
Dim swApp As SldWorks. SldWorks
Dim viewportColor As Long
Sub main ()
  Set swApp = Application. SldWorks
  swApp. SetUserPreferenceToggle swInputDimValOnCreate, True
```

```
    swApp.SetUserPreferenceToggle swSingleCommandPerPick, True
    viewportColor = RGB(128, 255, 128) 'sets color to green
    swApp.SetUserPreferenceIntegerValue _
    swSystemColorsViewportBackground,viewportColor
End Sub
```

步骤6　保存并运行宏　测试文本框的值是否被改变，结束后返回至VBA。

3.1.3　设置双精度型文本框

对于需要输入浮点型数值的文本框，其调用方法见表3-3。

表3-3　调用输入浮点型数值的文本框

SldWorks::SetUserPreferenceDoubleValue

retval = swApp.SetUserPreferenceDoubleValue (UserPreferenceValue, value)

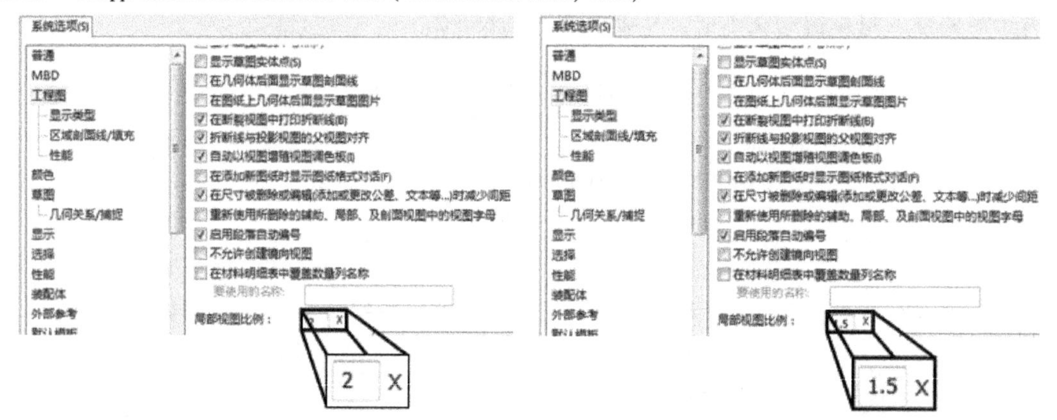

输出	retval	成功返回True，否则返回False
输入	UserPreferenceValue	请参阅3.4节“系统选项、文档属性和菜单项用户参数选择表” 双精度值指定为“Double”
输入	value	传递给userPreferenceValue所指定的用户参数的数值

步骤7　添加代码，改变局部视图缩放比例　在【工程图】中更改【局部视图比例】(Detail View Scaling) 的值。请输入以下代码：

```
    Set swApp = Application.SldWorks
    swApp.SetUserPreferenceToggle swInputDimValOnCreate, True
    swApp.SetUserPreferenceToggle swSingleCommandPerPick, True
    swApp.SetUserPreferenceDoubleValue swDrawingDetailViewScale, 1.5
    viewportColor = RGB(128, 255, 128) 'sets color to green
    swApp.SetUserPreferenceIntegerValue _
    swSystemColorsViewportBackground,viewportColor
End Sub
```

步骤8　保存并运行宏　测试文本框的值是否被改变，结束后返回至VBA。

3.1.4　设置字符型文本框

对于需要输入字符串的文本框，其调用方法见3-4表。

表3-4　调用输入字符串的文本框

SldWorks::SetUserPreferenceStringValue

retval = swApp. SetUserPreferenceStringValue (UserPreference Value, Value)

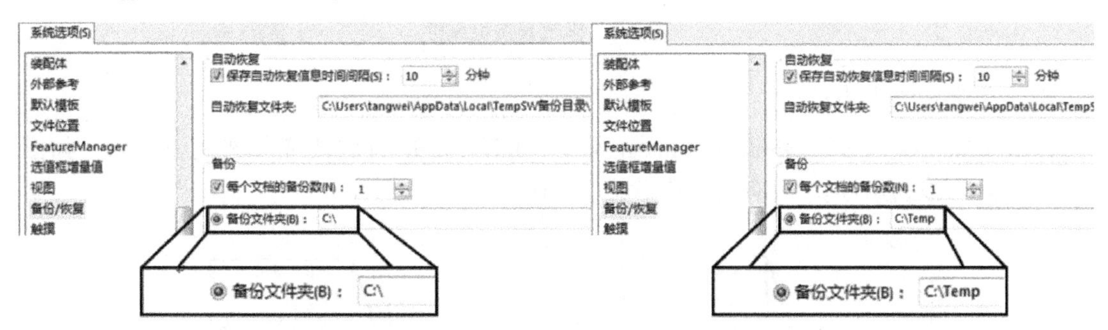

输出	retval	成功返回True，否则返回False
输入	UserPreferenceValue	请参阅3.4节“系统选项、文档属性和菜单项用户参数选择表” 字符串型值指定为“String”
输入	value	传递给userPreferenceValue所指定的用户参数的数值

步骤9　添加代码，改变备份文件夹的字符串值　在【备份/恢复】中更改【备份文件夹】(Backup folder) 字符串的值。请输入以下代码：

```
Dim value As String
Sub main()
  Set swApp = Application.SldWorks
  swApp.SetUserPreferenceToggle swInputDimValOnCreate, True
  swApp.SetUserPreferenceToggle swSingleCommandPerPick, True
  swApp.SetUserPreferenceDoubleValue swDrawingDetailViewScale, 1.5
  viewportColor = RGB(128, 255, 128) 'sets color to green
  swApp.SetUserPreferenceIntegerValue _
  swSystemColorsViewportBackground,viewportColor
  value = ("C:\Temp")
  swApp.SetUserPreferenceStringValue swBackupDirectory, value
End Sub
```

步骤10　保存并运行宏　测试文本框的值是否被改变，结束后返回至VBA。

3.1.5　设置列表框

调用SldWorks::SetUserPreferenceIntegerValue、StringValue或者Toggle方法（列表中只有两种选择）改变列表框的值，如图3-1所示。

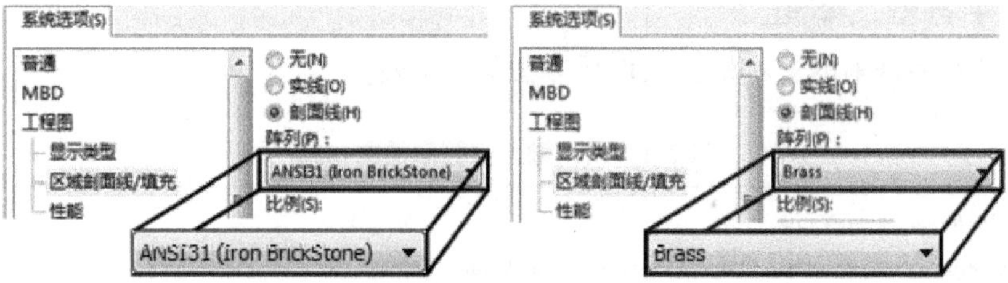

图 3-1　设置列表框属性

3.1.6　设置单选按钮

调用 SldWorks::SetUserPreferenceIntegerValue 或者 Toggle 方法改变单选按钮的值，如图 3-2 所示。Toggle 方法有时用于只有两种选择的单选按钮。

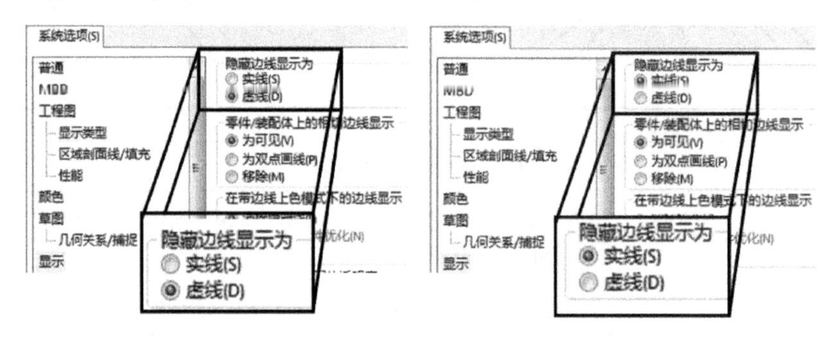

图 3-2　设置单选按钮

3.1.7　设置滑动条

调用 SldWorks::SetUserPreferenceIntegerValue 或者 DoubleValue 方法移动滑动条，如图 3-3 所示。

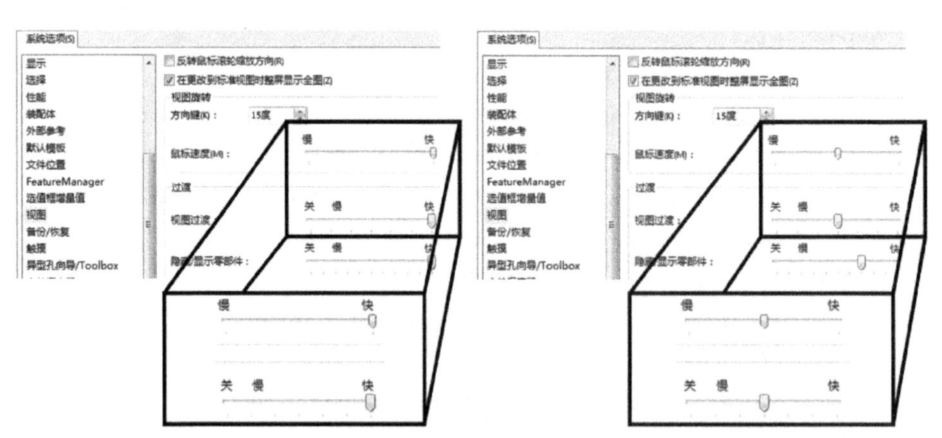

图 3-3　设置滑动条

步骤 11　添加代码，改变单选按钮和滑动条　在【显示】和【选择】中将【隐藏边线显示为】选项改为【实线】(Solid)。

在【视图】中更改【鼠标速度】（Mouse speed）的值和【视图过渡】（View transition）的值。

输入代码如下：

```
Dim swApp As SldWorks. SldWorks
Dim viewportColor As Long
Dim value As String

Sub main()
  Set swApp = Application. SldWorks
  swApp. SetUserPreferenceToggle swInputDimValOnCreate, True
  swApp. SetUserPreferenceToggle swSingleCommandPerPick, True
  swApp. SetUserPreferenceDoubleValue swDrawingDetailViewScale, 1.5
  viewportColor = RGB(128, 255, 128) 'sets color to green
  swApp. SetUserPreferenceIntegerValue _
  swSystemColorsViewportBackground,viewportColor
  value = ("C:\Temp")
  swApp. SetUserPreferenceStringValue swBackupDirectory, value
  swApp. SetUserPreferenceIntegerValue swEdgesHiddenEdgeDisplay, _
  swEdgesHiddenEdgeDisplayDashed

  ' View Rotation - Mouse Speed
  '
  ' 0 = Slow
  ' 100 = Fast
  swApp. SetUserPreferenceIntegerValue swViewRotationMouseSpeed, 50
  ' View Rotation -ViewAnimationSpeed
  ' 0 = Off
  ' 0.5 = Fast
  ' 1.0
  ' 1.5
  ' 2.0
  ' 2.5
  ' 3.0 = Slow
  swApp. SetUserPreferenceDoubleValue swViewAnimationSpeed, 2#
End Sub
```

步骤 12　保存并运行宏　测试单选按钮是否被改变以及两个滑动条是否移动。

步骤 13　退出宏

3.2　用户参数选择——文档属性

想要在 SOLIDWORKS 中自定义或者自动设置文档属性，必须连接到 ModelDocExtension 对象。然后调用类似前面系统选项参数设置的方法设置用户参数，但这时使用的是 ModelDocExtension 接口对象，而不是 SldWorks 对象。方法如下：

- ModelDocExtension::SetUserPreferenceToggle
- ModelDocExtension::SetUserPreferenceInteger

- ModelDocExtension::SetUserPreferenceDouble
- ModelDocExtension::SetUserPreferenceString

这些方法允许程序更改在【工具】/【选项】对话框和一些菜单项中的个性化设置。

表 3-5 显示了使用 ModelDocExtension 对象设置文档属性中复选框的方法。

表 3-5　设置文档属性

ModelDocExtension::SetUserPreferenceToggle

ModelDocExtension. SetUserPreferenceToggle (UserPref, UserPrefOption, Value)

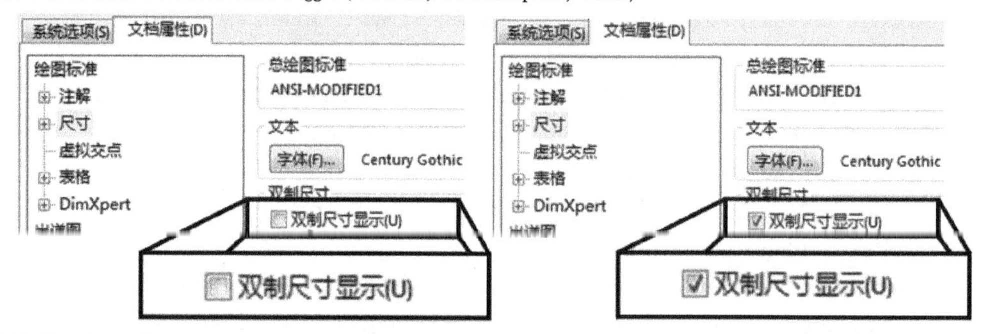

输入	UserPref	请参阅 3.4 节“系统选项、文档属性和菜单项用户参数选择表”。“Toggle”项指定为“Toggle”
输入	UserPrefOption	用 swUserPreferenceOption_e 中定义的值指定注释和尺寸标注标准的选项；如果不需要，则指定为 swDetailingNoOptionSpecified
输入	Value	True = 切换为打开 False = 切换为关闭

操作步骤

扫码看视频

步骤 1　新建零件

步骤 2　新建宏　单击宏工具栏上的【新建宏】，并命名宏为 DocumentProperties. swp。

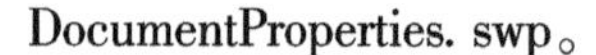

步骤 3　早绑定至 SOLIDWORKS　编辑以下代码以实现早绑定：

```
Dim swApp As SldWorks.SldWorks
Sub main()
  Set swApp = Application.SldWorks
End Sub
```

步骤 4　连接 ModelDoc2　添加下面的代码行：

```
Dim swApp As SldWorks.SldWorks
Dim swModel As SldWorks.ModelDoc2
Sub main()
  Set swApp = Application.SldWorks
  Set swModel = swApp.ActiveDoc
End Sub
```

步骤 5　添加代码改变开关值　在【文档属性】/【绘图标准】/【尺寸】中勾选【双制尺寸显示】(Dual Dimension Display) 复选框，输入代码如下：

```
Dim swApp As SldWorks.SldWorks
Dim swModel As SldWorks.ModelDoc2
Sub main()
  Set swApp = Application.SldWorks
  Set swModel = swApp.ActiveDoc
  swModel.Extension.SetUserPreferenceToggle _
  swDetailingDualDimensions, swDetailingDimension, True
End Sub
```

步骤6 保存并运行宏 测试复选框是否被选中。

3.3 定位正确的API和枚举值

确定某一选项的设置的方法是录制新的宏并更改其设置，然后通过编辑宏，就可以知道其中使用了哪些API以及传递了什么样的值。

操作步骤

扫码看视频

步骤1 录制新的宏 单击宏工具栏上的【录制/暂停宏】按钮开始录制宏。

步骤2 改变选项 单击菜单中的【工具】/【选项】，然后在【系统选项】选项卡中单击【视图】。

设置【鼠标速度】和【视图过渡】为【快】，如图3-4所示。单击【确定】按钮接受设置。

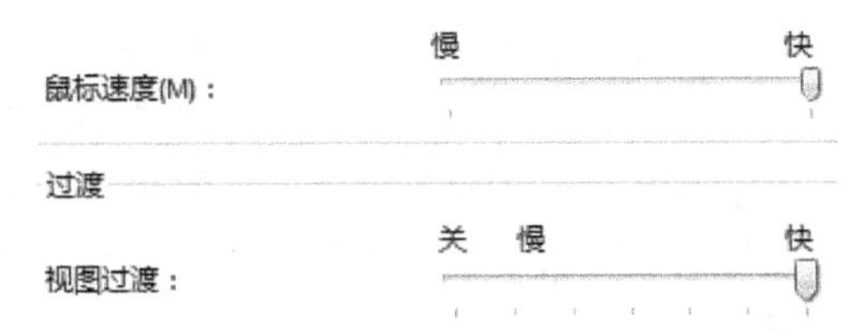

图3-4 改变选项

步骤3 再次改变选项 再一次单击菜单中的【工具】/【选项】，然后在【系统选项】选项卡中单击【视图】。

设置【鼠标速度】和【视图过渡】为【慢】，如图3-5所示。单击【确定】按钮接受设置。

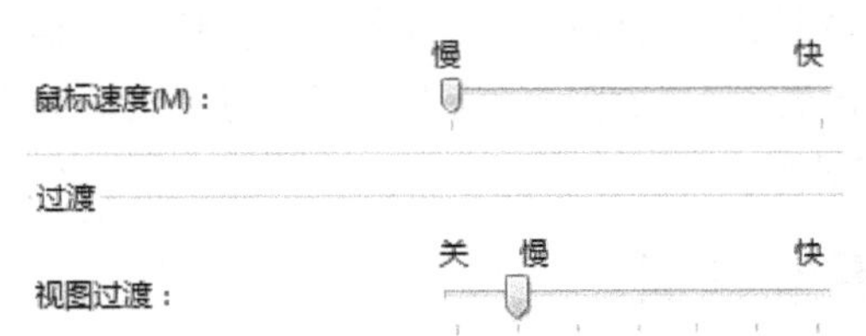

图3-5 再次改变选项

步骤4 研究代码以确定设置 保存宏并编辑。参数的最大和最小值以及用于更改设置的相应API都被记录了下来，如下所示：

```
Sub main()
  Set swApp = Application.SldWorks
  'Fast value of Mouse Speed
  boolstatus = swApp.SetUserPreferenceIntegerValue _
  (swUserPreferenceIntegerValue_e.swViewRotationMouseSpeed, 100)
  'Fast value of View Transition
  boolstatus = swApp.SetUserPreferenceDoubleValue _
  (swUserPreferenceDoubleValue_e.swViewAnimationSpeed, 0.5)
  'Slow value of Mouse Speed
  boolstatus = swApp.SetUserPreferenceIntegerValue _
  (swUserPreferenceIntegerValue_e.swViewRotationMouseSpeed, 0)
  'Slow value of View Transition
  boolstatus = swApp.SetUserPreferenceDoubleValue _
  (swUserPreferenceDoubleValue_e.swViewAnimationSpeed, 3)
End Sub
```


3.4 系统选项、文档属性和菜单项用户参数选择表

SOLIDWORKS API帮助文件中包含一个专用于记录系统选项和API支持的属性设置及枚举器的章节。在SOLIDWORKS API帮助文件的【目录】选项卡中依次单击以下项目：SOLIDWORKS API帮助（SOLIDWORKS API Help）、入门（Getting Started）、使用SOLIDWORKS API编程（Programming with the SOLIDWORKS API）、系统选项和文档属性（System Options and Document Properties），可导航至该章节。

该章节的表格中列出了可以在【工具】/【选项】对话框和一些菜单项中设置的系统选项和文档属性参数。表格中的每个条目都包含一个超链接，用以指向与该对话框或菜单项关联的设置文档；与条目关联的【工具】/【选项】对话框或菜单项以图片方式显示，并且在图片下方列出了可用于该页面或菜单项参数设置的API枚举值。如果用户知道界面中的设置位置，便可以轻松找到API中用于访问特定设置的枚举值。

表格的4列内容分别为：

- 设置（Setting）：【工具】/【选项】对话框或菜单项中的可设置参数。
- “Get/Set”方法（Get/Set Methods）：用于获取和设置参数的“Get/Set”方法以及可以使用的枚举值。
- 类型（Type）：用户参数类型。
- 注释（Comment）：解释该设置的用途以及所需的任何其他信息。

API支持大多数选项的设置，但也有一部分不支持。对于支持的选项，表格中将以超链接形式显示，否则以纯文本形式显示。

练习3-1 更改多个系统选项

1. 训练目标

使用SOLIDWORKS API更改多个系统选项，如图3-6所示。新建宏，设置【工具】/【选项】中的以下选项：

- 普通：在Windows资源管理器中显示缩略图。

- 显示/选择：隐藏的边线显示为虚线。
- 显示/选择：关联中编辑的装配体透明度设置为强制装配体透明度；滑动条设置为 50%。
- 备份/恢复：设置备份文件夹路径为 C:\ Temp。

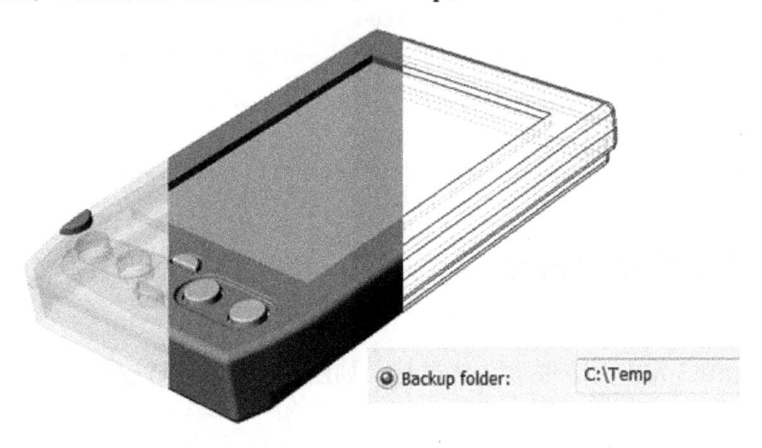

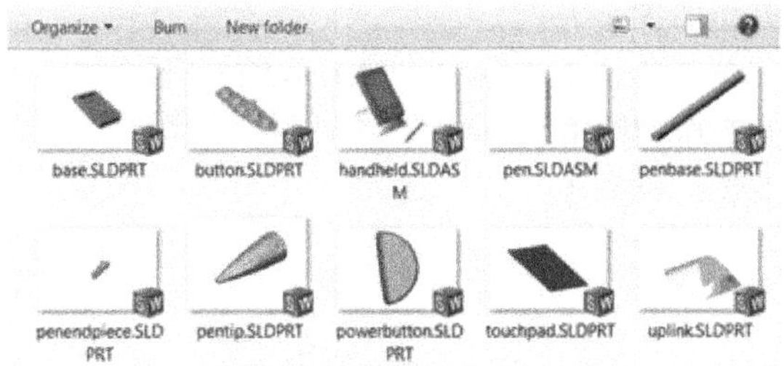

图 3-6　更改多个系统选项

2. 使用的功能

- SOLIDWORKS 系统选项编程。

3. 用到的 API

- SldWorks. SetUserPreferenceToggle
- SldWorks. SetUserPreferenceIntegerValue
- SldWorks. SetUserPreferenceStringValue

4. 操作步骤

1）打开 SOLIDWORKS 软件，不创建任何文件。
2）新建宏，命名为 SystemOptions. swp。
3）添加代码以满足上面的描述。
4）保存并测试宏。

扫码看视频

5. 程序解答

```
Option Explicit

Dim swApp As SldWorks.SldWorks
Dim value As String

Sub main()
  Set swApp = Application.SldWorks
  value = "C:\Temp"
```

```
    swApp.SetUserPreferenceToggle swThumbnailGraphics, True
    swApp.SetUserPreferenceIntegerValue swEdgesHiddenEdgeDisplay, _
    swEdgesHiddenEdgeDisplayDashed
    swApp.SetUserPreferenceIntegerValue _
    swEdgesInContextEditTransparencyType, swInContextEditTransparencyForce
    swApp.SetUserPreferenceIntegerValue _
    swEdgesInContextEditTransparency, 50
    swApp.SetUserPreferenceStringValue swBackupDirectory, value
End Sub
```

练习 3-2 更改多个文档属性

1. 训练目标

使用 SOLIDWORKS API 更改多个文档属性，如图 3-7 所示。新建宏，设置【工具】/【选项】中的以下选项：

- 绘图标准：总体绘图标准为 ANSI。
- 尺寸：箭头，高 0.15in（1in≈2.54cm），宽 0.42 in，长 1.5 in。
- 单位：基本单位，长度单位为 in。
- 单位：基本单位，小数位数为 3。

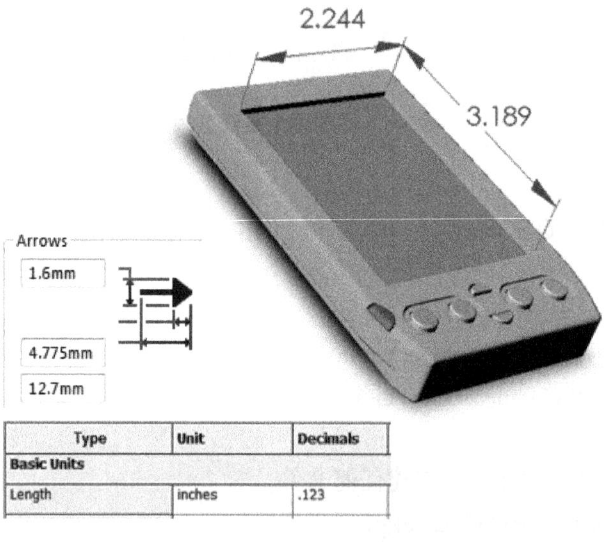

图 3-7 更改多个文档属性

2. 使用的功能

- 在 SOLIDWORKS 中使用 API 设置文档属性。

3. 用到的 API

- ModelDocExtension. SetUserPreferenceDouble
- ModelDocExtension. SetUserPreferenceInteger

4. 操作步骤

1）在 SOLIDWORKS 中新建零件文件。

2）新建宏，命名为 DocumentProperties. swp。

3）添加代码以满足上面的描述。

扫码看视频

4）保存并测试宏。

5. 程序解答

```
Option Explicit

Dim swApp As SldWorks.SldWorks
Dim swModel As SldWorks.ModelDoc2

Sub main()
  Set swApp = Application.SldWorks
  Set swModel = swApp.ActiveDoc
  swModel.Extension.SetUserPreferenceInteger _
  swDetailingDimensionStandard,swDetailingNoOptionSpecified, _
  swDetailingStandardANSI
  swModel.Extension.SetUserPreferenceDouble swDetailingArrowHeight, _
  swDetailingNoOptionSpecified,0.15 * 0.0254
  swModel.Extension.SetUserPreferenceDouble swDetailingArrowWidth, _
  swDetailingNoOptionSpecified,0.42 * 0.0254
  swModel.Extension.SetUserPreferenceDouble swDetailingArrowLength, _
  swDetailingNoOptionSpecified, 1.5 * 0.0254
  swModel.Extension.SetUserPreferenceInteger _
  swUnitsLinear, swDetailingNoOptionSpecified, swINCHES
  swModel.Extension.SetUserPreferenceInteger _
  swUnitsLinearDecimalPlaces,swDetailingNoOptionSpecified, 3
End Sub
```

第 4 章　自动化零件设计

学习目标

- 设计关于创建零件的宏
- 自动添加草图实体
- 添加尺寸标注到草图实体
- 自动创建拉伸、旋转等特征
- 了解如何通过 API 启用轮廓选择

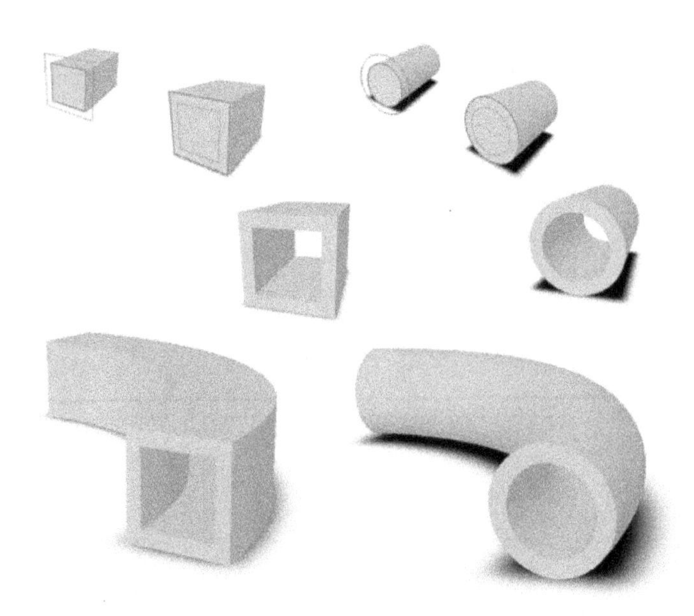

4.1 实例学习：自动化零件创建工具

自动创建零件的宏用来展示创建零件时的不同 API 调用。它自动进行用户参数选择、草图创建、尺寸标注、轮廓选择和特征创建。

该宏具有一个包含多个选项卡的窗体。每个选项卡都允许用户选择选项进行设置，如图 4-1 所示。

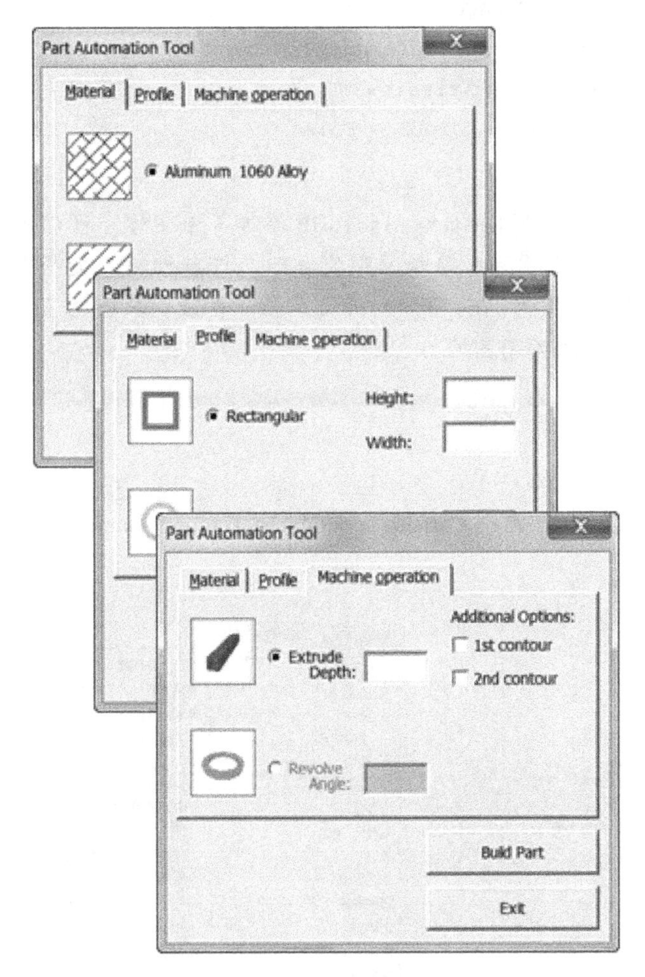

图 4-1　选项设置

- Material（材质）：铝合金或者黄铜。
- Profile（轮廓）：矩形或者圆形。
- Machine operation（机器操作）：拉伸、带轮廓选择的拉伸或者旋转。

操作步骤

步骤 1　编辑宏　打开宏 PartAutomation. swp。

步骤 2　保存数值到数据库并设置单位　双击【Build Part】按钮并输入以下代码行：

扫码看视频

```
Private Sub cmdBuild_Click()
  SetswApp = Application.SldWorks
```

```
    ' Get the file path of the default part template
    Dim PartTemplate As String
    PartTemplate = swApp.GetUserPreferenceStringValue( _
    swUserPreferenceStringValue_e.swDefaultTemplatePart)
    Set swModel = swApp.NewDocument( PartTemplate, 0, 0#, 0#)
    swModel.SketchManager.AddToDB = True
    swModel.Extension.SetUserPreferenceInteger swUnitsLinear, _
    swDetailingNoOptionSpecified,swMM
    swModel.SketchManager.AddToDB = False
End Sub
```

提示 使用 SketchManager::AddToDB 添加草图实体，可以同时消除网格和实体捕捉。当调用 API 添加草图实体时，该属性可以提高系统性能。通过将 AddToDB 设置为 True 可以打开此属性。当绘制草图的 API 结束后，将其设置为 False 以关闭属性。

4.2 设置材质

对于【Material】选项卡，调用 PartDoc::SetMaterialPropertyName2 方法设置模型的材质，如图 4-2 所示。

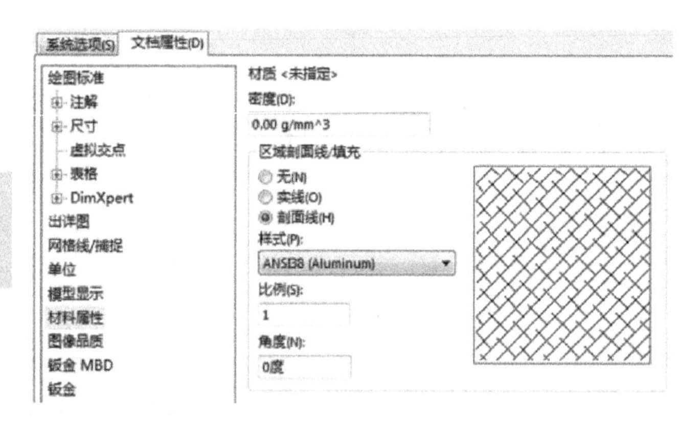

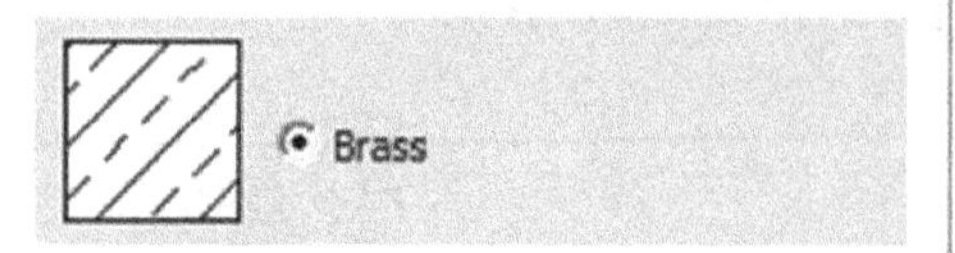

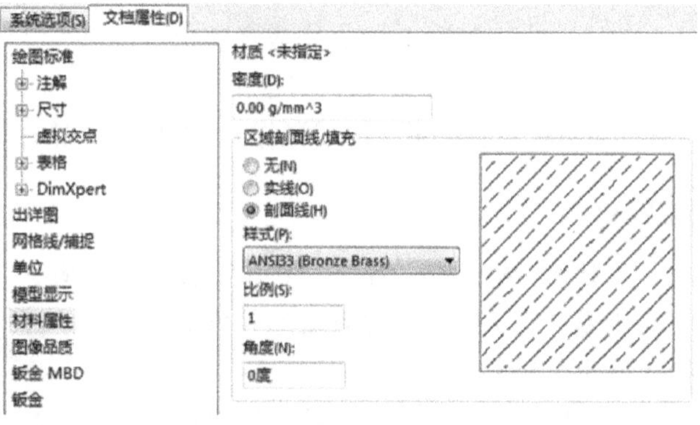

图 4-2 设置材质

步骤3　添加材质设置代码

```
Private Sub cmdBuild_Click()
  Set swApp = Application.SldWorks
  ' Get the file path of the default part template
  Dim PartTemplate As String
  PartTemplate = swApp.GetUserPreferenceStringValue( _
  swUserPreferenceStringValue_e.swDefaultTemplatePart)
  Set swModel = swApp.NewDocument( PartTemplate, 0, 0#, 0#)
  swModel.SketchManager.AddToDB = True
  swModel.Extension.SetUserPreferenceInteger swUnitsLinear, _
  swDetailingNoOptionSpecified,swMM
  'MATERIAL
  Set swPart = swModel
  If optAl.value = True Then
  swPart.SetMaterialPropertyName2 "", "", "1060 Alloy"
  Else
  swPart.SetMaterialPropertyName2 "", "", "Brass"
  End If
  swModel.SketchManager.AddToDB = False
End Sub
```

4.3　创建矩形草图

对于【Profile】选项卡，调用 SketchManager::CreateLine 方法创建第一个轮廓，调用 SketchManager::SketchOffset2 方法创建等距曲线，调用 SketchManager::CreateLine().ConstructionGeometry 方法添加轴，如图4-3所示。

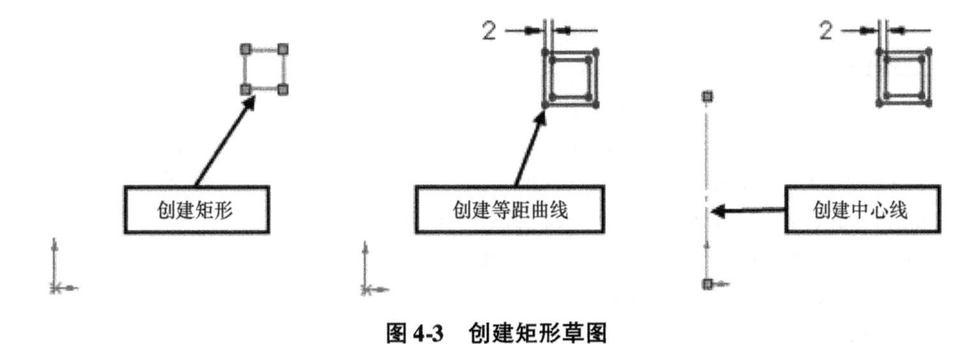

图4-3　创建矩形草图

4.4　添加尺寸标注

调用 ModelDocExtension::AddDimension、AddVerticalDimension2 和 AddHorizontalDimension2 方法来标注草图实体，如图4-4所示。尺寸标注只有在实体被选中时才能添加。在步骤4的代码中，我们将一条线一条线地创建矩形，并为草图标注尺寸。

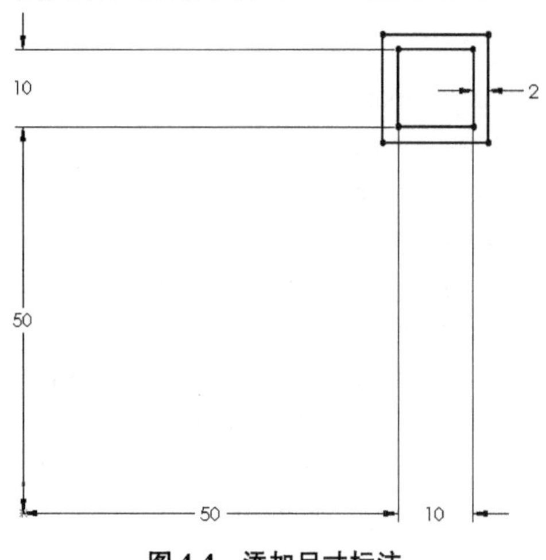

图4-4 添加尺寸标注

4.5 创建时选中

使用API在SOLIDWORKS文件中创建任何对象时，该对象会被自动选中。在步骤4的代码中可以看到，在最初创建直线后，立即调用了ModelDocExtension::AddDimension方法。根据设计，在创建完草图实体后，API会自动选择并高亮显示该草图实体。因此，在为刚创建好的直线添加标注时无须再加入选取代码。这对于特征创建同样成立。

例如，如果使用InsertRefPlane之类的方法或其他任何平面创建API来创建参考平面，该平面将会在FeatureManager设计树中被选中并且高亮显示。如果程序在创建平面后立即调用Model-Doc2::SketchManager::InsertSketch方法，则不需要再调用选取API来选择这个平面。

提示 关于选取API的细节见第7章“选择与遍历技术”。

步骤4 添加代码，绘制草图并标注矩形 添加代码，绘制并标注轮廓，添加的代码如下：

```
'PROFILE
Dim boolstatus As Boolean
boolstatus = swModel.Extension.SelectByID2("Front Plane", "PLANE", 0, 0, 
0, False, 0, Nothing, 0)
swModel.SketchManager.InsertSketch False
If optRectangular.value = True Then
  txtRadius.enabled = False
  Dim Height As Double
  Dim Width As Double
  Height =CDbl(txtHeight.text) / 1000
  Width =CDbl(txtWidth.text) / 1000
  'Turn off dimension dialogs
  swApp.SetUserPreferenceToggle swInputDimValonCreate, False
  Dim SketchSegmentObj As SldWorks.SketchSegment
  'Create the first line in the profile
```

```
        Set SketchSegmentObj = swModel.SketchManager.CreateLine _
        (0.05, 0.05, 0, 0.05, 0.05 + Height, 0)
        'Add a dimension to the selected entity
        swModel.Extension.AddDimension 0, 0.05 + Height / 2, 0, _
        swSmartDimensionDirection_Down
        swModel.SketchManager.CreateLine 0.05, 0.05 + Height, 0, 0.05 + Width, 0.05
 + Height, 0
        swModel.SketchManager.CreateLine 0.05 + Width, _
        0.05 + Height, 0, 0.05 + Width, 0.05, 0
        swModel.SketchManager.CreateLine 0.05 + Width, 0.05, 0, 0.05, 0.05, 0
        swModel.Extension.AddDimension 0.05 + Width / 2, 0, 0, swSmartDimensionDirec-
tion_Down
        swModel.ClearSelection2 True
        'Select the origin
        swModel.Extension.SelectByID2 "", "EXTSKETCHPOINT", 0, 0, 0, False, 0, Noth-
ing, 0
        'Select an end point on the profile
        swModel.Extension.SelectByID2 "", "SKETCHPOINT", 0.05, 0.05, 0, True, 0, Noth-
ing, 0
        'Add a vertical dimension
        swModel.AddVerticalDimension2 0, 0.025, 0
        swModel.ClearSelection2 True
        'Select the origin
        swModel.Extension.SelectByID2 "", "EXTSKETCHPOINT", 0, 0, 0, False, 0, Noth-
ing, 0
        'Select an end point on the profile
        swModel.Extension.SelectByID2 "", "SKETCHPOINT", 0.05, 0.05, 0, True, 0, Noth-
ing, 0
        'Add a horizontal dimension
        'to fully constrain the sketch
        swModel.AddHorizontalDimension2 0.025, 0, 0
        swModel.ClearSelection2 True
        'Select a profile edge
        SketchSegmentObj.Select4 False, Nothing
        'Create the offset sketch profile from the selected edge
        'and its chain of sketch entities
        swModel.SketchManager.SketchOffset2 0.002, False, True, False, False, False
        swModel.ViewZoomtofit2
      Else
      End If
      'If Revolve was chosen, an axis of revolution is needed
      If optRevolve.value = True Then
        swModel.SketchManager.CreateLine (0, 0, 0, 0, 0.05, 0).ConstructionGeometry
 = True
      End If
      swModel.ViewZoomtofit2
      swModel.SketchManager.AddToDB = False
```

4.6 创建圆形草图

调用 SketchManager::CreateCircleByRadius 方法创建第二个轮廓，如图 4-5 所示。

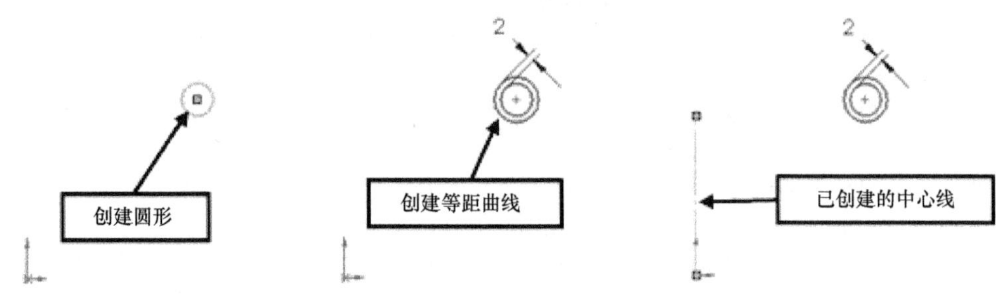

图 4-5 创建圆形草图

步骤 6 添加代码，绘制圆形 圆形创建构造线的方法与矩形相同。因此，这个调用可以放在 If…Then 语句的外面。添加代码如下：

```
    Else
      Dim Radius As Double
      Radius =CDbl(txtRadius.text) / 1000
      swModel.SketchManager.CreateCircleByRadius 0.05 + Radius, 0.05 + Radius, 0, Radius
      swModel.SketchManager.SketchOffset2 0.002, False, True, False, False, False
      swModel.ViewZoomtofit2
      End If
      'If Revolve was chosen, an axis of revolution is needed
      If optRevolve.value = True Then
      swModel.SketchManager.CreateLine (0, 0, 0, 0, 0.05, 0).ConstructionGeometry = True
    End If
    swModel.ViewZoomtofit2
    swModel.SketchManager.AddToDB = False
```

4.7 创建拉伸特征

调用 FeatureManager::FeatureExtrusion2 方法创建拉伸特征，如图 4-6 所示。

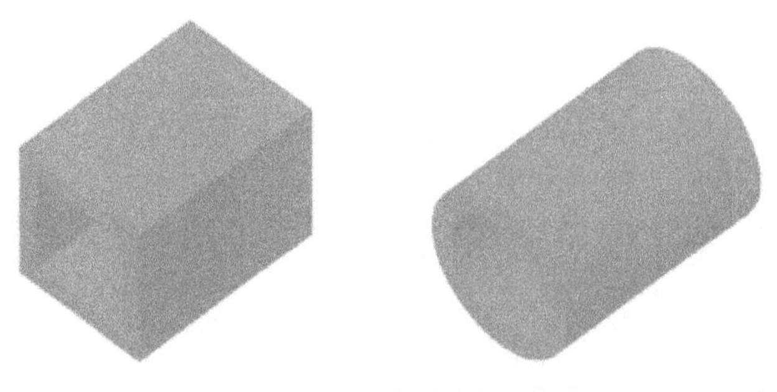

图 4-6 创建拉伸特征

步骤 6　添加代码，创建拉伸特征

扫码看视频

```
'MACHINE OPERATION
Dim swFeatMgr As SldWorks.FeatureManager
If optExtrude.value = True Then
  Dim Depth As Double
  Depth =CDbl(txtDepth.text) / 1000
  Set swFeatMgr = swModel.FeatureManager
  swFeatMgr.FeatureExtrusion2 True, False, True, 0, 0, Depth, 0, False, _
  False, False, False, 0, 0, 0, 0, 0, 0, False, False, False, swStartSketch-
Plane, 0#, False
swModel.ViewZoomtofit2
```

4.8　拉伸中的轮廓选择

轮廓选择用来在创建特征时选择多个轮廓。在 SOLIDWORKS 界面中，用户必须将 SOLIDWORKS 软件设为轮廓选择模式，然后手动选择要拉伸或切除的轮廓。API 提供了访问轮廓选择的功能，并允许程序员对多个轮廓自动完成选择过程。

调用 SelectionManager::EnableContourSelection 方法使 SOLIDWORKS 进入轮廓选择模式。然后调用 ModelDocExtension::SelectByID2 方法选择用于创建拉伸或者旋转特征的轮廓。结束后，关闭轮廓选择模式。创建图 4-7 所示的矩形和圆形拉伸特征中的轮廓选择。

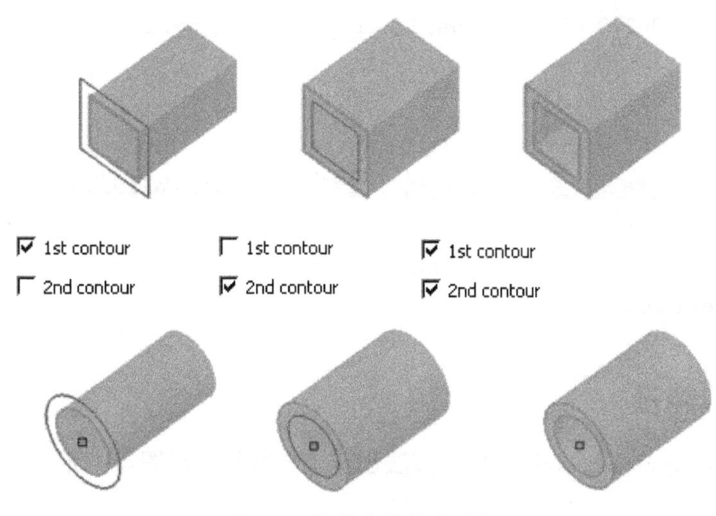

图 4-7　拉伸中的轮廓选择

步骤 7　添加代码，启用轮廓选择

```
'MACHINE OPERATION
Dim swFeatMgr As SldWorks.FeatureManager
If optExtrude.value = True Then
  Dim Depth As Double
  Depth =CDbl(txtDepth.text) / 1000
  Set swFeatMgr = swModel.FeatureManager
```

```
        If optRectangular.value = True Then
          If chkContour1.value = True Then
            swModel.SelectionManager.EnableContourSelection = True
            swModel.Extension.SelectByID2 "", "SKETCHCONTOUR", _
            0.05 + Width / 2, 0.05, 0,True, 0, Nothing, 0
          End If
          If chkContour2.value = True Then
            swModel.SelectionManager.EnableContourSelection = True
            swModel.Extension.SelectByID2 "", "SKETCHCONTOUR", _
            0.05 + Width / 2,0.05 - 0.002, 0, True, 0, Nothing, 0
        End If
      Else
        If chkContour1.value = True Then
          swModel.SelectionManager.EnableContourSelection = True
          swModel.Extension.SelectByID2 "", "SKETCHCONTOUR", _
          0.05 + Radius, 0.05, 0,True, 0, Nothing, 0
          End If
          If chkContour2.value = True Then
            swModel.SelectionManager.EnableContourSelection = True
            swModel.Extension.SelectByID2 "", "SKETCHCONTOUR", _
            0.05 - 0.002,0.05 + Radius, 0, True, 0, Nothing, 0
          End If
        End If
        swFeatMgr.FeatureExtrusion2 True, False, True, 0, 0, Depth, 0, False, _
        False, False, False, 0, 0, 0, 0, 0, 0, False, False, False, swStartSketchPlane,
  0#, False
      swModel.SelectionManager.EnableContourSelection = False
      swModel.ViewZoomtofit2
```


4.9 创建旋转特征

调用 FeatureManager::FeatureRevolve2 方法创建旋转特征，如图 4-8 所示。

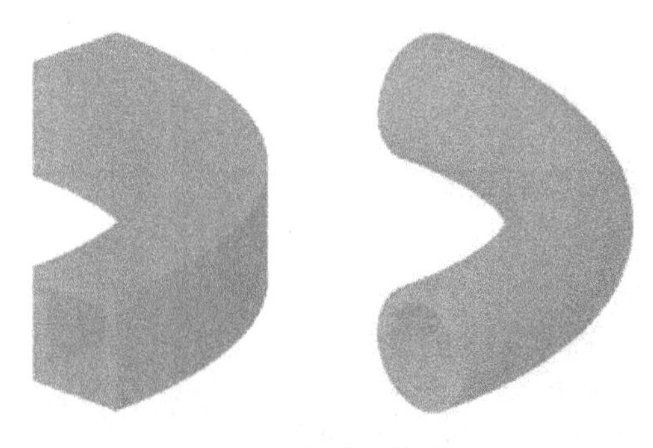

图 4-8 创建旋转特征

步骤8　添加代码，创建旋转特征

```
    swFeatMgr.FeatureExtrusion2 True, False, True, 0, 0, Depth, 0, False, _
    False, False, False, 0, 0, 0, 0, 0, 0, False, False, False, swStartSketch-
Plane, 0#, False
    swModel.SelectionManager.EnableContourSelection = False
    swModel.ViewZoomtofit2
  Else
    Dim pi As Double
    pi = 4 * Atn(1)
    Dim Angle As Double
    'Convert to radians
    Angle =CDbl(txtAngle.text) * pi / 180#
    Set swFeatMgr = swModel.FeatureManager
    swFeatMgr.FeatureRevolve2 True, True, False, False, False, _
      False,swEndCondBlind, swEndCondBlind, Angle, 0#, False, False, 0#, _
      0#,swThinWallOneDirection, 0#, 0#, True, False, True
    End If
  End Sub
```

步骤9　保存并运行宏　测试用户窗体上的各个选项和各选项的组合，结束后返回至VBA。

4.10　快速索引列表

表4-1～表4-8可作为识别草图、特征和视图命令的快速索引。

表4-1　标准命令（Standard Commands）

	NewDocument		PrintDirect PrintOut4
	OpenDoc6 LoadFile4		Rebuild EditRebuild3 ForceRebuild3
	Save3 SaveAs SaveBMP		

表4-2　标准视图命令（Standard View Commands）

	ShowNamedView2 "", swFrontView		ShowNamedView2 "", swTopView
	ShowNamedView2 "", swBackView		ShowNamedView2 "", swBottomView
	ShowNamedView2 "", swLeftView		ShowNamedView2 "", swIsometricView
	ShowNamedView2 "", swRightView		ShowNamedView2 " *Normal To", -1
	ShowNamedView2 "", swTrimetricView		ShowNamedView2 "", swDimetricView

表 4-3 视图命令（View Commands）

	TranslateBy		ViewDisplayWireframe
	ViewOrientationUndo		ViewDisplayHiddengreyed
	ViewZoomtofit2		ViewDisplayHiddenremoved
	ViewZoomTo2		HlrQuality = 1
	ZoomByFactor		HlrQuality = 0
	ViewZoomToSelection		ViewDisplayShaded
	RotateAboutCenter		AddPerspective

表 4-4 草图命令（Sketch Commands）

	SelectByID2 SelectByRay		Insert3DSketch
	SetGridOptions		ketchModifyFlip SketchModifyRotate SketchModifyScale SketchModifyTranslate
	InsertSketch		AutoSolve

表 4-5 草图工具命令（Sketch Tools Commands）

	CreateLine		SketchUseEdge3
	CreateArc		Sketch3DIntersections
	CreateTangentArc		InsertProjectedSketch2
	Create3PointArc		SketchMirror
	CreateCircle CreateCircleByRadius		CreateFillet
	CreateEllipse CreateEllipticalArc		CreateChamfer
	CreateParabola		SketchOffset2
	SketchSpline CreateSpline2 Insert3DSplineCurve		MakeStyledCurves2
	CreatePolygon		SketchTrim
	CreateCornerRectangle		SketchExtend
	Create3PointCornerRectangle		SplitOpenSegment SplitClosedSegment
	CreatePoint		CreateLinearSketchStepAndRepeat
	CreateCenterLine CreateLine. ConstructionGeometry		CreateCircularSketchStepAndRepeat
	InsertSketchText		InsertSketchPicture

表 4-6　特征命令（Features Commands）

图标	命令	图标	命令
	FeatureExtrusion2 FeatureExtrusionThin2		InsertDome
	FeatureRevolve2		InsertRip
	FeatureCut2 FeatureCutThin		EditUnsuppress2
	FeatureRevolve2		EditUnsuppressDependent2
	InsertProtrusionSwept3 InsertCutSwept3		EditSuppress2
	InsertProtrusionBlend InsertCutBlend		FeatureLinearPattern4
	FeatureFillet3		FeatureCirularPattern
	FeatureChamfer InsertFeatureChamfer		MirrorFeature
	InsertRib		InsertRip
	InsertScale		SplitBody
	InsertFeatureShell InsertFeatureShellAddThickness		InsertCombineFeature
	InsertMultifaceDraft		InsertDeleteBody2
	SimpleHole2		InsertMoveCopyBody2

表 4-7　草图关系命令（Sketch Relations Commands）

图标	命令	图标	命令
	AddDimension AddHorizontalDimension2 AddVerticalDimension2		GetConstraints
	SketchAddConstraints		FullyDefineSketch

表 4-8　几何参考命令（Reference Geometry Commands）

图标	命令	图标	命令
	AddDimension AddHorizontalDimension2 AddVerticalDimension2		InsertCoordinateSystem
			InsertAxis2

练习　零件自动创建过程

1. 训练目标

使用实例学习中的技术和方法设计自己的零件自动化创建工具。窗体已经预先创建好了，但是还没有加入控件。添加图 4-9 所示控件，并在运行机器指令前捕获用户输入的值。

在此自动创建工具中应该将材质设置为“AISI 1020 Steel”，并使用可调整的高度和宽度绘制草图轮廓（L 形支架）。它同时应该允许用户将轮廓拉伸或旋转为薄壁特征（使用可调整的深度或角度）。

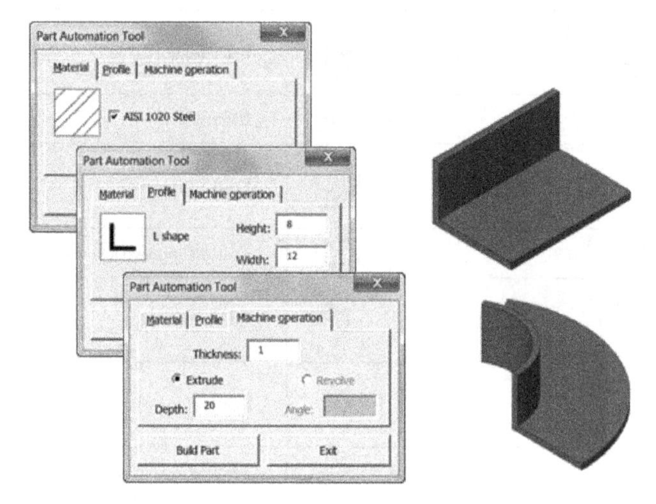

图 4-9　自动创建零件

2. 使用的功能

- 自动绘制草图实体和添加尺寸。
- 自动创建特征并设置用户参数。

3. 用到的 API

- PartDoc. SetMaterialPropertyName2
- SldWorks. SetUserPreferenceToggle
- SketchManager. CreateLine
- ModelDoc2. ViewZoomtofit2
- ModelDocExtension. AddDimension
- FeatureManager. FeatureExtrusionThin2
- FeatureManager. FeatureRevolve2

4. 操作步骤

1）打开宏 AutomatingPartDesign. swp。
2）添加缺少的控件到窗体。
3）为【Build Part】按钮添加单击事件。
4）使用上面列出的 API 自动创建 L 形支架。
5）保存并运行宏。

扫码看视频

5. 程序解答

```
Const TRAININGDIR As String ="C:\SOLIDWORKS Training Files\API Fundamentals\"
Const TEMPLATEDIR As String ="C:\SolidWorks Training Files\Training Templates\"
Dim swApp As SldWorks.SldWorks
Dim swModel As SldWorks.ModelDoc2
Dim swPart As SldWorks.PartDoc
Dim swFeatMgr As SldWorks.FeatureManager
Private Sub cmdBuild_Click()
  Set swApp = Application.SldWorks
  Set swModel = swApp.NewDocument(TEMPLATEDIR + "Part_MM.prtdot", 0, 0#, 0#)
```

```
    Set swPart = swModel
    If chkSteel. Value = True Then
      swPart. SetMaterialPropertyName2 "", "", "AISI 1020"
    End If
    swModel. SketchManager. InsertSketch False
    Dim Height As Double
    Dim Width As Double
    Height =CDbl(txtHeight. text) / 1000
    Width =CDbl(txtWidth. text) / 1000
    swApp. SetUserPreferenceToggle swInputDimValOnCreate, False
    swModel. SketchManager. CreateLine 0.01, 0.01, 0, 0.01, 0.01 + Height, 0
    swModel. ViewZoomtofit2
    swModel. Extension. AddDimension 0, 0.01 + Height / 2, 0, swSmartDimensionDirec-
tion_ Down
    swModel. SketchManager. CreateLine 0.01, 0.01, 0, 0.01 + Width, 0.01, 0
    swModel. ViewZoomtofit2
    swModel. Extension. AddDimension 0.01 + Width / 2, 0, 0, swSmartDimensionDirec-
tion_ Down
    swModel. SketchManager. CreateLine(0, 0, 0, 0, 0.01, 0). ConstructionGeometry =
True
    swModel. ClearSelection2 True
    swModel. ViewZoomtofit2
    Dim Thick As Double
    Thick =CDbl(txtThick. text) / 1000
    If optExtrude. Value = True Then
      Dim Depth As Double
      Depth =CDbl(txtDepth. text) / 1000
      SetswFeatMgr = swModel. FeatureManager
      swFeatMgr. FeatureExtrusionThin2 True, False, True, 0, 0, Depth, 0, _
      False, False, False, False, 0, 0, _
      False, False, False, False, False, Thick, 0, 0, 0, 0, False, False, False, _
      False,swStartSketchPlane, 0#, False
      swModel. ViewZoomtofit2
    Else
      Dim pi As Double
      pi = 4 * Atn(1)
      Dim Angle As Double
      Angle =CDbl(txtAngle. text * pi / 180)
      Set swFeatMgr = swModel. FeatureManager
      swFeatMgr. FeatureRevolve2 True, True, True, False, False, _
      False,swEndCondBlind, swEndCondBlind, Angle, 0#, False, False, 0#, _
      0#,swThinWallOneDirection, Thick, 0#, True, False, True
    End If
    swModel. ShowNamedView2 "", swIsometricView
    swModel. ViewZoomtofit2
  End Sub
```

第5章　自动化装配体设计

学习目标

- 打开用户不可见的零部件
- 了解安全实体的使用
- 遍历选中面上的所有环
- 创建并使用 SOLIDWORKS 对象集合
- 确定一个面是否为圆柱面
- 使用 MathUtility 对象
- 变换矩阵
- 添加零部件到指定位置并添加配合

5.1　实例学习：自动化装配体创建工具

自动装配的宏用来展示添加零部件到装配体的相关 API 调用，如图 5-1 所示。它演示了如何定位、配合、遍历面、创建对象集合以及使用安全实体。

图 5-1　自动装配工具

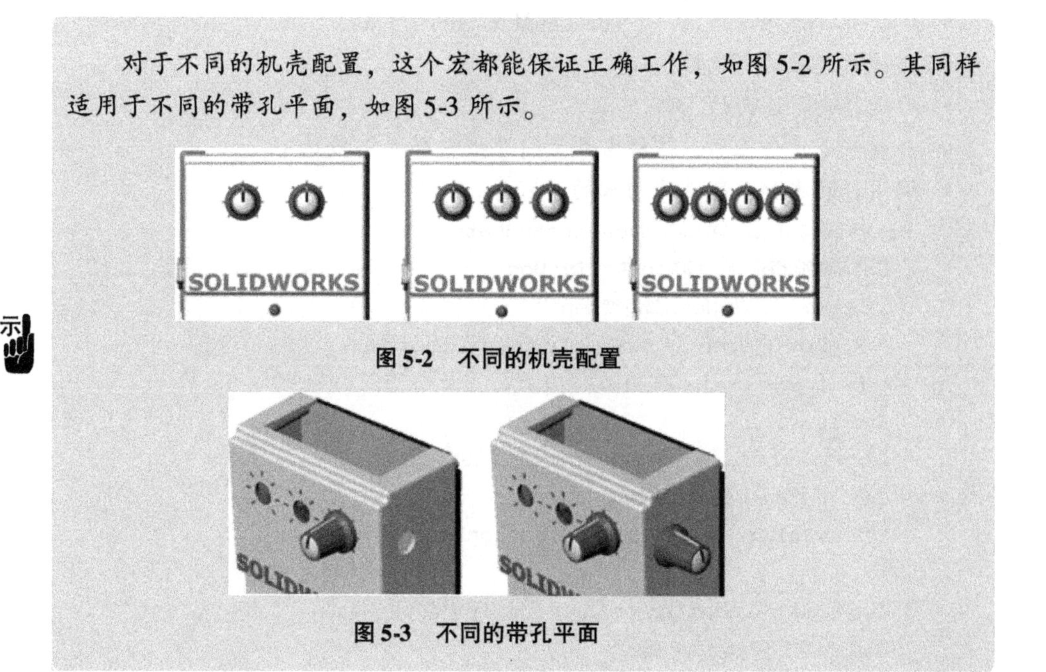

提示

对于不同的机壳配置，这个宏都能保证正确工作，如图 5-2 所示。其同样适用于不同的带孔平面，如图 5-3 所示。

图 5-2　不同的机壳配置

图 5-3　不同的带孔平面

操作步骤

步骤 1　打开已有的装配体和宏　打开装配体 Guitar Effect Pedal. sldasm 和宏 AssemblyAutomation. swp。

步骤 2　查看激活窗体的代码　当 UserForm_Activate 事件被触发时，宏将进行以下操作：

扫码看视频

- 连接到SldWorks。
- 创建MathUtility对象。

```
Private Sub UserForm_Activate()
  Set swApp = Application.SldWorks
  Set swMathUtility = swApp.GetMathUtility()
End Sub
Public Sub ParseAssemblyName ()
  Dim strings As Variant
  strings = Split(AssemblyTitle, ".")
  AssemblyName = strings(0)
End Sub
```

技巧 双击用户窗体上的空白灰色区域可以快速导航到UserForm_Activate事件。此时，将自动显示窗体代码，并将光标放在事件处理代码的第一行。

步骤3　查看命令按钮代码　双击用户窗体上的第一个按钮以显示代码。当命令按钮的单击事件被触发时，宏将执行以下操作：

- 获取指向激活装配体的指针并检查其有效性。
- 获取装配体的名称。
- 去掉扩展名.sldasm，以便在后续的选择中继续使用。
- 连接到"选择管理器"（SelectionManager）对象。
- 测试所选面的有效性。
- 存储指向所选面的指针。
- 创建一个安全实体，这样当面变得无效时仍可以被选中。
- 调用自动添加零部件及约束的子程序。

```
Private Sub cmdAddComponentsAndMate_Click()
  Set swModel = swApp.ActiveDoc
  If swModel Is Nothing Then
    MsgBox ("Open an assembly to run this macro.")
    Exit Sub
  End If
  AssemblyTitle = swModel.GetTitle
  Call ParseAssemblyName
  Set swSelMgr = swModel.SelectionManager

  'Do some validation before running routines....
  Dim SelObjType As Long
  SelObjType = swSelMgr.GetSelectedObjectType3(1, -1)
  If SelObjType = swSelFACES Then
    'Get the selected face, ignore marks
    Set swSelFace = swSelMgr.GetSelectedObject6(1, -1)
    'Create a Safe Entity so we can select it when the face
    'becomes invalid
    Dim swEntity As SldWorks.entity
```

```
      Set swEntity = swSelFace
      Set swSafeSelFace = swEntity.GetSafeEntity
    Else
      MsgBox ("You did not select a face.")
      Exit Sub
    End If
    'We broke the work of this project into several sub routines
    'to make it easier to grasp.
    Call EstablishTargetComponentsTransform
    Call OpenComponentModelToAddToAssembly (FILEDIR & "control knob.SLDPRT")
    Call EstablishCircularCurveAndEdgeCollections
    Call EstablishCylindricalFaceCollection
    Call EstablishPointsCollection
    Call AddcomponentsToAssembly("control knob.SLDPRT")
    Call Finalize
  End Sub
```

代码中，调用 Entity::GetSafeEntity 的目的是什么呢？

如果试图保存一个指向装配体中 Entity 对象的指针，并在向该装配体添加零部件之后，仍然试图用它来对 Entity 对象进行选择，则此时保存的实体指针已经变为无效指针。如果代码尝试使用无效指针，VBA 将返回运行时错误，指出该对象已与其客户端断开连接。如果知道该实体可能变得无效但必须使用它，可以使用 Entity::GetSafeEntity 访问器方法返回一个指向安全实体的指针。向装配体中添加零部件或更改装配体零部件的几何属性都可能导致先前存储的面指针变为无效。为了解决这种问题，API 提供了一种称为安全实体的机制。在程序执行期间，即使装配体中发生了重大的几何信息变化，安全实体仍然不会变为无效。安全实体是能够在主要几何信息变化后仍保持其有效性的实体对象。

5.2　变换

使用变换可以确定或移动零部件在装配体中的物理位置。当使用变换时，需要理解装配空间和零件空间的概念。所有零件和装配体都有它们各自的原点。当向装配体中添加零部件时，这个新的零部件可能会添加到相对于装配体原点的任何位置。如果将零部件的原点恰好放置在装配体的原点上，并使 3 个轴刚好重合，那么装配空间和零件空间就完全一致了。如果不是这样，则可以使用变换来设置或获取零部件相对于装配体原点的距离和旋转角度。

在这个实例学习中，将尝试向机壳添加控制旋钮。如果壳体部件的原点与装配体的原点不重合或者两者坐标轴不重合，那么 AddComponent5 方法的位置参数必须由壳体上旋钮孔的中心（在零件空间中获得）乘以壳体部件相对于装配体原点的变换来确定。

5.3　创建数学变换矩阵

MathUtility::CreateTransform 方法用来创建 MathTransform 对象，其使用方法见表 5-1。MathTransform 对象是用于处理部件转换数据的简化接口。

MathTransform 对象管理转换矩阵数据，并提供处理这些数据的方法和属性。

表 5-1　创建数学变换

<table>
<tr><td colspan="3">MathUtility::CreateTransform
retval = MathUtility. CreateTransform（ArrayData）</td></tr>
<tr><td>返回值</td><td>retval</td><td>指向新创建 MathTransform 对象的指针</td></tr>
<tr><td>输入</td><td>ArrayData</td><td>含 16 个元素的变换矩阵</td></tr>
</table>

5.4　变换矩阵

SOLIDWORKS 变换矩阵包含 16 个元素：

- 前 9 个元素组成一个 3×3 的旋转子矩阵。
- 接下来的 3 个元素定义平移向量。
- 下面的 1 个元素是缩放比例因子。
- 最后 3 个元素在这里不使用。

技巧　Component2 接口支持 Component2::Transform2 属性，该属性返回其变换矩阵值。

步骤 4　添加代码建立变换　找到机箱部件的变换。

- 创建一个部件指针。
- 将部件指针指向包含部件的实体对象。
- 保存窗体上部件的 MathTransform 对象。

```
Public Function EstablishTargetComponentsTransform()
  Dim swComponent As Component2
  Set swComponent = swSafeSelFace.GetComponent()
  Set swCompTransform = swComponent.Transform2
End Function
```

5.5　激活文件

调用 SldWorks::ActivateDoc3 方法来激活 SOLIDWORKS 中的非活动文件，调用方法见表 5-2。此时，该文件在 SOLIDWORKS 界面中成为活动文件，并且返回一个指向该文件对象的指针。

表 5-2　激活文件

<table>
<tr><td colspan="3">SldWorks::ActivateDoc3
retval = SldWorks. ActivateDoc3（Name, UseUserPreferences, Option, Errors）</td></tr>
<tr><td>返回值</td><td>retval</td><td>指向文件对象（Dispatch 对象）的指针</td></tr>
<tr><td>输入</td><td>Name</td><td>要激活的已加载文件的名称</td></tr>
<tr><td>输入</td><td>UseUserPreferences</td><td>True 时按照系统选项设置为 swRebuildOnActivation 重建；False 时则按照 Option 的设置重建</td></tr>
<tr><td>输入</td><td>Option</td><td>swRebuildOnActivation_e 中定义的重建选项</td></tr>
<tr><td>输出</td><td>Errors</td><td>输出的激活操作的状态，其值在 swActivateDocError_e 中定义；如果未遇到错误或警告，则此值为 0</td></tr>
</table>

5.6　隐藏文件

调用 SldWorks::DocumentVisible 来隐藏终端用户打开的文件，使用方法见表 5-3。当程序打开多个零部件文件以将它们添加到装配体时，SOLIDWORKS 界面会因所有打开的文件而变得杂乱无章。一个好的编程习惯是调用 API 对终端用户隐藏这些活动文件。向 visible 参数传递 False 将隐藏新打开的文件，传递 True 会显示新打开的文件。

注意　在代码完成时应将这一功能关闭。如果不这样做，程序的终端用户在这段程序运行后，将再也看不到任何手动打开的文件。

表 5-3　隐藏文件

SldWorks::DocumentVisible

retval = SldWorks. DocumentVisible (visible, type)

返回值	void	无返回值
输入	visible	True 为显示文件，False 为隐藏文件
输入	type	枚举 swDocumentTypes_e 中定义的 3 种有效 SOLIDWORKS 文件类型中的任何一种

步骤 5　打开文件　将以下代码添加到 OpenComponentModelToAddToAssembly 子程序。

```
    Public Sub OpenComponentModelToAddToAssembly (ByVal strCompModelName As
String)
        swApp. DocumentVisible False, swDocPART
        swApp. OpenDoc6 strCompModelName, 1, 0, "", errors, warnings
        SetswModel = swApp. ActivateDoc3 (AssemblyTitle, False, swDontRebuildAc-
tiveDoc, errors)
        SetswAssy = swModel
    End Sub
```

以上代码完成的主要任务有：

- 关闭任何新打开文件的可见性。
- 打开部件的零件文件。
- 重新激活装配体以完成其余工作。

5.7　对象集合

集合与数组非常相似，是用于管理一列对象的数据结构。它具有若干成员函数，可以用来添加、管理和删除数据。

5.8　建立线、边集合

子程序 EstablishCircularCurveAndEdgeCollections 用于建立机箱部件选中面上的几何信息集合。在后面的代码中，这些几何信息集合将被用于添加壳体和控制旋钮间的配合。

该子程序将遍历选中面上的所有环，如果是内环，那么程序返回这个环的所有边组成的数组，然后依次检查每一条边，看是否能构成一个回路。如果是，就将边对象和对应的线对象添加到适当的集合中。

这些对象稍后会用于重新选择控制旋钮的配合面，并确定旋钮部件添加到装配体中的位置。下面是 IncludeCircularCurveAndEdgeCollections 子程序的伪代码：

- 获得面上的第一个环。
- 遍历所选面上的所有环。
- 如果是内环，则获取属于该环的边组成的数组。
- 获取数组中的每条边对应的曲线对象。
- 如果曲线是完整的回路，添加当前边到边集合中，然后将当前曲线添加到曲线集合中。
- 遍历直到没有环可获得。

步骤 6　建立曲线和边的集合　将以下代码添加到 IncludeCircularCurveAndEdgeCollections 子程序中：

```
Public Sub EstablishCircularCurveAndEdgeCollections()
  Dim swLoop As SldWorks.Loop2
  Set swLoop = swSelFace.GetFirstLoop
  While Not swLoop Is Nothing
    If swLoop.IsOuter = False Then
      Dim swEdges As Variant
      swEdges = swLoop.GetEdges()
      For i = 0 To UBound(swEdges)
        Dim swCurve As SldWorks.Curve
        Set swCurve = swEdges(i).GetCurve
        If swCurve.IsCircle Then
        Dim dStart As Double
        Dim dEnd As Double
        Dim bIsClosed As Boolean
        Dim bIsPeriodic As Boolean
        swCurve.GetEndParams dStart, dEnd, bIsClosed, bIsPeriodic
        If NotbIsClosed = False Then
          CircularEdgeCollection.Add swEdges(i)
          CircularCurveCollection.Add swCurve
        End If
      End If
    Next i
  End If
  Set swLoop = swLoop.GetNext
 Wend
End Sub
```


5.9　建立面集合

现在，已经建立了边和曲线的集合，还必须创建一个集合用以保存指向由这些闭合边包围而成的柱面的指针。在后面还会利用这些面建立同心配合，以使控制旋钮与机箱上的孔同心。

EstablishCylindricalFaceCollection 子程序用于收集控制旋钮孔的柱面，并将它们添加到 SafeCylindricalFaceCollection。

该子程序遍历存储在 EdgeCollection 中的边。它调用 Edge::GetTwoAdjacentFaces2 方法返回所

有共享该边的面的指针，然后从每个面返回一个指向surface对象的指针。调用Surface::IsCylinder属性确定这些面中的哪一个将成为用于同心配合的圆柱面。找到这个圆柱面后，添加其安全实体到SafeCylindricalFaceCollection。

下面是子程序伪代码：

- 使用Edge::GetTwoAdjacentFaces2获取共享圆边的面。
- 为第一个面声明一个surface指针。
- 为第二个面声明另一个surface指针。
- 设置第一个和第二个surface指针。
- 确定哪一个是圆柱面。
- 找到圆柱面后，将其添加到面集合中。

5.10　获得相邻面

调用Edge::GetTwoAdjacentFaces2方法返回一条边的两个相邻面，见表5-4。

表5-4　获得相邻面

Edge::GetTwoAdjacentFaces2

retval = Edge. GetTwoAdjacentFaces2 ( )

返回值	retval	包含两个相邻面的指针变量的SafeArray

步骤7　建立面集合　添加下列代码到FoundCylindricalFaceCollection子程序：

```
Public Sub EstablishCylindricalFaceCollection()
  For i = 1 To CircularEdgeCollection.Count
    Dim swFaces As Variant
    swFaces = CircularEdgeCollection.Item(i).GetTwoAdjacentFaces2()
    Dim swSurface1 As SldWorks.surface
    Dim swSurface2 As SldWorks.surface
    Set swSurface1 = swFaces(0).GetSurface
    Set swSurface2 = swFaces(1).GetSurface
    Dim swEntity As SldWorks.entity
    Set swEntity = Nothing
    'Determine which one is the cylindrical surface
    If swSurface1.IsCylinder Then
      Set swEntity = swFaces(0)
      ElseIf swSurface2.IsCylinder Then
      Set swEntity = swFaces(1)
    End If
    'When the cylindrical Face is found....
    If NotswEntity Is Nothing Then
      Dim swSafeFace As SldWorks.entity
      Set swSafeFace = swEntity.GetSafeEntity
      SafeCylindricalFaceCollection.Add swSafeFace
    End If
  Next i
End Sub
```

5.11 建立点集合

为确保能够添加零部件到装配体的正确位置，在将旋钮部件添加到装配体并为它们添加配合之前，还需要建立另一个集合——点集合。这里所需的点是机壳部件上旋钮孔的圆形边的中心点。

5.12 获得曲线参数

Curve::CircleParams 方法用于获取圆形曲线的参数，见表 5-5。返回数组的前 3 个元素值是曲线的中心点。

表 5-5 获得曲线参数

Curve::CircleParams retval = Curve. CircleParams ( )		
返回值	retval	包含 7 个双精度浮点元素的 SafeArray：center. x、center. y、center. z、axis. x、axis. y、axis. z 和 radius

从圆形边获得圆心点后，需要将其乘以目标部件（机壳）的变换矩阵。如果零部件的原点与装配体的原点不对齐，新零部件在装配体中将被放置在错误的位置，而不是机壳部件在装配体中的准确位置。

在建立圆心点集合时，请使用 MathUtility 类中的 MathPoint 对象。该对象具有将点位置乘以装配体中目标部件变换矩阵的方法。

注意 从圆形边获得的中心点坐标并不是装配体空间内的坐标。这些边属于机壳零件模型。其中心点坐标是相对于模型原点的，而不是相对于装配体原点的。

EstablishPointsCollection 的伪代码如下：

- 遍历每条圆形边并获取其圆心。
- 对于每条圆形边，用从圆获得的信息填充 circleParams 数组。
- 创建数组来保存圆心点坐标。
- 使用点坐标数组创建 MathPoint 对象。
- 将 MathPoint 乘以机壳部件的变换矩阵。
- 把 MathPoint 添加到 PointCollection 集合。

步骤 8 建立点集合 添加下列代码到 FoundPointsCollection 子程序：

```
Public Sub EstablishPointsCollection()
  For i = 1 To CircularCurveCollection.Count()
    Dim circleParams As Variant
    circleParams = CircularCurveCollection(i).circleParam
    Dim arrayData(2) As Double
    Dim swMathPoint As SldWorks.mathPoint
    arrayData(0) = circleParams(0)
    arrayData(1) = circleParams(1)
    arrayData(2) = circleParams(2)
    Set swMathPoint = swMathUtility.CreatePoint(arrayData)
    Set swMathPoint = swMathPoint.MultiplyTransform (swCompTransform)
    PointCollection.Add swMathPoint
  Next i
End Sub
```

5.13　添加旋钮并将其装配到机箱上

使用 AddComponentsToAssembly 子程序添加新的旋钮部件到装配体中，并将其与机壳进行装配。

AddComponentsToAssembly 子程序的伪代码如下（对于点集合中的每个位置）：

- 将控制旋钮添加到 PointCollection 中的点表示的位置。
- 为选取获取新添加部件的名称和实例号。
- 选择新添加的部件。
- 为控制旋钮上选择的平面和用户在机壳部件上选择的面添加重合约束。
- 选择新控制旋钮的原点和圆柱面集合中相应的圆柱面。
- 添加同心约束。

5.14　添加零部件

使用 AssemblyDoc::AddComponent5 方法添加零部件或子装配体到当前装配体中，见表 5-6。

表 5-6　添加零部件

AssemblyDoc::AddComponent5

```
retval = AssemblyDoc.AddComponent5 (CompName, ConfigOption, _
NewConfigName, UseConfigForPartReferEnces , ExistingConfigName , X, Y, Z)
```

返回值	retval	指向添加部件的 Component2 对象的指针
输入	CompName	作为添加部件的零件/装配体的路径名
输入	ConfigOption	枚举 swAddComponentConfigOptions_ e 中指定的添加部件的模式
输入	NewConfigName	ConfigOption 设置为创建新配置时，该参数用于设定新装配配置的名称
输入	UseConfigForPartReferEnces	TRUE 表示使用 ExistingConfigName 中指定的配置
输入	ExistingConfigName	UseConfigForPartReferences 设为 TRUE 时，使用的部件配置的名称
输入	X	部件中心的 *X* 坐标
输入	Y	部件中心的 *Y* 坐标
输入	Z	部件中心的 *Z* 坐标

5.15　添加配合

调用 AssemblyDoc::AddMate5 方法在装配体中添加新的配合，见表 5-7。

表 5-7　添加配合

AssemblyDoc::AddMate5

```
MateObj = AssemblyDoc.AddMate5 (MateType, Align, Flip, Dist, distAbsUpLim, _
distAbsLowLim, gearRatioNum, gearRatioDen, Angle, angleAbsUpLim, _
angleAbsLowLim, ForPosOnly, LockRotation, WidthMateOption, errorStatus )
```

返回值	MateObj	指向添加的 Mate2 对象的指针
输入	MateType	swMateType_e 中定义的配合类型
输入	Align	swMateAlign_e 中定义的对齐类型

（续）

输入	Flip	True 则翻转部件，False 则不翻转
输入	Dist	配合类型为 swMateDISTANCE 时使用的距离值
输入	distAbsUpLim	距离最大绝对值
输入	distAbsLowLim	距离最小绝对值
输入	gearRatioNum	齿轮配合中齿轮传动比的分子值
输入	gearRatioDen	齿轮配合中齿轮传动比的分母值
输入	Angle	配合类型为 swMateANGLE 时使用的角度值
输入	angleAbsUpLim	角度最大绝对值
输入	angleAbsLowLim	角度最小绝对值
输入	ForPosOnly	True 时将根据配合关系定位部件，但不会创建并返回配合关系对象；False 则在根据配合关系定位部件后创建并返回配合关系对象
输入	LockRotation	True 则禁止部件旋转，False 则允许部件旋转
输入	WidthMateOption	swMateWidthOptions_e 中定义的宽度配合类型
输出	errorStatus	swAddMateError_e 中定义的成功或错误类型

步骤9　添加控制旋钮到装配体并添加配合　添加以下代码到 AddComponentsToAssembly 子程序：

```
Public Sub AddcomponentsToAssembly(ByVal strCompFullPath As String)
  For j = 1 To PointCollection.Count
    Dim pointData As Variant
    pointData = PointCollection.Item(j).arrayData
    Dim swComponent As Component2
    Set swComponent = swAssy.AddComponent5(strCompFullPath, _
    swAddComponentConfigOptions_CurrentSelectedConfig, "", False, _
    "", pointData(0), pointData(1), pointData(2))
    Dim strCompName As String
    strCompName = swComponent. Name2()
    Dim SelData As SldWorks.SelectData
    Set SelData = swModel.SelectionManager.CreateSelectData
    SelData.Mark = 1
    swModel.ClearSelection2 True
    swSafeSelFace.Select4 True, SelData
    swModel.Extension.SelectByID2 "Top@" + strCompName & _
    "@" +AssemblyName, "PLANE", 0, 0, 0, True, 1, Nothing, swSelectOption-
Default
    swAssy.AddMate5 swMateCOINCIDENT, swMateAlignCLOSEST, _
    False, 0, 0, 0, 0, 0, 0, 0, 0, False, False, swMateWidth_Centered, errors
    swModel.ClearSelection2 True
    SafeCylindricalFaceCollection(j).Select4 True,SelData
    swModel.Extension.SelectByID2 "Point1@Origin@" + strCompName +_
```

```
    "@ " + AssemblyName, "EXTSKETCHPOINT", 0, 0, 0, True, 1, Nothing, swSelec-
tOptionDefault
        swAssy.AddMate5 swMateCONCENTRIC, swMateAlignCLOSEST, False, _
        0, 0, 0, 0, 0, 0, 0, 0, False, False, swMateWidth_Centered, errors
        swModel.ClearSelection2 True
      Next j
    End Sub
```

步骤 10　删除所有集合和变量　查看 Finalize 子程序中的代码。这些代码用于清除所有变量并重置文件可见性设置。通过将集合设置为 Nothing，不必重新启动宏就可以在装配体的其他选定面上运行此代码。

```
Public Sub Finalize()
  swApp.DocumentVisible True, swDocPART
  Set swAssy = Nothing
  Set CircularCurveCollection = Nothing
  Set CircularEdgeCollection = Nothing
  Set SafeCylindricalFaceCollection = Nothing
  Set swModel = Nothing
  Set PointCollection = Nothing
  Set swSelFace = Nothing
  Set swSelMgr = Nothing
End Sub
```

步骤 11　保存并运行宏

步骤 12　退出宏

练习　添加零部件

1. 训练目标

通过注释已经建立的代码中的部件变换面命令行，理解新部件不进行变换时是什么样的。将控制旋钮用相对于机壳零件空间位置的方法添加到装配体中，而不是相对于机壳所在的装配体空间，如图 5-4 所示。

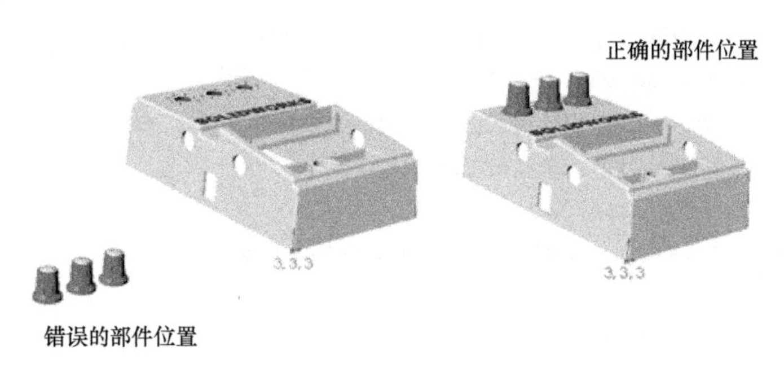

图 5-4　添加零部件

注意

机壳已经被移动到了装配体空间的 X3.0、Y3.0、Z3.0 位置，以突出显示这一点。

2. 使用的功能

- 调试变换。
- 在使用或不使用配合的情况下添加零部件到装配空间中的正确位置。

3. 操作步骤

1）打开装配体 Transforms. sldasm。

2）打开宏 Transforms. swp。

3）添加断点到以下行：

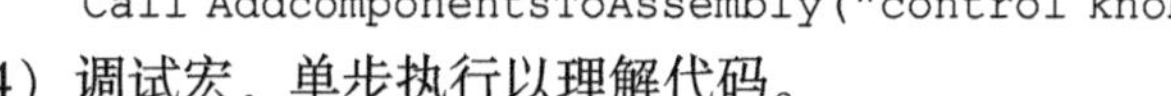

```
Call AddcomponentsToAssembly("control knob. SLDPRT")
```

扫码看视频

4）调试宏，单步执行以理解代码。

5）结束时，删除控制旋钮并返回宏。

6）注释下面的行：

```
Set swMathPoint = swMathPoint. MultiplyTransform(swCompTransform)
swAssy. AddMate5 swMateCOINCIDENT, swMateAlignCLOSEST, _
False, 0, 0, 0, 0, 0, 0, 0, 0, False, False,swMateWidth_Centered, errors
swAssy. AddMate5 swMateCONCENTRIC, swMateAlignCLOSEST, _
False, 0, 0, 0, 0, 0, 0, 0, 0, False, False,swMateWidth_Centered, errors
```

7）保存宏并再次对其进行调试，理解添加零部件到装配体时转换的重要性。

4. 程序解答

```
Private Sub cmdAddComponentsAndMate_Click()
  Set swModel = swApp. ActiveDoc
  If swModel Is Nothing Then
    MsgBox ("Open an assembly to run this macro. ")
    Exit Sub
  End If
  AssemblyTitle = swModel. GetTitle
  Call ParseAssemblyName
  Set swSelMgr = swModel. SelectionManager
  Dim SelObjType As Long
  SelObjType = swSelMgr. GetSelectedObjectType3(1, -1)
  If SelObjType = swSelFACES Then
    Set swSelFace = swSelMgr. GetSelectedObject6(1, -1)
    Dim swEntity As SldWorks. entity
    Set swEntity = swSelFace
    Set swSafeSelFace = swEntity. GetSafeEntity
  Else
    MsgBox ("You did not select a face. ")
    Exit Sub
  End If
  Call EstablishTargetComponentsTransform
  Call OpenComponentModelToAddToAssembly( FILEDIR & "control knob. SLDPRT")
  Call EstablishCircularCurveAndEdgeCollections
```

```
  Call EstablishCylindricalFaceCollection
  Call EstablishPointsCollection
  'Step 3 - Add breakpoint here.
  Call AddcomponentsToAssembly("control knob. SLDPRT")
  Call Finalize
End Sub
Public Sub EstablishPointsCollection()
  For i = 1 To CircularCurveCollection. Count()
    Dim circleParams As Variant
    circleParams = CircularCurveCollection(i). circleParams
    Dim arrayData(2) As Double
    Dim swMathPoint As SldWorks. mathPoint
    arrayData(0) = circleParams(0)
    arrayData(1) = circleParams(1)
    arrayData(2) = circleParams(2)
    Set swMathPoint = swMathUtility. CreatePoint(arrayData)
    'Step 6 - Comment the next line. SetswMathPoint = swMathPoint. _
    'MultiplyTransform(swCompTransform)
    PointCollection. Add swMathPoint
  Next i
End Sub
Public Sub AddcomponentsToAssembly(ByVal strCompFullPath As String)
  For j = 1 ToPointCollection. Count
    Dim swComponent As SldWorks. Component2
    Dim pointData As Variant
    pointData = PointCollection. Item(j). arrayData
    Set swComponent = swAssy. AddComponent5(strCompFullPath, _
    swAddComponentConfigOptions_CurrentSelectedConfig, "", _
    False, "", pointData(0), pointData(1), pointData(2))
    Dim strCompName As String
    strCompName = swComponent. Name2()
    Dim SelData As SldWorks. SelectData
    Set SelData = swModel. SelectionManager. CreateSelectData
    SelData. Mark = 1
    swModel. ClearSelection2 True
    swSafeSelFace. Select4 True, SelData
    swModel. Extension. SelectByID2 "Top@ " + strCompName & "@ " _
     +AssemblyName, "PLANE", 0, 0, 0, True, 1, Nothing, swSelectOptionDefault
    'Step 6 - Comment the next line.
    'swAssy. AddMate5 swMateCOINCIDENT, swMateAlignCLOSEST, _
    False, 0, 0, 0, 0, 0, 0, 0, 0, False, False, swMateWidth_Centered, errors
    swModel. ClearSelection2 True
    SafeCylindricalFaceCollection(j). Select4 True, SelData
    swModel. Extension. SelectByID2 "Point1@ Origin@ " + _
    strCompName + "@ " + AssemblyName, "EXTSKETCHPOINT", 0, _
```

```
        0, 0, True, 1, Nothing, swSelectOptionDefault
        'Step 6 - Comment the next line.
        'swAssy.AddMate5 swMateCONCENTRIC, swMateAlignCLOSEST, _
        False, 0, 0, 0, 0, 0, 0, 0, 0, False, False, swMateWidth_Centered, errors
        swModel.ClearSelection2 True
    Next j
    'Update Feature Tree to show new components
    Dim FeatureMgr As SldWorks.FeatureManager
    Set FeatureMgr = swModel.FeatureManager
    FeatureMgr.UpdateFeatureTree
End Sub
```

第6章　自动化工程图设计

学习目标

- 设计宏以实现自动创建工程图
- 基于具有多种配置的装配体创建含有多张图纸[⊖]的工程图
- 在工程图的每张图纸上插入工程图视图
- 自动插入模型注释和尺寸标注
- 以不同的文件格式自动保存工程图

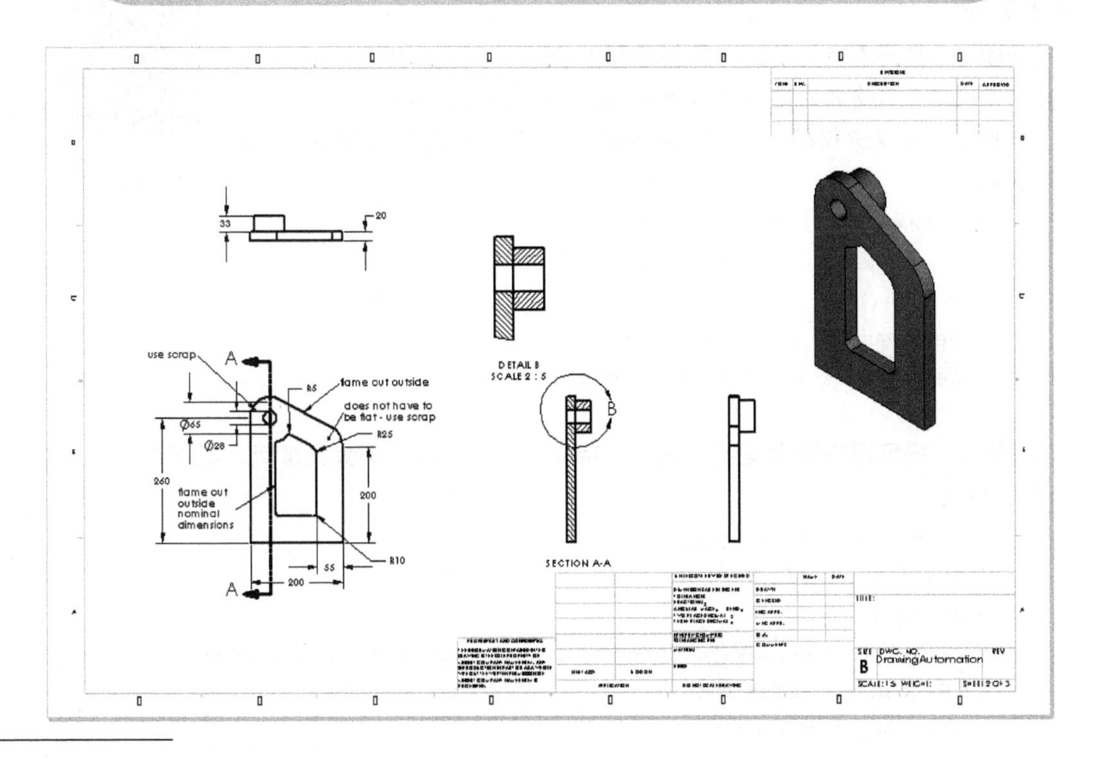

⊖ 为了与 SOLIDWORKS 软件一致，本书中的“图纸”和“图样”统一为“图纸”。

6.1 实例学习：自动化工程图创建工具

自动创建工程图的宏用来展示与工程图创建相关的 API 调用。它可以自动创建工程图图纸，并按特定配置命名每张图纸。同时它还能导入模型尺寸标注和注释，如图 6-1 所示。

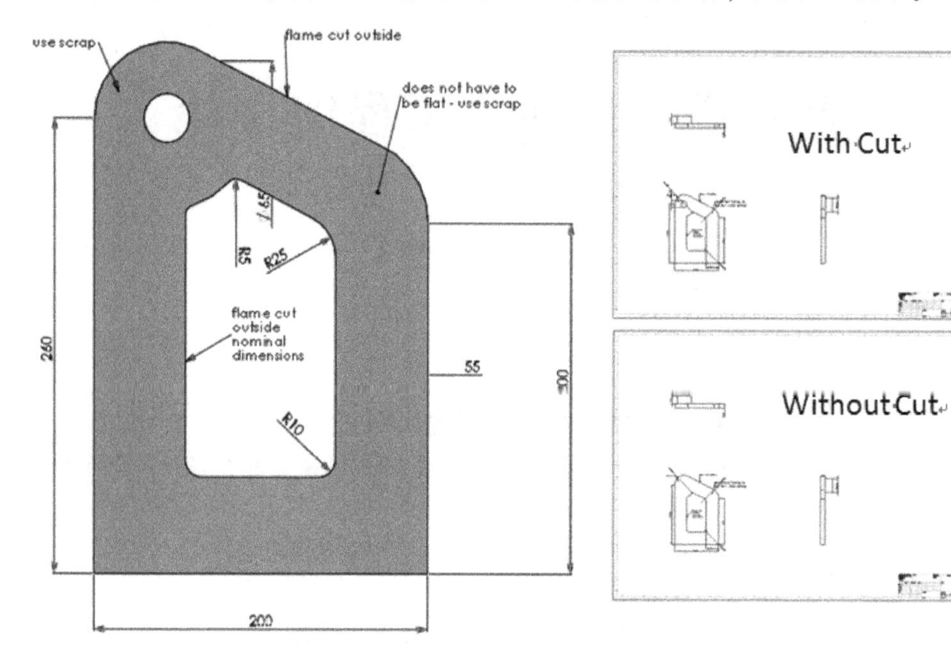

图 6-1　自动创建工程图

操作步骤

扫码看视频

步骤 1　打开现有的装配体并创建新的宏　打开装配体 DrawingAutomation. sldasm，创建新的宏并命名为 DrawingAutomation. swp。

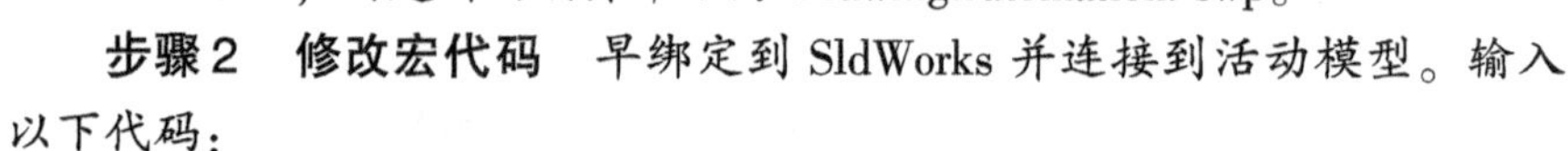

步骤 2　修改宏代码　早绑定到 SldWorks 并连接到活动模型。输入以下代码：

```
Dim swApp As SldWorks.SldWorks
Dim swModel As SldWorks.ModelDoc2
Sub main()
  Set swApp = Application.SldWorks
  Set swModel = swApp.ActiveDoc
End Sub
```

步骤 3　提示用户投影类型　使用 VBA 内在的 MsgBox 函数提醒用户投影的类型。输入以下代码：

```
Dim Response As Integer
Dim ThirdAngle As Boolean
Sub main()
  Response = MsgBox("Create third angle projection?", vbYesNo)
If Response = vbYes Then
  ThirdAngle = True
Else
```

```
  ThirdAngle = False
End If
```

步骤4 添加工程图模板和缩放常量 TEMPLATENAME的值传递给用于创建新工程图文件的方法。最后两个值用于在工程图上设置或创建新图纸。

```
    Const TRAININGDIR As String = "C:\SOLIDWORKS Training Files\API Fundamentals\"
    Const TEMPLATEDIR As String ="C:\SolidWorks Training Files\Training Templates\"
    Const TEMPLATENAME As String = TEMPLATEDIR & "Drawing_ANSI.drwdot"
    Const SCALENUM As Double = 1#
    Const SCALEDENOM As Double = 2#

    Dim swApp As SldWorks.SldWorks
    Dim swModel As SldWorks.ModelDoc2
    Dim Response As Integer
    Dim ThirdAngle As Boolean
    Sub main()
      Response = MsgBox("Create third angle projection?", vbYesNo)
      If Response =vbYes Then
        ThirdAngle = True
      Else
        ThirdAngle = False
    End If
```

步骤5 新建工程图 添加以下代码，新建工程图文件。

```
    Dim swApp As SldWorks.SldWorks
    Dim swModel As SldWorks.ModelDoc2
    Dim Response As Integer
    Dim ThirdAngle As Boolean
    Dim swDraw As SldWorks.DrawingDoc
    Sub main()
      Response = MsgBox("Create third angle projection?", vbYesNo)
      If Response =vbYes Then
        ThirdAngle = True
      Else
        ThirdAngle = False
      End If
      Set swApp = Application.SldWorks
      Set swModel = swApp.ActiveDoc
      Set swDraw = swApp.NewDocument(TEMPLATENAME, _
      swDwgPaperA1size, 0#, 0#)
    End Sub
```

步骤6 保存并运行宏 成功新建工程图，如图6-2所示。结束后返回VBA。

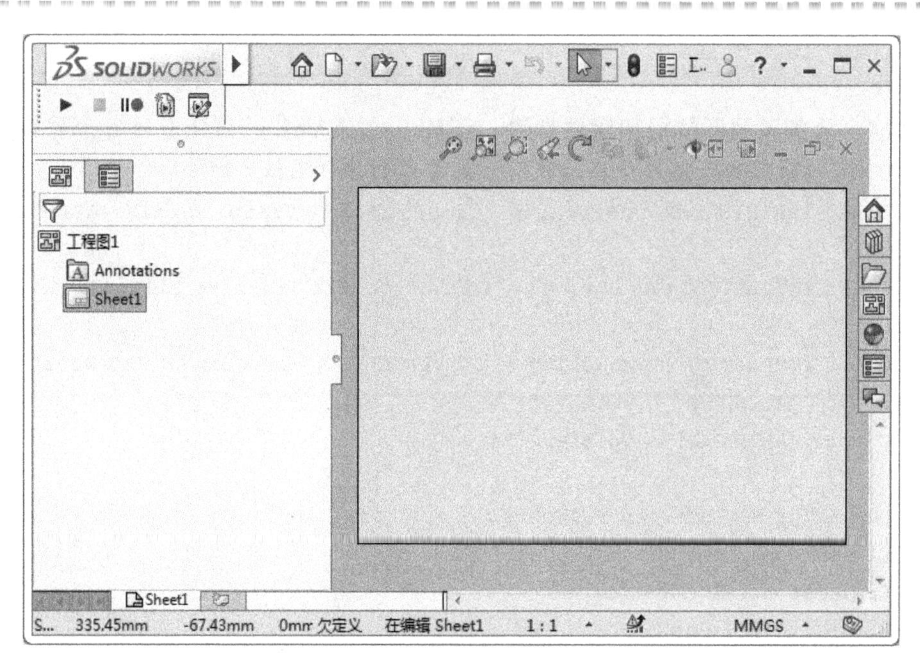

图 6-2 创建的工程图

6.2 获得配置的名称

使用 ModelDoc2::GetConfigurationNames 方法获取文件中现有的配置名称列表，使用方法见表 6-1。

表 6-1 获得配置的名称

ModelDoc2::GetConfigurationNames retval = ModelDoc2. GetConfigurationNames ( )		
输出	retval	包含零件中配置名称字符串的 SafeArray

步骤 7 获取配置列表 添加保存装配体配置名称的变量，然后添加代码以实现对它们的遍历。请添加以下代码：

```
Dim ConfigNamesArray As Variant
Dim ConfigName As Variant
Dim i As Long
Sub main()
  Response = MsgBox("Create third angle projection?", vbYesNo)
  If Response =vbYes Then
    ThirdAngle = True
  Else
    ThirdAngle = False
  End If
  Set swApp = Application.SldWorks
```

```
    Set swModel = swApp.ActiveDoc
    Set swDraw = swApp.NewDocument(TEMPLATENAME, swDwgPaperA1size, 0#, 0#)
    ConfigNamesArray = swModel.GetConfigurationNames
    For i = 0 To UBound(ConfigNamesArray)
      ConfigName = ConfigNamesArray(i)
    Next i
End Sub
```

6.3 新建图纸

调用 DrawingDoc::NewSheet4 方法创建新的工程图图纸，见表 6-2。

表 6-2 新建图纸

DrawingDoc::NewSheet4 retval = DrawingDoc.NewSheet4 (Name, PaperSize, TemplateIn, Scale1, Scale2, _ FirstAngle, TemplateName, Width, Height, PropertyViewName, _ ZoneLeftMargin, ZoneRightMargin, ZoneTopMargin, ZoneBottomMargin, ZoneRow, ZoneCol)		
返回值	retval	True 为成功，否则返回 False
输入	Name	新图纸名称
输入	PaperSize	swDwgPaperAsize swDwgPaperAsizeVertical swDwgPaperBsize swDwgPaperCsize swDwgPaperDsize swDwgPaperEsize swDwgPaperA4size swDwgPaperA4sizeVertical swDwgPaperA3size swDwgPaperA2size swDwgPaperA1size swDwgPaperA0size swDwgPapersUserDefined
输入	TemplateIn	swDwgTemplateAsize swDwgTemplateAsizeVertical swDwgTemplateBsize swDwgTemplateCsize swDwgTemplateDsize swDwgTemplateEsize swDwgTemplateA4size swDwgTemplateA4sizeVertical swDwgTemplateA3size swDwgTemplateA2size swDwgTemplateA1size swDwgTemplateA0size swDwgTemplateCustom swDwgTemplateNone

（续）

输入	Scale1	比例尺分子
输入	Scale2	比例尺分母
输入	FirstAngle	True 则使用第一视角投影，否则为 False
输入	TemplateName	TemplateIn 设为 swDwgTemplateCustom 时，代表自定义模板的完整路径名
输入	Width	TemplateIn 设为 swDwgTemplateNone 或 swDwgPapersUserDefined 时，表示图纸宽度
输入	Height	TemplateIn 设为 swDwgTemplateNone 或 swDwgPapersUserDefined 时，表示图纸高度
输入	PropertyViewName	包含用于获得自定义属性值的模型的视图名称
输入	ZoneLeftMargin	工作表区域距图纸左边缘的距离
输入	ZoneRightMargin	工作表区域距图纸右边缘的距离
输入	ZoneTopMargin	工作表区域距图纸上边缘的距离
输入	ZoneBottomMargin	工作表区域距图纸下边缘的距离
输入	ZoneRow	此工作表区域中的行数
输入	ZoneCol	此工作表区域中的列数

步骤8　添加新变量　添加变量，用以保存初始化图纸设置或在工程图上创建新图纸成功时的返回值。

```
Dim swApp As SldWorks.SldWorks
Dim swModel As SldWorks.ModelDoc2
Dim Response As Integer
Dim ThirdAngle As Boolean
Dim swDraw As SldWorks.DrawingDoc
Dim ConfigNamesArray As Variant
Dim ConfigName As Variant
Dim i As Long
Dim retval As Boolean
```

步骤9　添加代码以新建工程图图纸

```
  For i =0 To UBound(ConfigNamesArray)
    ConfigName = ConfigNamesArray(i)
    If i > 0 Then
      retval = swDraw.NewSheet4(ConfigName, swDwgPaperA1size, _
      swDwgTemplateA1size, SCALENUM, SCALEDENOM, _
      Not ThirdAngle, "", 0#, 0#, "", 0#, 0#, 0#, 0#, 0, 0)
    Else
      retval = swDraw.SetupSheet6(ConfigName, _
      swDwgPaperA1size, swDwgTemplateA1size, SCALENUM, _
      SCALEDENOM, NotThirdAngle, "", 0#, 0#, "", False, 0#, 0#, 0#, 0#, 0, 0)
    End If
  Next i
End Sub
```

步骤10　运行代码并检测工程图　注意，对于每张新的工程图图纸都创建了新的选项卡，如图6-3所示。不保存并关闭工程图。

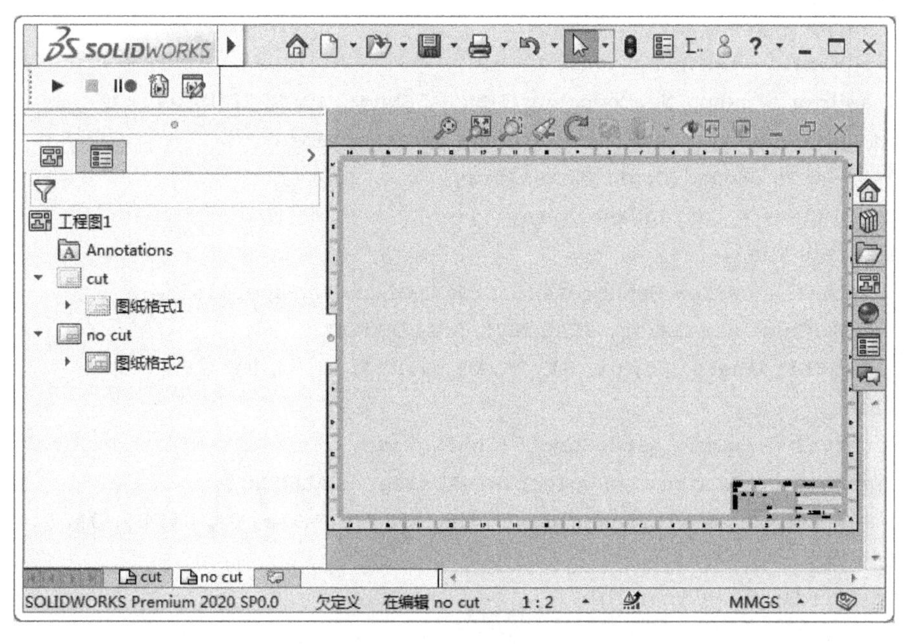

图 6-3　检测工程图

6.4　创建视图

调用 DrawingDoc::Create1stAngleViews2/Create3rdAngleViews2 方法插入标准正交视图（第一视角或第三视角投影），见表 6-3。

表 6-3　创建视图

```
DrawingDoc::Create1stAngleViews2
  retval = DrawingDoc.Create1stAngleViews2 (modelName)
DrawingDoc::Create3rdAngleViews2
  retval = DrawingDoc.Create3rdAngleViews2 (modelName)
```

返回值	retval	成功返回为 True，否则为 False
输入	modelName	用于创建视图的文件名

技巧　可以使用两种 API 方法获取文件名称，以传递给上述调用的第一个参数，即 ModelDoc2::GetTitle 和 ModelDoc2::GetPathName。后一种方法较好。ModelDoc2::GetTitle 方法依赖于宏运行的操作系统，它可能无法返回文件的扩展名。而如果没有文件扩展名，DrawingDoc::Create1stAngleViews2 调用将会失败。

步骤 11　插入标准视图　添加代码创建工程图视图，运行宏，检查工程图视图，并在完成后将其关闭。输入以下代码：

```
    Set swApp = Application.SldWorks
    Set swModel = swApp.ActiveDoc
    Set swDraw = swApp.NewDocument(TEMPLATENAME, PAPERSIZE, 0#, 0#)
    ConfigNamesArray = swModel.GetConfigurationNames
    For i = 0 To UBound(ConfigNamesArray)
      ConfigName = ConfigNamesArray(i)
      If i > 0 Then
        retval = swDraw.NewSheet4(ConfigName, swDwgPaperA1size, _
        swDwgTemplateA1size, SCALENUM, SCALEDENOM, _
        Not ThirdAngle, "", 0#, 0#, "", 0#, 0#, 0#, 0#, 0, 0)
      Else
        retval = swDraw.SetupSheet6(ConfigName, _
        swDwgPaperA1size, swDwgTemplateA1size, SCALENUM, _
        SCALEDENOM, NotThirdAngle, "", 0#, 0#, "", False, 0#, 0#, 0#, 0#, 0, 0)
      End If
      If ThirdAngle = True Then
        retval = swDraw.Create3rdAngleViews2(swModel.GetPathName)
      Else
        retval = swDraw.Create1stAngleViews2(swModel.GetPathName)
      End If
    Next i
End Sub
```


运行宏，自动生成投影视图，如图6-4所示。

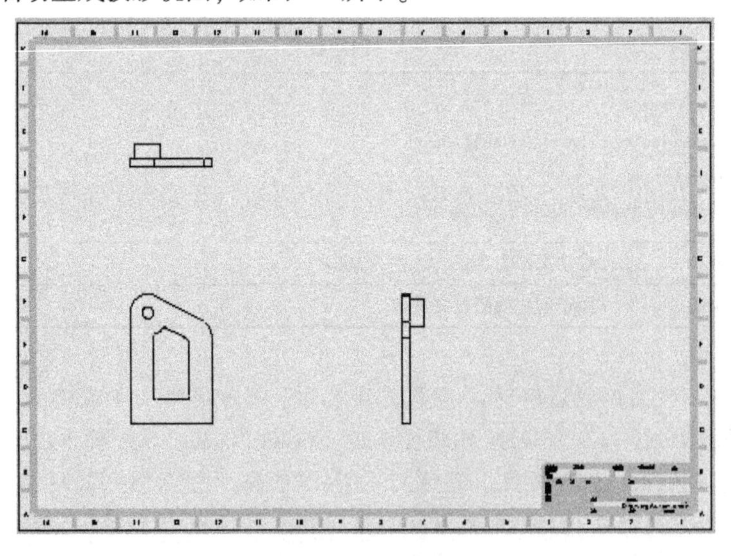

图6-4　投影视图

6.5　遍历视图

使用DrawingDoc::GetFirstView和View::GetNextView方法遍历工程图图纸上的所有视图。请在While循环语句中使用这些方法进行遍历，并检查视图指针的有效性。当从View::GetNext-

View 方法返回的视图指针为 Nothing 时，循环结束。后续步骤中的代码演示了如何在工程图文件上完成视图遍历。

步骤 12　遍历视图并设置配置

```
Dim swApp As SldWorks.SldWorks
Dim swModel As SldWorks.ModelDoc2
Dim Response As Integer
Dim ThirdAngle As Boolean
Dim swDraw As SldWorks.DrawingDoc
Dim Config NamesArray As Variant
Dim ConfigName As Variant
Dim i As Long
Dim retval As Boolean
Dim swView As SldWorks.view

Sub main()
  Response = MsgBox("Create third angle projection?", vbYesNo)
  If Response =vbYes Then
    ThirdAngle = True
  Else
    ThirdAngle = False
  End If
  Set swApp = Application.SldWorks
  Set swModel = swApp.ActiveDoc
  Set swDraw = swApp.NewDocument(TEMPLATENAME, PAPERSIZE, 0#, 0#)
  ConfigNamesArray = swModel.GetConfigurationNames
  For i = 0 To UBound(ConfigNamesArray)
    ConfigName = ConfigNamesArray(i)
    If i > 0 Then
      retval = swDraw.NewSheet4(ConfigName, swDwgPaperA1size, _
      swDwgTemplateA1size, SCALENUM, SCALEDENOM, _
      Not ThirdAngle, "", 0#, 0#, "", 0#, 0#, 0#, 0#, 0, 0)
    Else
      retval = swDraw.SetupSheet6(ConfigName, _
      swDwgPaperA1size, swDwgTemplateA1size, SCALENUM, _
      SCALEDENOM, NotThirdAngle, "", 0#, 0#, "", False, 0#, 0#, 0#, 0#, 0, 0)
    End If
    If ThirdAngle = True Then
      retval = swDraw.Create3rdAngleViews2(swModel.GetPathName)
    Else
      retval = swDraw.Create1stAngleViews2(swModel.GetPathName)
    End If
    Set swView = swDraw.GetFirstView
    Do While NotswView Is Nothing
```

```
        swView.ReferencedConfiguration = ConfigName
        Set swView = swView.GetNextView
      Loop
      Dim RebuildSuccess As Boolean
      RebuildSuccess = swDraw.ForceRebuild3(True)
    Next i
  End Sub
```

6.6 插入注释

调用 DrawingDoc::InsertModelAnnotations3 方法在模型文件中插入尺寸标注和注释，见表 6-4。

表 6-4 插入注释

DrawingDoc::InsertModelAnnotations3

retval = DrawingDoc.InsertModelAnnotations3 (option, types, allviews, duplicateDims, hiddenFeatureDims, usePlacementInSketch)

返回值	Variant	SafeArray 类型的 VARIANT，该 SafeArray 包含插入的注释对象
输入	option	0 = 视图中的所有尺寸标注 1 = 当前所选部件（用于装配体工程图）的所有尺寸标注 2 = 当前所选特征的所有尺寸标注
输入	types	使用枚举 swInsertAnnotations_e 中定义的值
输入	allviews	True 则为工程图中所有视图插入注释，False 则仅在所选视图中插入注释
输入	duplicateDims	True 表示插入重复的尺寸标注，False 表示删除重复标注
输入	hiddenFeatureDims	True 表示插入隐藏特征的尺寸标注，False 表示不插入隐藏特征的尺寸标注
输入	usePlacementInSketch	True 表示尺寸标注的位置与草图一致，否则为 False

步骤 13 插入尺寸标注和注释 添加以下代码，以实现在装配体模型中插入尺寸标注和注释。

```
    ConfigNamesArray = swModel.GetConfigurationNames
    For i = 0 To UBound(ConfigNamesArray)
      ConfigName = ConfigNamesArray(i)
      If i > 0 Then
        retval = swDraw.NewSheet4(ConfigName, swDwgPaperA1size, _
        swDwgTemplateA1size, SCALENUM, SCALEDENOM, _
        Not ThirdAngle, "", 0#, 0#, "", 0#, 0#, 0#, 0#, 0, 0)
      Else
        retval = swDraw.SetupSheet6(ConfigName, _
        swDwgPaperA1size, swDwgTemplateA1size, SCALENUM, _
        SCALEDENOM, NotThirdAngle, "", 0#, 0#, "", False, 0#, 0#, 0#, 0#, 0, 0)
      End If
```

```
        If ThirdAngle = True Then
          retval = swDraw.Create3rdAngleViews2 (swModel.GetPathName)
        Else
          retval = swDraw.Create1stAngleViews2 (swModel.GetPathName)
        End If
        Set swView = swDraw.GetFirstView
        Do While Not swView Is Nothing
          swView.ReferencedConfiguration = ConfigName
          Set swView = swView.GetNextView
          Loop
          Dim RebuildSuccess As Boolean
          RebuildSuccess = swDraw.ForceRebuild3 (True)
          swDraw.InsertModelAnnotations3 swImportModelItemsFromEntireModel, _
          swInsertDimensionsMarkedForDrawing + swInsertNotes, True, True, True,
False
        Next i
      End Sub
```

运行宏，自动插入注释，如图 6-5 所示。

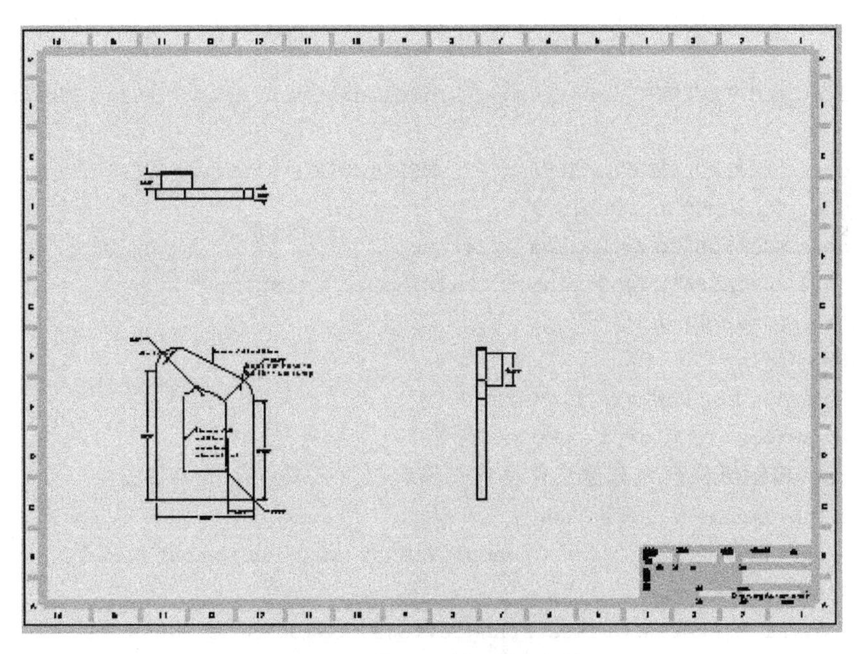

图 6-5　插入尺寸标注和注释

6.7　以不同格式保存工程图

很多情况下，用户需要将图纸发送到其他系统以进行打印和查看。ModelDocExtension::SaveAs 方法用于将图形保存为其他文件格式，见表 6-5。

表6-5 以不同格式保存工程图

ModelDocExtension::SaveAs retval = ModelDocExtension.SaveAs (Name, Version, Options, ExportData, &Errors, &Warnings)		
返回值	retval	保存成功返回True，否则返回False
输入	Name	文件的新名称。文件扩展名指示应执行的转换（例如，Part1.igs表示保存为IGES格式）
输入	Version	枚举swSaveAsVersion_e中定义的文件格式
输入	Options	指示如何保存文件的选项，在枚举swSaveAsOptions_e中定义
输入	ExportData	指向ExportPdfData的Dispatch指针，以将工程图图纸导出为PDF，将零件和装配体导出为3D PDF，或者为Nothing
输出	Errors	枚举swFileSaveError_e中定义的保存失败的错误类型
输出	Warnings	枚举swFileSaveWarning_e中定义的在执行保存操作时生成的警告或其他信息

提示：表6-5中的最后两个参数是输出参数。当SaveAs方法调用失败时，可以使用这些输出参数来排除故障代码。使用输出参数时，用于获取其值的变量必须在调用该方法之前进行声明。否则，在调用此方法时程序将返回类型不匹配（Type-mismatch）的错误。

步骤14 声明输出参数和导出路径名 找到常量和变量声明的位置，并添加以下代码：

```
Const TRAININGDIR As String ="C:\SOLIDWORKS Training Files\API Fundamentals\"
Const TEMPLATEDIR As String ="C:\SolidWorks Training Files\Training Templates\"
Const TEMPLATENAME As String = TEMPLATEDIR & "Drawing_ANSI.drwdot"
Const SCALENUM As Double = 1#
Const SCALEDENOM As Double = 2#
Const SAVEASPATH As String = TRAININGDIR & "Export\"
Dim errors As Long
Dim warnings As Long
Dim swApp As SldWorks.SldWorks
Dim swModel As SldWorks.ModelDoc2
```

步骤15 将图纸保存为其他文件格式 添加以下代码以导出工程图：

```
If ThirdAngle = True Then
  retval = swDraw.Create3rdAngleViews2(swModel.GetPathName)
Else
  retval = swDraw.Create1stAngleViews2(swModel.GetPathName)
End If
Set swView = swDraw.GetFirstView
Do While Not swView Is Nothing
  swView.ReferencedConfiguration = ConfigName
  Set swView = swView.GetNextView
Loop
Dim RebuildSuccess As Boolean
```

```
    RebuildSuccess = swDraw.ForceRebuild3(True)
    swDraw.InsertModelAnnotations3 swImportModelItemsFromEntireModel, _
    swInsertDimensionsMarkedForDrawing + swInsertNotes, True, True, True, False
    swDraw.Extension.SaveAs SAVEASPATH & ConfigName & ".DXF", _
    swSaveAsCurrentVersion, swSaveAsOptions_Silent, Nothing, errors, warnings
    swDraw.Extension.SaveAs SAVEASPATH & ConfigName & ".DWG", _
    swSaveAsCurrentVersion, swSaveAsOptions_Silent, Nothing, errors, warnings
    swDraw.Extension.SaveAs SAVEASPATH & ConfigName & ".JPG", _
    swSaveAsCurrentVersion, swSaveAsOptions_Silent, Nothing, errors, warnings
    swDraw.Extension.SaveAs SAVEASPATH & ConfigName & ".TIF", _
    swSaveAsCurrentVersion, swSaveAsOptions_Silent, Nothing, errors, warnings
Next i
```

步骤 16　保存并运行宏　结束后返回 VBA，并检查工程图图纸。

找到导出文件目录，打开使用 SaveAs 方法保存的文件。图 6-6 所示是不同配置条件下创建的工程图图纸。

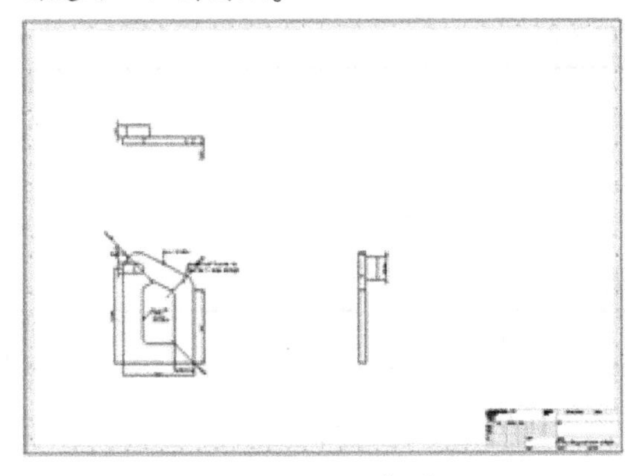

Configuration = “Cut”

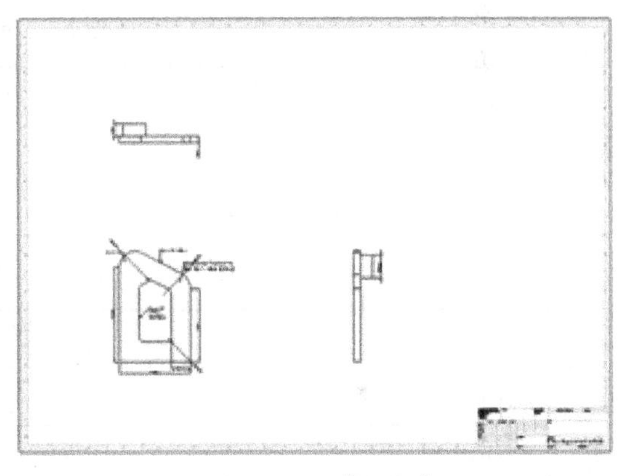

Configuration = “No Cut”

图 6-6　不同配置条件下创建的工程图图纸

6.8　创建工程图图纸的相关命令

表 6-6 ~ 表 6-9 为创建工程图图纸用到的相关命令。

表 6-6　工程图命令

	Create1stAngleViews2 Create3rdAngleViews2		CreateAuxiliaryViewAt3
	CreateDetailViewAt3		CreateBreakoutSection
	CreateSectionView		UpdateViewDisplayGeometry
	CreateSectionViewAt5		InsertHatchedFace
	CreateDrawViewFromModelView3		

表 6-7　注释命令

	CreateText2 InsertNote		InsertCenterMark3
	InsertSurfaceFinishSymbol3		InsertCenterLine2
	NewGtol		AddHoleCallout2
	InsertBOMBalloon2		InsertCosmeticThread3 ShowCosmeticThread HideCosmeticThread
	InsertDatumTargetSymbol2		InsertStackedBalloon2
	InsertWeldSymbol		InsertMultiJogLeader3
	InsertSketchBlockInstance		InsertDowelSymbol
	InsertModelAnnotations3 InsertModelDimensions	—	—

表 6-8　图层命令

	CreateLayer2 ChangeComponentLayer SetCurrentLayer

表 6-9　线型命令

	SetLineColor		HideEdge
	SetLineWidth		ShowEdge
	SetLineStyle	—	—

练习　工程图自动化

1. 训练目标

使用实例学习中掌握的技术和方法编写一个工程图自动化的宏，绘制如图 6-7 所示的工程图。

这个宏应该实现：基于配置插入第一视角或第三视角视图；向视图添加尺寸和注释；添加等轴测视图；为每种配置下的其他图纸重复该过程。

可选挑战#1：在添加更多图纸之前，尝试使用第一个配置名称（Cut）和模板重命名并设置默认工作表（Sheet1）。

可选挑战#2：尝试将每张图纸保存为 . dxf、. dwg、. jpg 和 . tif 格式。

可选挑战#3：尝试在标题栏区域中编辑 DWG. NO 注释的高度，以适应其边框尺寸。

2. 使用的功能

- 工程图自动化操作和注释命令。
- 在工程图视图中使用多种配置。

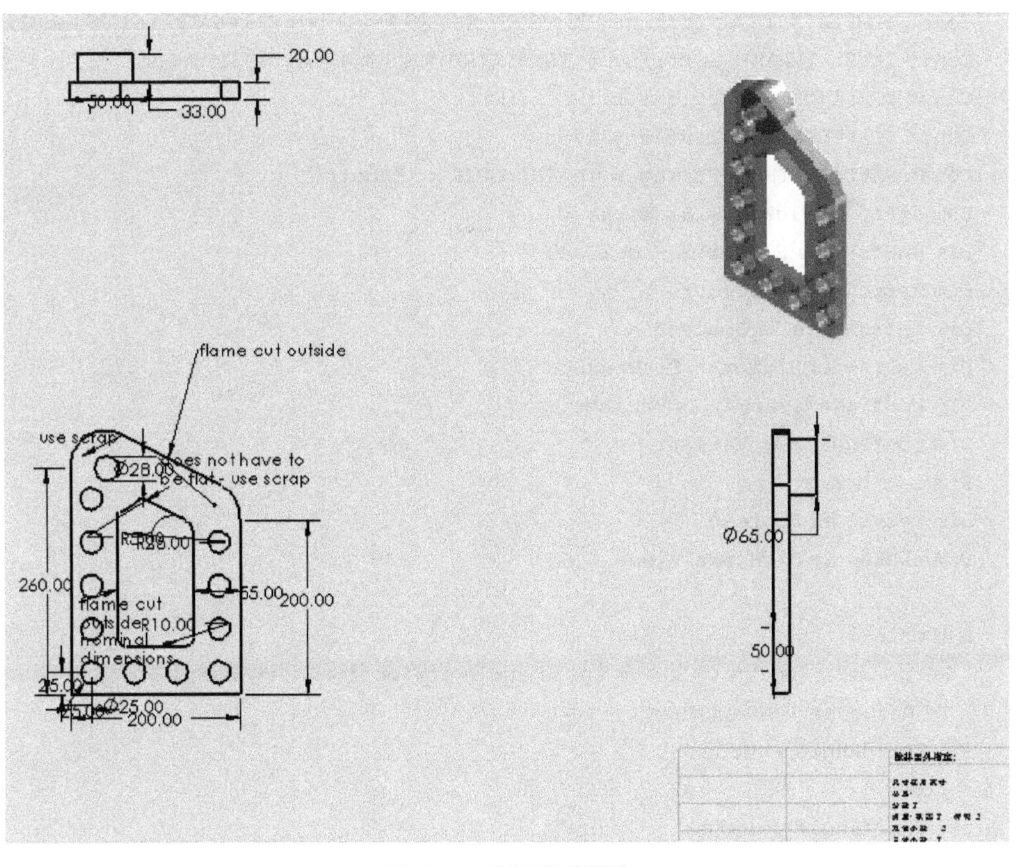

图 6-7　工程图自动操作

3. 用到的 API

- SldWorks. NewDocument
- ModelDoc2. GetConfigurationNames
- DrawingDoc. NewSheet4
- DrawingDoc. Create1stAngleViews2
- DrawingDoc. Create3rdAngleViews2
- DrawingDoc. CreateDrawViewFromModelView3
- DrawingDoc. ViewDisplayShaded
- DrawingDoc. InsertModelAnnotations3
- DrawingDoc. GetFirstView
- View. ReferencedConfiguration
- DrawingDoc. GetNextView
- ModelDoc2. ForceRebuild3

可选挑战 #1
- DrawDoc. SetupSheet6

可选挑战 #2
- ModelDocExtension. SaveAs

可选挑战 #3
- View. GetFirstNote
- Note. GetNext
- Note. PropertyLinkedText
- Note. SetHeight

4. 操作步骤

1）打开 AutomationDrawings. sldasm。

2）打开 AutomationDrawings. swp。

3）使用上面列出的 API 完成工程图的自动创建。

4）保存并运行宏。

扫码看视频

5. 程序解答

```
Const TRAININGDIR As String = "C:\SOLIDWORKS Training Files\API Fundamentals\"
```

```
Const TEMPLATEDIR As String = "C:\SOLIDWORKS Training Files\Training Templates\"
Const TEMPLATENAME As String = TEMPLATEDIR & "Drawing_ANSI.drwdot"
Const SCALENUM As Double = 1#
Const SCALEDENOM As Double = 2#
Const SAVEASPATH As String = TRAININGDIR & "Export\"
Dim swApp As SldWorks.SldWorks
Dim swModel As SldWorks.ModelDoc2
Dim Response As Integer
Dim ThirdAngle As Boolean
Dim swDraw As SldWorks.DrawingDoc
Dim ConfigNamesArray As Variant
Dim ConfigName As Variant
Dim i As Long
Dim retval As Boolean
Dim swView As SldWorks.View

Sub main()
  Response = MsgBox("Create third angle projection?",vbYesNo)
  If Response =vbYes Then
    ThirdAngle = True
  Else
    ThirdAngle = False
  End If
  Set swApp = Application.SldWorks
  Set swModel = swApp.ActiveDoc
  Set swDraw = swApp.NewDocument(TEMPLATENAME, swDwgPaperBsize, 0#, 0#)
  ConfigNamesArray = swModel.GetConfigurationNames
  For i = 0 To UBound(ConfigNamesArray)
    ConfigName = ConfigNamesArray(i)
    If i = 0 Then
      retval = swDraw.SetupSheet6(ConfigName, _
      swDwgPaperBsize, swDwgTemplateBsize, SCALENUM, _
      SCALEDENOM, NotThirdAngle, "", 0#, 0#, "", False, 0#, 0#, 0#, 0#, 0, 0)
    Else
      retval = swDraw.NewSheet4(ConfigName, swDwgPaperBsize, _
      swDwgTemplateBsize, SCALENUM, SCALEDENOM, _
      Not ThirdAngle, "", 0#, 0#, "", 0#, 0#, 0#, 0#, 0, 0)
    End If
    Dim LocX As Double
    Dim LocY As Double
    If ThirdAngle = True Then
      retval = swDraw.Create3rdAngleViews2 (swModel.GetPathName)
      LocX = 0.26
      LocY = 0.19
    Else
```

```
        retval = swDraw.Create1stAngleViews2 (swModel.GetPathName)
        LocX = 0.25
        LocY = 0.12
      End If
      swDraw.CreateDrawViewFromModelView3 swModel.GetPathName, "*Isometric",
LocX, LocY, 0
      swDraw.ViewDisplayShaded
      Set swView = swDraw.GetFirstView
      Do While Not swView Is Nothing
        swView.ReferencedConfiguration = ConfigName
        Set swView = swView.GetNextView
      Loop
      swDraw.ForceRebuild3 True
      swDraw.InsertModelAnnotations3 swImportModelItemsFromEntireModel, _
      swInsertDimensionsMarkedForDrawing + swInsertNotes, True, True, False, True
      Dim strLinkedText As String
      Dim swNote As SldWorks.Note
      'Get the current sheet view
      Set swView = swDraw.GetFirstView
      'Find the note that is linked to the filename
      Set swNote = swView.GetFirstNote
      Do While Not swNote Is Nothing
        strLinkedText = swNote.PropertyLinkedText
        If strLinkedText = "$PRP:""SW-File Name""" Then
          swNote.SetHeight 0.0033
          swDraw.ForceRebuild3 True
          Exit Do
        End If
        Set swNote = swNote.GetNext
      Loop
      Dim errors As Long
      Dim warnings As Long
      swDraw.Extension.SaveAs SAVEASPATH & ConfigName & ".DXF", _
      swSaveAsCurrentVersion, swSaveAsOptions_Silent, Nothing, errors, warnings
      swDraw.Extension.SaveAs SAVEASPATH & ConfigName & ".DWG", _
      swSaveAsCurrentVersion,swSaveAsOptions_Silent, Nothing, errors, warnings
      swDraw.Extension.SaveAs SAVEASPATH & ConfigName & ".JPG", _
      swSaveAsCurrentVersion, swSaveAsOptions_Silent, Nothing, errors, warnings
      swDraw.Extension.SaveAs SAVEASPATH & ConfigName & ".TIF", _
      swSaveAsCurrentVersion, swSaveAsOptions_Silent, Nothing, errors, warnings
    Next i
  End Sub
```

第7章　选择与遍历技术

学习目标

- 以编程方式选择对象
- 使用 SelectionManager 访问选中的对象
- 确定选中特征的类型
- 提取和修改特征数据
- 遍历特征
- 遍历几何体
- 压缩特征并设置特征的可见性
- 在 FeatureManager 设计树上的已知位置选择特征

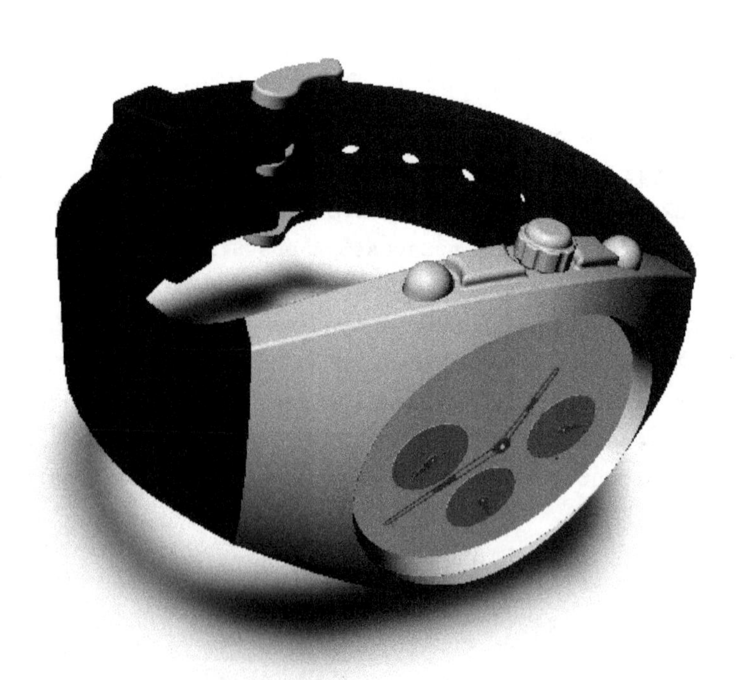

7.1　实例学习：基于已选定对象的编程

图 7-1 所示的宏演示了如何访问和修改零件中某些特征的特定数据。它要求用户在运行宏之前选择特征 Extrude1。

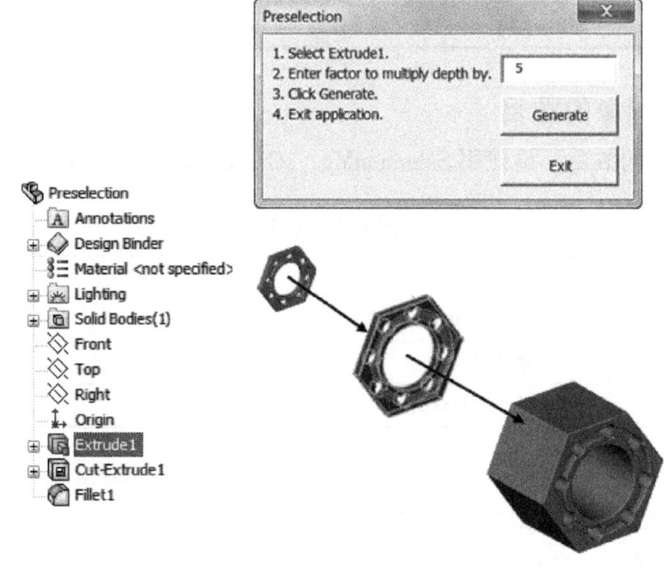

图 7-1　选择特征

操作步骤

步骤 1　打开已存在的零件和宏　打开零件 Preselection. sldprt 和宏 Preselection. swp。

步骤 2　添加代码到 Generate 按钮的单击响应程序　添加以下代码：

```
Private Sub cmdGenerate_Click()
  Dim swApp As SldWorks.SldWorks
  Dim swModel As SldWorks.ModelDoc2
  Set swApp = Application.SldWorks
  Set swModel = swApp.ActiveDoc
End Sub
```

扫码看视频

7.1.1　选择管理器（SelectionManager）

SelectionManager 是一个专门用于管理 SOLIDWORKS 用户界面中所有选定对象的对象接口。SOLIDWORKS 软件中创建的每个文件都有各自的 SelectionManager 属性，使用 API 可以访问这些属性。文件中所有被选中的对象都临时存储在 SelectionManager 中，并将一直保存在那里，直到取消选中或者重建。SelectionManager 是开始于 1 的集合，第一个可用索引是 1 而不是 0。SelectionManager 还开放了允许程序员访问任意索引所对应对象的方法和属性。程序员可以返回特定索引处的对象指针，并调用该对象的方法或属性。

7.1.2　访问 SelectionManager

要获得指向 SelectionManager 对象的接口指针，可以使用 ModelDoc2::SelectionManager 属性，见表 7-1。

```
Dim swSelMgr as SldWorks.SelectionMgr
```

```
Set swSelMgr = ModelDoc2.SelectionManager
```

表 7-1 指向对象的接口指针

ModelDoc2::SelectionManager SelectionMgr = ModelDoc2. SelectionManager		
输出	SelectionMgr	指向 Dispatch 对象（此文件的 SelectionMgr 对象）的指针

7.1.3 确定被选中对象的数目

要确定被选中对象的数目，请使用 SelectionMgr::GetSelectedObjectCount2 方法，见表 7-2。

表 7-2 确定被选中对象的数目

SelectionMgr::GetSelectedObjectCount2 retval = SelectionMgr. GetSelectedObjectCount2（Mark）		
输入	Mark	标记要计数的值
返回值	retval	当前被选中的对象数

步骤 3 添加代码 连接到 SelectionManager 并返回对象的计数。添加下列代码：

```
Private Sub cmdGenerate_Click()
  Dim swApp As SldWorks.SldWorks
  Dim swModel As SldWorks.ModelDoc2
  Dim swSelMgr As SldWorks.SelectionMgr
  Dim count As Long
  Set swApp = Application.SldWorks
  Set swModel = swApp.ActiveDoc
  Set swSelMgr = swModel.SelectionManager
  count = swSelMgr.GetSelectedObjectCount2(-1)
  If count <> 1 Then
  swApp.SendMsgToUser2 "Please select only Extrude1.", swMbWarning, swM-
bOk
    Exit Sub
  End If
End Sub
```

7.1.4 访问被选中对象

要获取指向当前选中对象的接口指针，请使用 SelectionMgr::GetSelectedObject6 方法，见表 7-3。

表 7-3 访问被选中对象

SelectionMgr::GetSelectedObject6 retval = SelectionMgr. GetSelectedObject6（Index, Mark）		
返回值	retval	指向 Dispatch 对象的指针
输入	Index	当前所选对象列表的索引位置，范围从 1 到 SelectionMgr::GetSelectObjectCount
输入	Mark	标记要过滤的值

7.1.5　获取被选中对象的类型

要确定选中对象的类型，请使用 SelectionMgr::GetSelectedObjectType3 方法，见表7-4。

表7-4　获取被选中对象的类型

SelectionMgr::GetSelectedObjectType3

retval = SelectionMgr.GetSelectedObjectType3 (Index, Mark)

注意　如果返回的对象是特征，则使用 Feature::GetTypeName2 方法来确定特征类型。

返回值	retval	对象类型。请参阅 API 帮助文件以获取完整列表
输入	Index	当前所选对象列表的索引位置，范围从 1 到 SelectionMgr::GetSelectObjectCount
输入	Mark	标记要过滤的值

7.1.6　获取特征类型

使用 Feature::GetTypeName2 方法确认是否选择了特定特征，见表7-5。

表7-5　获取特征类型

Feature::GetTypeName2

retval = Feature.GetTypeName2 ( )

返回值	retval	特征类型。请参阅 API 帮助文件以获取完整列表

步骤4　声明特征变量　在按钮单击事件中添加变量声明，输入以下代码：

```
Private Sub cmdGenerate_Click()
  Dim swApp As SldWorks.SldWorks
  Dim swModel As SldWorks.ModelDoc2
  Dim swSelMgr As SldWorks.SelectionMgr
  Dim count As long
  Dim Feature As SldWorks.Feature
```

步骤5　返回指向选中特征的指针　继续添加以下代码：

```
  If count <> 1 Then
    swApp.SendMsgToUser2 "Please select only Extrude1.", swMbWarning,
swMbOk
    Exit Sub
  End If
  Set Feature = swSelMgr.GetSelectedObject6(count, -1)
  If Not Feature.GetTypeName2 = "Extrusion" Then
    swApp.SendMsgToUser2 "Please select only Extrude1.", swMbWarning,
swMbOk
    Exit Sub
  End If
End Sub
```

7.1.7 特征数据对象

SOLIDWORKS FeatureManager 设计树中的每个特征在 API 中都有一个对应的 FeatureData 对象。Feature 对象描述所有特征都具有的方法和属性接口，而 FeatureData 是更具体的对象，它描述每种特定特征类型的功能。

7.1.8 访问特征数据对象

使用 Feature::GetDefinition 方法从 Feature 对象返回指向 FeatureData 对象的指针，见表 7-6。

表 7-6 访问特征数据对象

Feature::GetDefinition retval = Feature. GetDefinition ( )		
返回值	retval	指向特征定义对象的 Dispatch 指针。有关特征对象的完整列表，请参见 API 帮助文件

7.1.9 访问选择集

使用任何 FeatureData 类型的 FeatureData::AccessSelections 方法，可以访问用于创建特征的实体。因为此方法会使模型处于回滚状态，所以只有在需要访问用于创建特征的实体选择集时才使用它。仅仅更改 FeatureData 对象上的简单属性时是不需要它的，见表 7-7。

表 7-7 访问选择集

ExtrudeFeatureData2::AccessSelections accessGained = ExtrudeFeatureData2. AccessSelections (TopDoc, Component)		
返回值	accessGained	成功访问选择集返回 True，否则返回 False
输入	TopDoc	顶层文件
输入	Component	要修改的特征所属的部件

7.1.10 释放选择集

使用 AccessSelections 方法时，程序必须相应地调用 ExtrudeFeatureData2::ReleaseSelectionAccess 方法来恢复回滚状态，以防有的特征未修改，见表 7-8。该方法仅在未修改特征数据的情况下才有用。

如果 FeatureData 对象的数据被修改了，则调用另一种方法 Feature::ModifyDefinition 来使用新数据重建特征，见表 7-9。

表 7-8 释放选择集

ExtrudeFeatureData2::ReleaseSelectionAccess void ExtrudeFeatureData2. ReleaseSelectionAccess ( )		
返回值	void	没有返回值

步骤 6 连接到 FeatureData 对象 添加以下代码以连接到 ExtrudeFeatureData 对象：

```
Private Sub cmdGenerate_Click()
  Dim swApp As SldWorks.SldWorks
  Dim swModel As SldWorks.ModelDoc2
  Dim swSelMgr As SldWorks.SelectionMgr
```

```
    Dim count As Long
    Dim Feature As SldWorks.Feature
    Dim ExtrudeFeatureData As SldWorks.ExtrudeFeatureData2
    Dim retval As Boolean
    Set swApp = Application.SldWorks
    Set swModel = swApp.ActiveDoc
    Set swSelMgr = swModel.SelectionManager
    count = swSelMgr.GetSelectedObjectCount2(-1)
    If count <> 1 Then
      swApp.SendMsgToUser2 "Please select only Extrude1.", swMbWarning, swMbOk
      Exit Sub
    End If
    Set Feature = swSelMgr.GetSelectedObject6(count, -1)
    If Not Feature.GetTypeName2 = "Extrusion" Then
      swApp.SendMsgToUser2 "Please select only Extrude1.", swMbWarning, swMbOk
      Exit Sub
    End If
    Set ExtrudeFeatureData = Feature.GetDefinition
  End Sub
```

7.1.11 修改特征数据属性

拉伸特征的一种修改是设置深度。首先调用 ExtrudeFeatureData2::GetDepth 方法以获取现有的深度值，然后调用 ExtrudeFeatureData2::SetDepth 方法设置一个新值。

7.1.12 修改对象定义

调用 Feature::ModifyDefinition 方法可实现更改，见表 7-9。

表 7-9 修改对象定义

Feature::ModifyDefinition retval = Feature.ModifyDefinition (Definition, TopDoc, Component)		
返回值	retval	成功访问选择集返回 True，否则返回 False
输入	Definition	指向特征定义对象的 Dispatch 指针
输入	TopDoc	顶层文件
输入	Component	特征所属的部件

步骤 7 修改拉伸深度 添加以下代码以修改拉伸特征的深度：

```
  Private Sub cmdGenerate_Click()
    Dim swApp As SldWorks.SldWorks
    Dim swModel As SldWorks.ModelDoc2
    Dim swSelMgr As SldWorks.SelectionMgr
    Dim count As Long
    Dim Feature As SldWorks.Feature
```

```
    Dim ExtrudeFeatureData As SldWorks.ExtrudeFeatureData2
    Dim retval As Boolean
    Dim Depth As Double
    Dim Factor As Integer
    Factor =CInt(txtDepth.Text)
    Set swApp = Application.SldWorks
    Set swModel = swApp.ActiveDoc
    Set swSelMgr = swModel.SelectionManager
    count =swSelMgr.GetSelectedObjectCount2(-1)
    If count < > 1 Then
      swApp.SendMsgToUser2 "Please select only Extrude1.", swMbWarning, swMbOk
      Exit Sub
    End If
    Set Feature =swSelMgr.GetSelectedObject6(count, -1)
    If Not Feature.GetTypeName2 = "Extrusion" Then
      swApp.SendMsgToUser2 "Please select only Extrude1.", swMbWarning, swMbOk
      Exit Sub
    End If
    Set ExtrudeFeatureData = Feature.GetDefinition
    Depth =ExtrudeFeatureData.GetDepth(True)
    ExtrudeFeatureData.SetDepth True, Depth * Factor
    retval = Feature.ModifyDefinition (ExtrudeFeatureData, swModel, Nothing)
End Sub
```


步骤 8　保存并运行宏　从 FeatureManager 设计树中选择 Extrude1 特征并运行宏。在倍增因数文本框中输入“5”，然后单击 Generate 按钮。
再次单击按钮，注意拉伸长度如何持续增加，如图 7-2 所示。结束后返回 VBA。

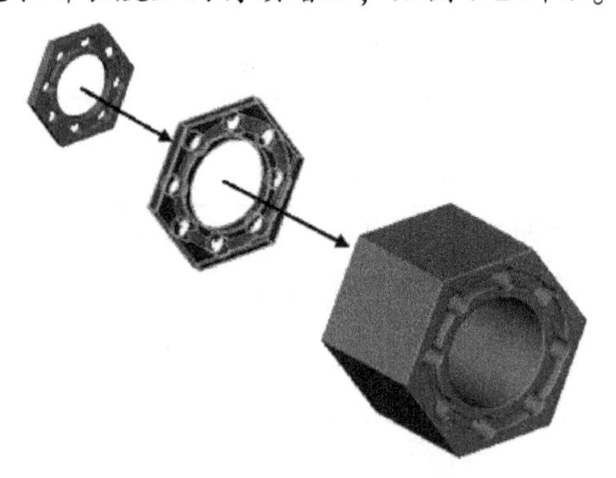

图 7-2　拉伸长度的变化

7.2 SOLIDWORKS BREP 模型

为了遍历 SOLIDWORKS 中的几何体，程序员应了解 SOLIDWORKS 使用的边界表示（BREP）模型以及 API 如何表示这些对象。SOLIDWORKS API 中使用了两种对象类型来表示 BREP 模型，如图 7-3 所示。

- 拓扑（Topology）对象中的成员用于操纵模型中所有几何形体边界。
- 几何（Geometry）对象中的成员用于处理定义拓扑所包围几何形体的数据。

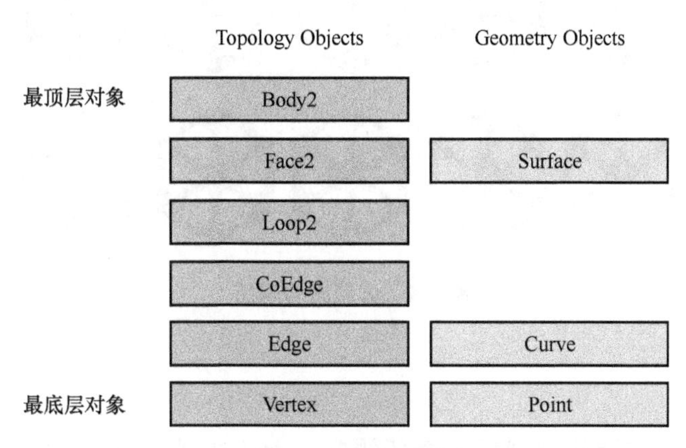

图 7-3　BREP 模型

Face2 对象是一个拓扑对象。所有 Face2 对象成员都返回关于该对象的拓扑数据，而不会返回关于该面所包围曲面实际大小的数据。要获得面的实际几何数据，需要调用访问器 Face2::GetSurface 返回指向基础曲面的指针。然后，可以使用如 Surface::GetBSurfaceParams 或 Surface::EvaluateAtPoint 之类的方法来查看该几何对象的实际形状。

- 遍历拓扑和几何　图 7-3 中的对象是按照连接它们时所必须遵循的顺序列出的。例如，必须首先连接一个 Body 指针，然后才能连接到 Face 指针。Body 对象具有一个名为 Body::GetFirstFace 的访问器方法，该方法将返回一个 Face 指针，指向在体上遇到的第一个面。Face 指针还具有一个名为 Face::GetNextFace 的访问器方法，该方法将返回指向体的下一个面的指针。将这些方法组合在一个循环结构中，程序员便可以遍历体上的所有面。该技术也适用于其他 BREP 对象。

提示　有些 BREP 对象拥有可以让程序员快速实现某些遍历的访问器。例如，要遍历一个面的所有边，程序员并不需要获得图 7-3 中每个上层对象的指针。Face2 对象具有一个名为 Face2::GetEdges 的访问器方法，此方法可以返回面上所有边的列表。尽管边的所有上层对象都有其特定的用途，但有时不必为了获得指向面的边指针而访问所有这些对象。

7.3　实例学习：体和面遍历

下面的宏将遍历零件（单个或多个实体）中所有的面，并修改每个面的颜色属性。它不需要用户通过选择面来使其正常运行，如图 7-4 所示。面遍历技术在 API 编程的许多领域都很重要，包括：

- 选择体中所有类型的面（如圆柱面、平面等）。
- 查找面以添加配合。
- 查找面上的边、线和点信息。
- 自动修改多个面。
- 给面添加属性。

图7-4　体和面的遍历

操作步骤

扫码看视频

步骤1　打开现有零件并创建一个新的宏　打开零件BodyFaceTraversal.sldprt。单击【新建宏】按钮并命名宏为BodyFaceTraversal.swp。

步骤2　添加代码到Sub Main　建立与SOLIDWORKS和当前活动文件的连接，输入如下代码：

```
Dim swApp As SldWorks.SldWorks
Dim swModel As SldWorks.ModelDoc2
Sub main()
  Set swApp = Application.SldWorks
  If Not swApp Is Nothing Then
    Set swModel = swApp.ActiveDoc
    If Not swModel Is Nothing Then
    End If
    Set swModel = Nothing
  End If
  Set swApp = Nothing
End Sub
```

步骤3　连接零件文件接口　此处的显式类型强制转换是为了可以在PartDoc指针上启用智能感知（IntelliSense），并不是必需的。转换时输入以下代码：

```
Dim swPart As SldWorks.PartDoc
Sub main()
  Set swApp = Application.SldWorks
  If Not swApp Is Nothing Then
    Set swModel = swApp.ActiveDoc
    If Not swModel Is Nothing Then
      'Notice the Explicit Type Casting
      Set swPart = swModel
      If Not swPart Is Nothing Then
      End If
      Set swPart = Nothing
```

```
      End If
      Set swModel = Nothing
    End If
    Set swApp = Nothing
  End Sub
```

7.3.1　返回体指针列表

PartDoc::GetBodies2 方法将返回零件文件中所有体的数组，用法见表 7-10。可以使用循环来遍历其返回的实体列表。

表 7-10　返回体指针列表

PartDoc::GetBodies2

retval = PartDoc. GetBodies2 (BodyType, VisibleOnly)

返回值	retval	包含指向体的 Dispatch 指针的 SafeArray
输入	BodyType	swSolidBody - solid body swSheetBody - sheet body swWireBody - wire body swMinimumBody - point body swGeneralBody - general, non-manifold body swEmptyBody - NULL body swAllBodies - all solid bodies
输入	VisibleOnly	True 仅获取可见的实体，False 获取零件中的所有实体

步骤 4　返回实体对象的指针数组

```
Dim swApp As SldWorks. SldWorks
Dim swModel As SldWorks. ModelDoc2
Dim swPart As SldWorks. PartDoc
Dim retval As Variant
Sub main()
  Set swApp = Application. SldWorks
  If Not swApp Is Nothing Then
    Set swModel = swApp. ActiveDoc
    If Not swModel Is Nothing Then
      'Notice the Explicit Type Casting
      Set swPart = swModel
      If Not swPart Is Nothing Then
        retval = swPart. GetBodies2 (SwConst. swSolidBody, True)
      End If
      Set swPart = Nothing
    End If
    Set swModel = Nothing
  End If
  Set swApp = Nothing
End Sub
```

步骤5　声明一个索引和一个面指针

```
Dim swApp As SldWorks.SldWorks
Dim swModel As SldWorks.ModelDoc2
Dim swPart As SldWorks.PartDoc
Dim retval As Variant
Dim i As Integer
Dim swFace As SldWorks.face2
```

步骤6　编写循环遍历面

```
Sub main()
  Set swApp = Application.SldWorks
  If Not swApp Is Nothing Then
    Set swModel = swApp.ActiveDoc
    If Not swModel Is Nothing Then
      Set swPart = swModel
      If Not swPart Is Nothing Then
        retval = swPart.GetBodies2(SwConst.swSolidBody, True)
        For i = 0 To UBound(retval)
          Set swFace = retval(i).GetFirstFace
          Do While Not swFace Is Nothing
          Loop
        Next i
      End If
      Set swPart = Nothing
    End If
    Set swModel = Nothing
  End If
  Set swApp = Nothing
End Sub
```


7.3.2 面材质属性

使用属性 Face2::MaterialPropertyValues 可获取或设置面的材质属性，见表7-11。材质属性包括面的颜色和视觉属性。模型中每个面的这些属性均可以被覆盖。

表7-11　面的材质属性

Face2::MaterialPropertyValues MaterialPropertyValues = Face2.MaterialPropertyValues ‘ Gets property Face2.MaterialPropertyValues = MaterialPropertyValues ‘ Sets property		
输出	MaterialPropertyValues	包含面的材质值的 SafeArray。返回值是一个 double 型数组，构成为： MaterialPropertyValues (0) ——红 MaterialPropertyValues (1) ——绿 MaterialPropertyValues (2) ——蓝 MaterialPropertyValues (3) ——环境光源 MaterialPropertyValues (4) ——扩散度 MaterialPropertyValues (5) ——高光度 MaterialPropertyValues (6) ——光泽度 MaterialPropertyValues (7) ——透明度 MaterialPropertyValues (8) ——发射度

步骤7 声明一个数组以保存面材质属性

```
Dim swApp As SldWorks.SldWorks
Dim swModel As SldWorks.ModelDoc2
Dim swPart As SldWorks.PartDoc
Dim retval As Variant
Dim i As Integer
Dim swFace As SldWorks.face2
Dim matProps(8) As Double
```

步骤8 设置面材质属性数值 添加代码，将数组传递给当前的面。

```
Sub main()
  Set swApp = Application.SldWorks
  If Not swApp Is Nothing Then
    Set swModel = swApp.ActiveDoc
    If Not swModel Is Nothing Then
      Set swPart = swModel
      If Not swPart Is Nothing Then
      matProps(0) = 1
      matProps(1) = 0
      matProps(2) = 0
      matProps(3) = 1
      matProps(4) = 1
      matProps(5) = 0.3
      matProps(6) = 0.3
      matProps(7) = 0
      matProps(8) = 0
      retval = swPart.GetBodies2(SwConst.swSolidBody, True)
      For i = 0 To UBound(retval)
        Set swFace = retval(i).GetFirstFace
        Do While Not swFace Is Nothing
          swFace.MaterialPropertyValues = matProps
        Loop
      Next i
      End If
      Set swPart = Nothing
    End If
    Set swModel = Nothing
  End If
  Set swApp = Nothing
End Sub
```

步骤9 遍历剩余的面

```
        Do While Not swFace Is Nothing
          swFace.MaterialPropertyValues = matProps
          swModel.ActiveView.GraphicsRedraw Nothing
```

```
                Set swFace = swFace.GetNextFace
              Loop
            Next i
          End If
          Set swPart = Nothing
        End If
        Set swModel = Nothing
      End If
      Set swApp = Nothing
    End Sub
```

步骤 10　保存并运行宏　结束后返回 VBA。

7.4　实例学习：遍历 FeatureManager

本实例中的宏将遍历 FeatureManager 设计树，并检索每个特征的显示名和类型名，如图 7-5 所示。代码设置了每个特征的压缩状态和用户界面可见状态，同时展示了如何从 FeatureManager 的顶部到底部遍历每个特征。最后，将演示如何从指定的 FeatureManager 设计树位置获取特征。

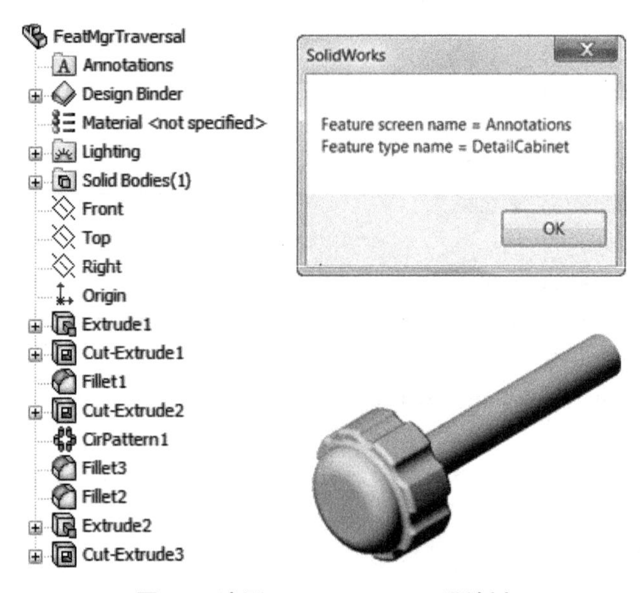

图 7-5　遍历 FeatureManager 设计树

操作步骤

步骤 1　打开现有零件和宏　打开零件 FeatMgrTraversal. sldprt 和宏 FeatMgrTraversal. swp。

扫码看视频

7.4.1　从顶部遍历 FeatureManager 设计树

要从顶部遍历 FeatureManager 设计树，需要建立一个循环。在进入循环之前，调用 Model-

Doc2::FirstFeature 方法返回指向 FeatureManager 设计树中第一个特征的指针，见表7-12。

表7-12　返回第一个特征的指针

ModelDoc2:FirstFeature retval = ModelDoc2. FirstFeature ( )		
返回值	retval	指向文件中第一个特征的 Dispatch 对象指针

在循环中连续调用 Feature::GetNextFeature 将继续遍历过程，见表7-13。

表7-13　获取下一个特征的指针

Feature:GetNextFeature retval = Feature. GetNextFeature ( )		
返回值	retval	指向下一个特征的 Dispatch 对象指针

步骤2　添加特征遍历代码

```
Dim swApp As SldWorks.SldWorks
Dim swModel As SldWorks.ModelDoc2
Dim swFeature As SldWorks.feature
Sub main()
  Set swApp = Application.SldWorks
  If Not swApp Is Nothing Then
    Set swModel = swApp.ActiveDoc
    If Not swModel Is Nothing Then
      Set swFeature = swModel.FirstFeature
      While Not swFeature Is Nothing
        Set swFeature = swFeature.GetNextFeature
      Wend
    End If
    Set swModel = Nothing
  End If
  Set swApp = Nothing
End Sub
```

7.4.2　显示特征名称和类型

属性 Feature::Name 用于获取特征的显示名称。Feature::GetTypeName2 方法用于返回特征的基础数据类型名称。

如果可能，尽量使用类型名称而不是显示名称。这样可以确保该程序可用于 SOLIDWORKS 的不同本地化版本（特征可能具有不同的显示名称）。这些版本的类型名称是无法改变的。

步骤3　获取并显示特征信息　声明一些变量，用来存储特征名称和类型。

```
Dim swApp As SldWorks.SldWorks
Dim swModel As SldWorks.ModelDoc2
Dim swFeature As SldWorks.feature
Dim FeatName As String
Dim FeatType As String
```

步骤4　返回特征名称和类型给用户

```
Sub main()
  Set swApp = Application.SldWorks
  If Not swApp Is Nothing Then
    Set swModel = swApp.ActiveDoc
    If Not swModel Is Nothing Then
      Set swFeature = swModel.FirstFeature
      While Not swFeature Is Nothing
        FeatName = swFeature.Name
        FeatType = swFeature.GetTypeName2
        MsgBox "Feature screen name = " &FeatName & vbCrLf & _
        "Feature type name = " &FeatType
        Set swFeature = swFeature.GetNextFeature
      Wend
    End If
    Set swModel = Nothing
  End If
  Set swApp = Nothing
End Sub
```

步骤5　保存并运行宏　结束后返回VBA，如图7-6所示。

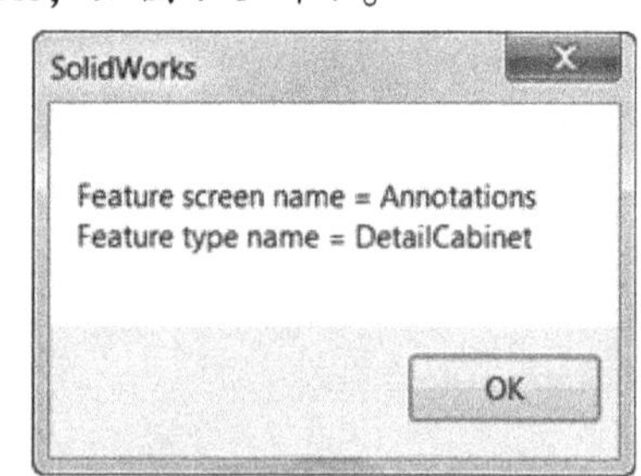

图7-6　运行宏

注意：草图名称在其父特征之前返回。特征遍历是按照特征在模型中创建的时间顺序进行的。因此，Sketch1会在Extrude1特征之前显示给用户。

7.4.3　设置特征压缩状态

调用Feature::SetSuppression2方法以压缩或取消压缩特征，见表7-14。

表 7-14　设置特征压缩状态

Feature::SetSuppression2

suppressSet = Feature. SetSuppression2 (suppressState, config_opt, config_names)

返回值	suppressSet	成功设置压缩状态返回 True，否则返回 False
输入	suppressState	swSuppressFeature swUnSuppressFeature swUnSuppressDependent
输入	config_opt	swInConfigurationOpts_e 中定义的配置选项
输入	config_names	配置名称数组

步骤 6　添加代码以压缩特征　这些代码可压缩 FeatureManager 设计树中所有的圆角特征。

使用单引号注释 MsgBox 函数调用，可以消除重复出现的对话框。

```
Dim swFeature As SldWorks.feature
Dim FeatName As String
Dim FeatType As String
Sub main()
  Set swApp = Application.SldWorks
  If Not swApp Is Nothing Then
    Set swModel = swApp.ActiveDoc
    If Not swModel Is Nothing Then
      Set swFeature = swModel.FirstFeature
      While Not swFeature Is Nothing
        FeatName = swFeature.Name
        FeatType = swFeature.GetTypeName2
        If FeatType = "Fillet" Then
          Dim suppressSet As Boolean
          Dim suppressState As Long
          suppressSet = swFeature.SetSuppression2 _
          (swSuppressFeature, swThisConfiguration, "")
        End If
        'MsgBox "Feature screen name = " & FeatName & vbCrLf & _
        "Feature type name = " &FeatType
        Set swFeature = swFeature.GetNextFeature
      Wend
    End If
    SetswModel = Nothing
  End If
  SetswApp = Nothing
End Sub
```

步骤 7　保存并运行宏　结束后返回 VBA。

7.4.4 设置特征 UI 状态

调用 Feature::SetUIState 方法控制 FeatureManager 设计树中特征的可见性，见表 7-15。

表 7-15 设置特征的可见性

Feature::SetUIState Feature. SetUIState (StateType, Flag)		
输入	StateType	swIsHiddenInFeatureMgr
输入	Flag	True 表示在 FeatureManager 设计树中隐藏特征的显示，否则为 False

步骤 8 隐藏所有特征 添加以下代码，隐藏 FeatureManager 设计树中所有的特征。

```
Dim swApp As SldWorks. SldWorks
Dim swModel As SldWorks. ModelDoc2
Dim swFeature As SldWorks. feature
Dim FeatName As String
Dim FeatType As String
Sub main()
  Set swApp = Application. SldWorks
  If Not swApp Is Nothing Then
    Set swModel = swApp. ActiveDoc
    If Not swModel Is Nothing Then
      Set swFeature = swModel. FirstFeature
      While Not swFeature Is Nothing
        swFeature. SetUIState swConst. swIsHiddenInFeatureMgr, True
        Set swFeature = swFeature. GetNextFeature
      Wend
      swModel. FeatureManager. UpdateFeatureTree
    End If
    Set swModel = Nothing
  End If
  Set swApp = Nothing
End Sub
```

步骤 9 保存并运行宏 结束后返回 VBA。

步骤 10 显示所有特征 将 Feature::SetUIState 的参数改为 False，重新运行宏。

注意 撤销（Undo）命令不适用于 UI 设置。

7.4.5 获取 FeatureManager 设计树指定位置的特征

调用 ModelDoc2::FeatureByPositionReverse 方法，从 FeatureManager 设计树中的特定位置获取特征，见表 7-16。此方法从 FeatureManager 中的最后一个特征开始，向上移动，直到指定的索引为止。

表 7-16　从指定位置获取特征

ModelDoc2::FeatureByPositionReverse

retval = ModelDoc2. FeatureByPositionReverse (PositionFromEnd)

返回值	retval	指向文件中自最后一个特征开始的第 n 个特征的指针
输入	PositionFromEnd	从最后一个特征开始的特征位置编号。若设为 0，则返回最后一个特征

步骤 11　修改代码　删除特征遍历代码，并将调用替换为 ModelDoc2::FeatureByPositionReverse 方法，代码如下所示：

```
Sub main()
  Set swApp = Application. SldWorks
  If Not swApp Is Nothing Then
    Set swModel = swApp. ActiveDoc
    If Not swModel Is Nothing Then
      Set swFeature = swModel. FeatureByPositionReverse(2)
      FeatName = swFeature. Name
      FeatType = swFeature. GetTypeName2
      MsgBox "Feature screen name = " &FeatName & vbCrLf & _
      "Feature type name = " &FeatType
      Set swModel = Nothing
    End if
    Set swApp = Nothing
  End If
End Sub
```

步骤 12　保存并运行宏

步骤 13　退出宏

练习 7-1　处理预选择 1

1. 训练目标

学习如何访问 SelectionManager 和获取被选中的对象类型。本练习要计算两个平行面之间的距离，因此宏必须对用户选择的对象和 SOLIDWORKS 软件识别为面的对象进行比较，如图 7-7 所示。

2. 使用的功能

- 处理选中的对象类型。
- 处理同时选择两个面。

3. 用到的 API

- ModelDoc2. SelectionManager
- SelectionMgr. GetSelectedObjectType3
- SelectionMgr. GetSelectedObject6
- Face2. GetSurface

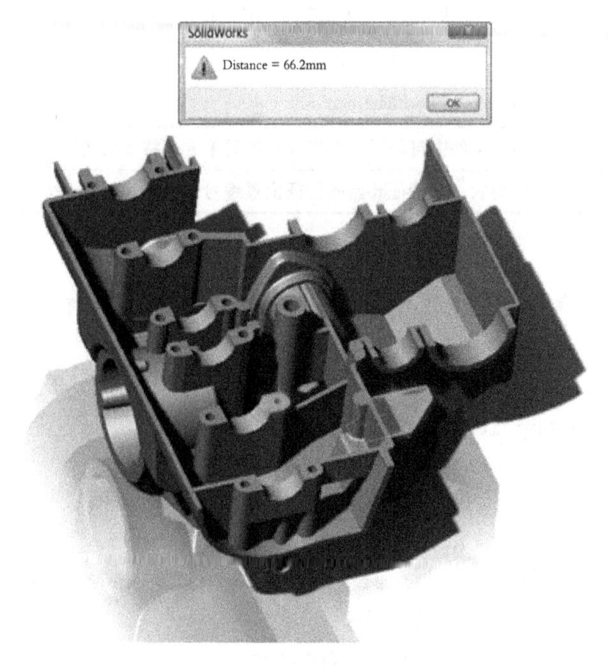

图7-7　处理预选择1

4. 操作步骤

扫码看视频

1）打开 bottomcase. sldprt。
2）打开 DistanceBetweenFaces. swp。
3）使用上面列出的 API 来处理预选择。
4）保存并运行宏。

5. 程序解答

```
Const ParallelDistTolerance As Double = 0.0001
Function Sq(Num As Double) As Double
  Sq = Num * Num
End Function
Sub main()
  Dim swApp As SldWorks.SldWorks
  Dim swModel As SldWorks.ModelDoc2
  Dim swSelMgr As SldWorks.SelectionMgr
  Dim SelType1 As Long
  Dim SelType2 As Long
  Dim swFace1 As SldWorks.face2
  Dim swFace2 As SldWorks.face2
  Dim swSurf1 As SldWorks.surface
  Dim swSurf2 As SldWorks.surface
  Dim varSelPt1 As Variant
  Dim varSelPt2 As Variant
  Dim varClosePt1 As Variant
  Dim varClosePt2 As Variant
  Dim Dist1 As Double
```

```
    Dim Dist2 As Double
    Dim bRet As Boolean
    Set swApp = Application.SldWorks
    Set swModel = swApp.ActiveDoc
    Set swSelMgr = swModel.SelectionManager
    SelType1 = swSelMgr.GetSelectedObjectType3(1, -1)
    SelType2 = swSelMgr.GetSelectedObjectType3(2, -1)
    If SelType1 < > swSelFACES Or SelType2 < > swSelFACES Then
      Exit Sub
    End If
    Set swFace1 = swSelMgr.GetSelectedObject6(1, -1)
    Set swFace2 = swSelMgr.GetSelectedObject6(2, -1)
    Set swSurf1 = swFace1.GetSurface
    Set swSurf2 = swFace2.GetSurface
    varSelPt1 = swSelMgr.GetSelectionPoint2(1, -1)
    varSelPt2 = swSelMgr.GetSelectionPoint2(2, -1)
     varClosePt1 = swSurf1.GetClosestPointOn (varSelPt2 (0), varSelPt2 (1),
varSelPt2(2))
     varClosePt2 = swSurf2.GetClosestPointOn (varSelPt1 (0), varSelPt1 (1),
varSelPt1(2))
    Dist1 =Sqr(Sq(varSelPt1(0) - varClosePt2(0)) + _
    Sq(varSelPt1(1) - varClosePt2(1)) + Sq(varSelPt1(2) - varClosePt2(2)))
    Dist2 =Sqr(Sq(varSelPt2(0) - varClosePt1(0)) + _
    Sq(varSelPt2(1) - varClosePt1(1)) + Sq(varSelPt2(2) - varClosePt1(2)))
    If Abs(Dist1 - Dist2) < = ParallelDistTolerance Then
      swApp.SendMsgToUser2 "Distance = " + _
      Str(Round(Dist1 * 1000, 2)) + " mm", swMbInformation, swMbOk
    Else
      swApp.SendMsgToUser2 "Faces not parallel", swMbInformation, swMbOk
    End If
  End Sub
```

练习 7-2 处理预选择 2

1. 训练目标

访问 SelectionManager，计算被选中对象的数目，检索所选对象的类型（边）并获取每个对象的基础曲线信息。本练习将显示所有预选边的总长度，如图 7-8 所示。

2. 使用的功能

- 处理被选中对象的类型。
- 使用选择计数来处理多个被选中对象。

3. 用到的 API

- ModelDoc2. SelectionManager
- SelectionMgr. GetSelectedObjectCount2
- SelectionMgr. GetSelectedObjectType3
- SelectionMgr. GetSelectedObject6

- Edge. GetCurve

图 7-8　处理预选择 2

4. 操作步骤

1）打开 bottomcase. sldprt。

2）打开 MultipleEdgeLength. swp。

3）使用上面列出的 API 来处理预选择。

4）保存并运行宏。

扫码看视频

5. 程序解答


```
Sub main()
  Dim swApp As SldWorks.SldWorks
  Dim swModel As SldWorks.ModelDoc2
  Dim swPart As SldWorks.PartDoc
  Dim swSelMgr As SldWorks.SelectionMgr
  Dim swSelObj As Object
  Dim swEdge As SldWorks.Edge
  Dim swCurve As SldWorks.Curve
  Dim SelType As Long
  Dim SelCount As Long
  Dim CurveParams As SldWorks.CurveParamData
  Dim StartParam As Double
  Dim EndParam As Double
  Dim Length As Double
  Dim bRet As Boolean
  Dim i As Long
  Dim retval As Double
  Set swApp = Application.SldWorks
  Set swModel = swApp.ActiveDoc
  Set swSelMgr = swModel.SelectionManager
  SelCount = swSelMgr.GetSelectedObjectCount2(-1)
```

```
    For i = 1 ToSelCount
      SelType = swSelMgr.GetSelectedObjectType3(i, -1)
      If swSelEDGES = SelType Then
        Set swSelObj = swSelMgr.GetSelectedObject6(i, -1)
        Set swEdge =swSelObj
        Set swCurve = swEdge.GetCurve
        Set CurveParams = swEdge.GetCurveParams3
        StartParam = CurveParams.UMinValue
        EndParam = CurveParams.UMaxValue
        retval = swCurve.GetLength3(StartParam, EndParam)
        Length = Length +retval
      End If
    Next i
    swApp.SendMsgToUser2 "Length = " + Str(Round(Length * 1000, _
    2)) + " mm",swMbInformation, swMbOk
End Sub
```

练习7-3　遍历FeatureManager设计树

1. 训练目标

学习如何遍历零件及其所有特征，如图7-9所示，识别特定的特征类型并将参数与常量值进行比较。本练习将演示如何将圆角半径与最小值（5mm）进行比较。

图7-9　遍历FeatureManager设计树

2. 用到的API

- PartDoc. FirstFeature
- Feature. GetTypeName2
- Feature. GetDefinition
- SimpleFilletFeatureData2. DefaultRadius
- Feature. Select2
- SimpleFilletFeatureData2. FilletItemsCount
- SimpleFilletFeatureData2. AccessSelections

- Feature. ReleaseSelectionAccess
- Feature. GetNextFeature

3. 操作步骤

扫码看视频

1）打开 bottomcase. sldprt。

2）打开 CheckFillets. swp。

3）使用上面列出的 API 来处理遍历。

4）保存并运行宏。

4. 程序解答

```
Const MinRadius = 0.005
Sub main()
  Dim swApp As SldWorks.SldWorks
  Dim swPart As PartDoc
  Dim swFeat As feature
  Dim FilletData As Object
  Dim FilletItem As Object
  Dim FeatTypeName As String
  Dim FilletCount As Long
  Dim i As Long
  Dim Radius As Double
  Dim retval As Boolean
  Dim SelFeat As Boolean
  Set swApp = Application.SldWorks
  Set swPart = swApp.ActiveDoc
  Set swFeat = swPart.FirstFeature
  swPart.ClearSelection2 True

  Do While Not swFeat Is Nothing
    FeatTypeName = swFeat.GetTypeName2
    If FeatTypeName = "Fillet" Then
      Set FilletData = swFeat.GetDefinition
      Radius =FilletData.DefaultRadius
      If Radius < =MinRadius Then
        retval = swFeat.Select2(True, 0)
      End If
      FilletCount = FilletData.FilletItemsCount
      If FilletCount > 0 Then
        retval = FilletData.AccessSelections(swPart, Nothing)
        For i = 0 ToFilletCount - 1
          Set FilletItem = FilletData. GetFilletItemAtIndex(i)
          Radius =FilletData.GetRadius(FilletItem)
          If Radius < =MinRadius Then
            SelFeat = True
            Exit For
          End If
```

```
        Next i
        FilletData.ReleaseSelectionAccess
        If SelFeat = True Then
          SelFeat = False
          retval = swFeat.Select2(True, 0)
        End If
      End If
    End If

    Set swFeat = swFeat.GetNextFeature
  Loop
End Sub
```

第 8 章　添加自定义属性和特性

学习目标

- 添加自定义属性和摘要信息到 SOLIDWORKS 模型文件
- 检索并修改现有的自定义属性值
- 创建、定义和注册属性定义
- 添加文件属性到文件
- 在模型中添加面属性
- 遍历模型属性以设置或获取其参数

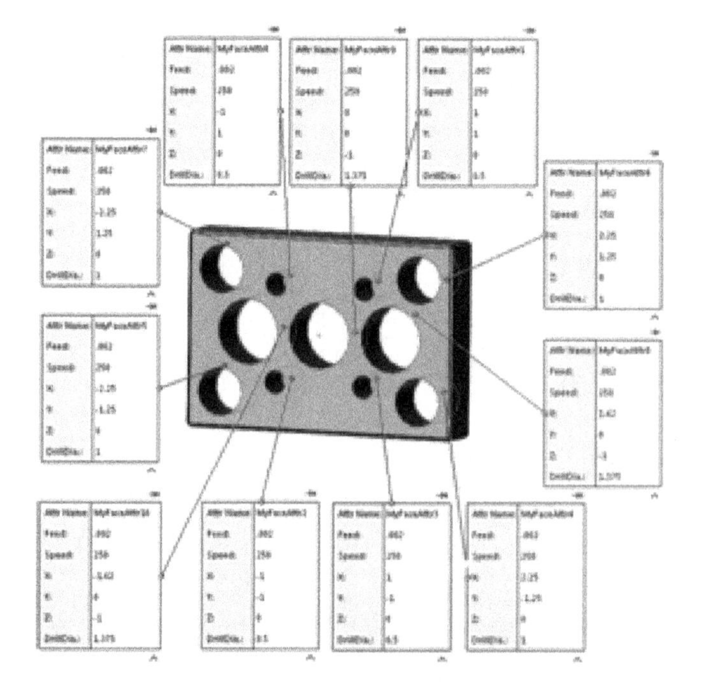

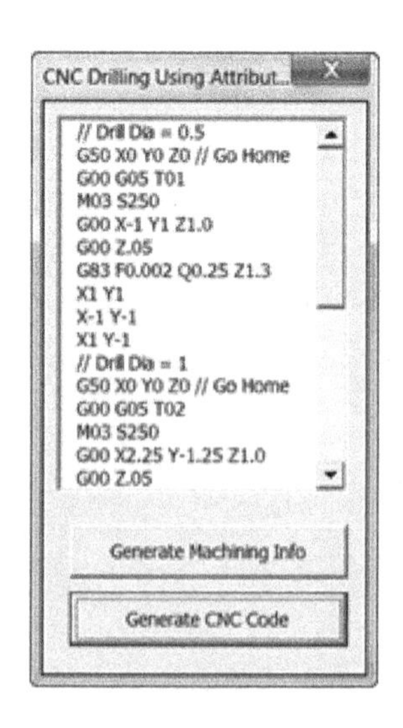

8.1 实例学习：自定义属性

自定义属性是保存在 SOLIDWORKS 模型文件中的用户定义的各种信息。单击【文件】/【属性】，然后单击【自定义】选项卡，可以显示任何 SOLIDWORKS 文件的自定义属性列表。本实例学习将演示如何以编程方式在 SOLIDWORKS 模型文件上添加和返回自定义属性值。图 8-1 所示为添加了一条自定义属性的属性自定义对话框。

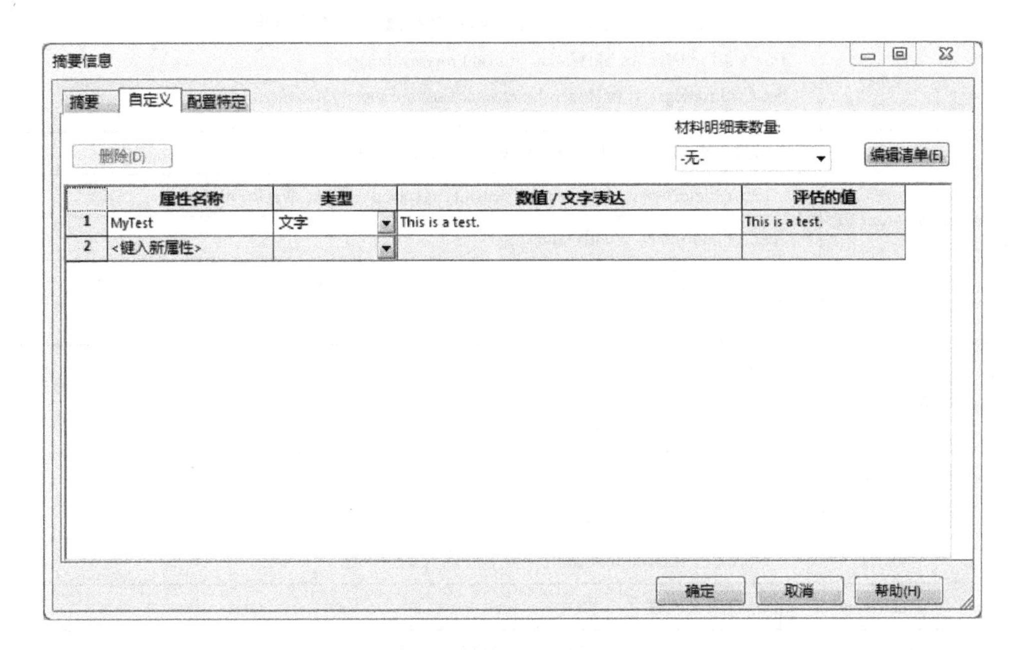

图 8-1 自定义属性

操作步骤

步骤 1 打开一个新零件并新建宏 单击宏工具栏上的【新建宏】按钮，命名宏为 CustomProps. swp。

步骤 2 早绑定到 SOLIDWORKS 软件并连接活动文件 添加以下代码行：

扫码看视频

```
Dim swApp As SldWorks.SldWorks
Dim swModel As SldWorks.ModelDoc2
Sub main()
  Set swApp = Application.SldWorks
  Set swModel = swApp.ActiveDoc
End Sub
```

8.1.1 添加自定义属性到 SOLIDWORKS 文件

CustomPropertyManager 对象允许访问文件或配置中的自定义属性，见表 8-1。

使用 CustomPropertyManager::Add3 方法可将自定义属性信息添加到文件或指定的配置中，见表 8-2。

表 8-1 访问自定义属性

<table>
<tr><td rowspan="1">CustomPropertyManager 对象（CusPropMgr）</td><td>CustomPropertyManager 对象具有允许在文件或特定配置中创建、存储和检索自定义属性的属性和方法。使用 ModelDocExtension::CustomPropertyManager 属性可以创建新的 CustomPropertyManager 对象
文件自定义属性信息保存在文件中。无论模型的配置如何，在只有一个值的情况下，自定义属性对文件是通用的；当它是特定于配置时，可以为每个配置设置不同的值
要访问通用的自定义属性信息，应将配置参数设为空字符串
Dim CusPropMgr As SldWorks. CustomPropertyManager
Set CusPropMgr = swModel. Extension. CustomPropertyManager("")</td></tr>
<tr><td rowspan="5">CustomPropertyManager 方法和属性</td><td>. Add3 (FieldName, FieldType, FieldValue, Overwrite)</td></tr>
<tr><td>. Get5 (FieldName, UseCached, valOut, resolvedValOut, WasResolved)</td></tr>
<tr><td>. Set (FieldName, FieldValue)</td></tr>
<tr><td>. GetNames ()</td></tr>
<tr><td>. Count</td></tr>
</table>

表 8-2 添加自定义属性

<table>
<tr><td colspan="3">CustomPropertyManager::Add3
retval = CustomPropertyManager. Add3 (FieldName, FieldType, FieldValue, Overwrite)</td></tr>
<tr><td>返回值</td><td>retval</td><td>枚举 swCustomInfoAddResult_e 中定义的返回值</td></tr>
<tr><td>输入</td><td>FieldName</td><td>自定义属性名</td></tr>
<tr><td>输入</td><td>FieldType</td><td>swCustomInfoType_e 中定义的自定义属性的类型</td></tr>
<tr><td>输入</td><td>FieldValue</td><td>自定义属性值</td></tr>
<tr><td>输入</td><td>Overwrite</td><td>swCustomPropertyAddOption_e 中定义的覆盖选项</td></tr>
</table>

步骤 3 添加代码，创建自定义属性

```
Sub main()
  Set swApp = Application.SldWorks
  Set swModel = swApp.ActiveDoc
  Dim CusPropMgr As SldWorks.CustomPropertyManager
  Set CusPropMgr = swModel.Extension. CustomPropertyManager("")
  Dim AddStatus As Long
  AddStatus = CusPropMgr.Add3("MyTest", swCustomInfoText, _
  "This is a test. ", swCustomPropertyReplaceValue)
End Sub
```

步骤 4 保存并运行宏 单击【文件】/【属性】，然后单击【自定义】选项卡，如图 8-2 所示。属性列表将显示新的属性名称、类型和值。

关闭对话框，然后返回 VBA 中编辑宏。

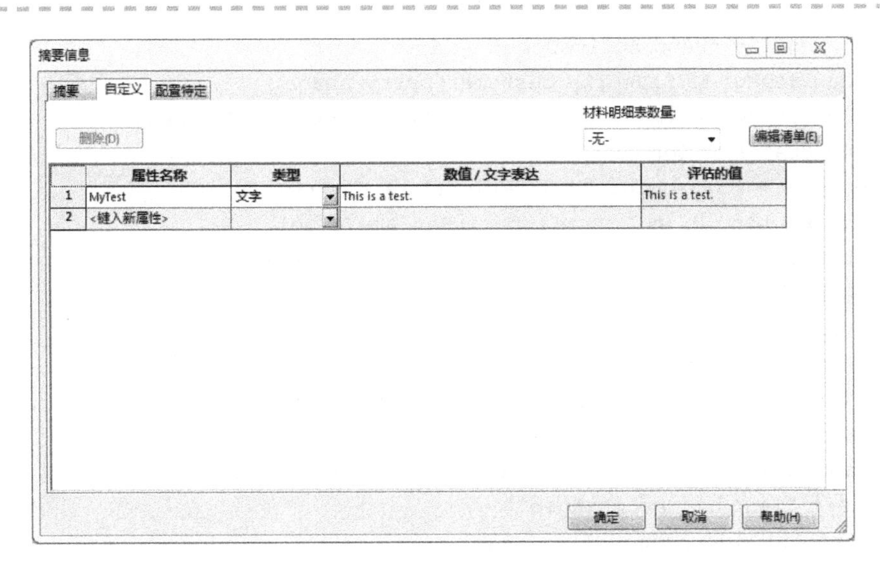

图 8-2 【自定义】选项卡

8.1.2 获取和设置自定义属性

分别使用 CustomPropertyManager::Get5 和 Set2 方法来获取和设置文件的自定义属性，见表 8-3和表 8-4。

表 8-3　获取自定义属性

CustomPropertyManager::Get5

retval = CustomPropertyManager. Get5 (FieldName, UseCached, valOut, resolvedValOut, WasResolved) ' Gets custom info

输出	retval	枚举 swCustomInfoGetResult_e 中定义的结果值
输入	FieldName	现有自定义属性的名称
输入	UseCached	True 表示可以接受缓存的配置信息，否则为 False
输出	valOut	现有自定义属性的值
输出	resolvedValOut	现有自定义属性的解析值
输出	WasResolved	True 表示值被评估，否则为 False

表 8-4　设置自定义属性

CustomPropertyManager::Set2

retval = CustomPropertyManager. Set2 (FieldName, FieldValue) ' Sets custom info

输出	retval	枚举 swCustomInfoSetResult_e 中定义的结果值
输入	FieldName	现有自定义属性的名称
输入	FieldValue	现有自定义属性的值

步骤 5　添加代码，将自定义属性值返回给用户

```
Sub main()
  Set swApp = Application.SldWorks
```

```
        Set swModel = swApp.ActiveDoc
        Dim CusPropMgr As SldWorks.CustomPropertyManager
        Set CusPropMgr = swModel.Extension. CustomPropertyManager("")
        Dim AddStatus As Long
        AddStatus = CusPropMgr.Add3("MyTest", swCustomInfoText, _
        "This is a test.", swCustomPropertyReplaceValue)
        ' Retrieve the value of a custom property called MyTest
        Dim ResValue As String
        Dim Value As String
        Dim WasResolved As Boolean
        CusPropMgr.Get5 "MyTest", False, Value, ResValue, WasResolved
        swApp.SendMsgToUser2 Value, swMbInformation, swMbOk
        ' Change the value of a custom property called MyTest
        Value = "Test has now changed!"
        Dim SetStatus As Long
        SetStatus = CusPropMgr.Set2("MyTest", Value)
        ' Retrieve the new value
        Value =""
        ResValue = ""
        CusPropMgr.Get5 "MyTest", False, Value, ResValue, WasResolved
        swApp.SendMsgToUser2 Value, swMbInformation, swMbOk
    End Sub
```

步骤6　保存并运行宏　自定义信息将被返回、修改，并再次返回给用户，如图8-3所示。完成后返回VBA。

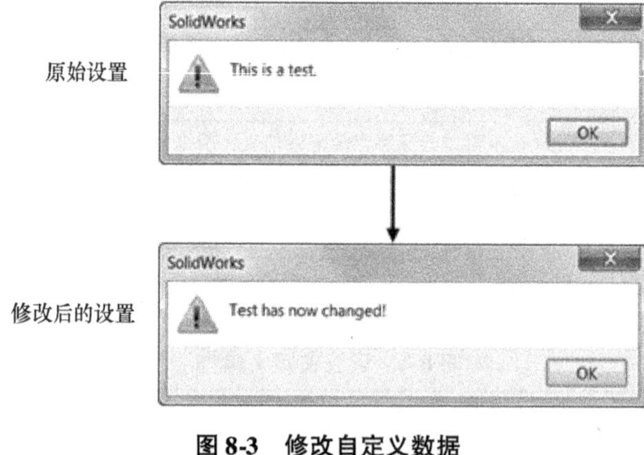

图8-3　修改自定义数据

8.1.3　获取自定义属性名

使用CustomPropertyManager::GetNames方法返回文件中定义的自定义属性名称列表，见表8-5。

表8-5　获取自定义属性名

CustomPropertyManager::GetNames retval = CustomPropertyManager.GetNames()		
返回值	retval	包含自定义属性名称字符串值的SafeArray

8.1.4 获取自定义属性数目

使用 CustomPropertyManager::Count 属性可返回已添加到文件中的自定义属性的数目，见表8-6。

表8-6 获取自定义属性数目

CustomPropertyManager::Count count = CustomPropertyManager.Count		
输出	count	自定义属性数

步骤7 修改代码 修改代码以添加多个属性，并将其名称返回给用户。

```
Dim swApp As SldWorks.SldWorks
Dim swModel As SldWorks.ModelDoc2
Sub main()
  Set swApp = Application.SldWorks
  Set swModel = swApp.ActiveDoc
  Dim CusPropMgr As SldWorks.CustomPropertyManager
  Set CusPropMgr = swModel.Extension. CustomPropertyManager("")
  Dim AddStatus As Long
  AddStatus = CusPropMgr.Add3("MyProp1", swCustomInfoNumber, _
  "1", swCustomPropertyReplaceValue)
  AddStatus = CusPropMgr.Add3("MyProp2", swCustomInfoNumber, _
  "2", swCustomPropertyReplaceValue)
  AddStatus = CusPropMgr.Add3("MyProp3", swCustomInfoNumber, _
  "3", swCustomPropertyReplaceValue)
  AddStatus = CusPropMgr.Add3("MyProp4", swCustomInfoNumber, _
  "4", swCustomPropertyReplaceValue)
  Dim retval() As String
  Dim i As Integer
  retval = CusPropMgr.GetNames
  For i = 0 ToUBound(retval)
    swApp.SendMsgToUser2 retval(i), swMbInformation, swMbOk
  Next
  Dim Count As Long
  Count =CusPropMgr.Count
  swApp.SendMsgToUser2 "You have " & Count & " custom properties. ",swMbIn-
formation, swMbOk
End Sub
```

步骤8 保存并运行宏 检查添加的自定义属性，如图8-4所示。退出宏并返回VBA。

摘要信息

摘要 | 自定义 | 配置特定

删除(D)　　材料明细表数量: -无-　　编辑清单(E)

	属性名称	类型	数值/文字表达	评估的值
1	MyTest	文字	Test has now changed!	Test has now changed!
2	MyProp1	数字	1	1
3	MyProp2	数字	2	2
4	MyProp3	数字	3	3
5	MyProp4	数字	4	4
6	<键入新属性>			

图8-4　添加的自定义属性

8.2　实例学习：带自定义属性的配置

在SOLIDWORKS软件中，自定义属性可以添加到模型的特定配置中。本实例将演示如何使用SOLIDWORKS API添加特定于配置的自定义属性。

宏的伪代码如下：

- 连接模型并遍历配置。
- 激活每个配置并返回模型的质量属性。
- 创建特定于配置的自定义属性，包括保存活动配置的密度、质量、体积和面积。

运行宏之后，用户可以检查特定于配置的自定义属性，如图8-5所示。

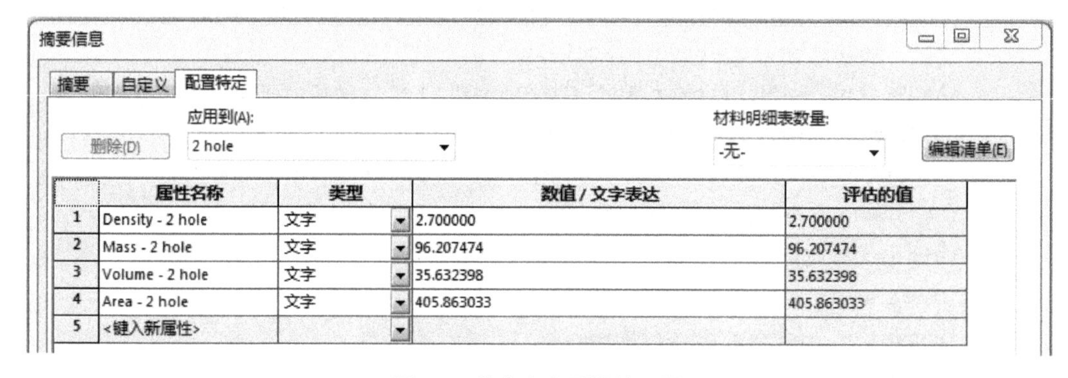
摘要信息

摘要 | 自定义 | 配置特定

删除(D)　　应用到(A): 2 hole　　材料明细表数量: -无-　　编辑清单(E)

	属性名称	类型	数值/文字表达	评估的值
1	Density - 2 hole	文字	2.700000	2.700000
2	Mass - 2 hole	文字	96.207474	96.207474
3	Volume - 2 hole	文字	35.632398	35.632398
4	Area - 2 hole	文字	405.863033	405.863033
5	<键入新属性>			

图8-5　带自定义属性的配置

注意

由于每种配置对应的模型几何信息都不同，所以每种配置的属性值也是不同的。

操作步骤

扫码看视频

步骤1　打开零件　打开文件CustomProperties.sldprt。它具有3个配置，如图8-6所示。

步骤2　打开宏　打开文件CustomPropsConfig.swp并查看代码。该代码将返回配置名称列表，并将其显示给用户。

步骤3　运行宏以显示配置名称　完成后返回VBA。

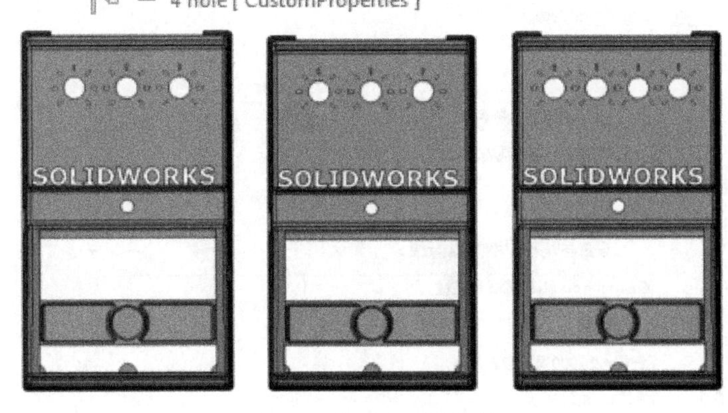

图 8-6　模型的配置特性

步骤 4　修改密度　添加以下代码以设置模型的密度。在遍历配置名称的循环中，注释 SendMsgToUser2 方法并激活每个配置。

```
Sub main()
  Set swApp = Application.SldWorks
  Set swModel = swApp.ActiveDoc
  Dim density As Double
  density = 2700
  swModel.Extension.SetUserPreferenceDouble _
  swMaterialPropertyDensity,swDetailingNoOptionSpecified, density
  retval = swModel.GetConfigurationNames()
  For i = 0 ToUBound(retval)
    'swApp.SendMsgToUser2 retval(i), swMbInformation, swMbOk
    swModel.ShowConfiguration2 retval(i)
  Next
End Sub
```

步骤 5　添加变量定义　为自定义属性管理器和添加自定义属性到配置时的返回值创建变量定义。

```
Sub main()
  Set swApp = Application.SldWorks
  Set swModel = swApp.ActiveDoc
  Dim CusPropMgr As CustomPropertyManager
  Dim AddStatus As Integer
  Dim density As Double
  density = 2700
```

8.2.1 从 SOLIDWORKS 模型返回质量属性

对宏进行编程，以返回模型的质量属性列表。在 SOLIDWORKS 用户界面中，可以通过从菜单中单击【工具】/【评估】/【质量属性】获得图 8-7 所示信息。

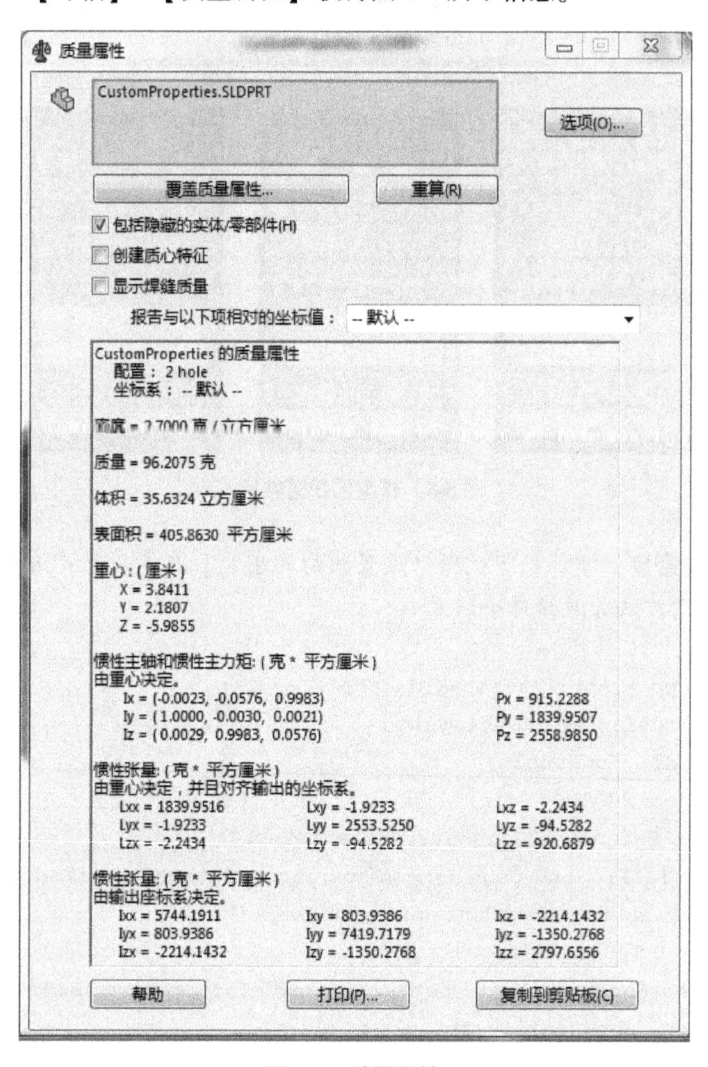

图 8-7 质量属性

8.2.2 使用 API 返回质量属性

要利用 SOLIDWORKS API 从模型返回质量属性，可以使用 MassProperty2 接口。通过调用 ModelDocExtension::CreateMassProperty2 方法将质量属性返回到此接口，从而获取模型的质量属性，并将密度、质量、体积和表面积等添加到模型配置的特定自定义属性中，见表 8-7。

表 8-7 MassProperty2 接口对象

MassProperty2 对象（massprops）	MassProperty2 对象具有显示和修改模型质量属性的属性和方法。这些属性包括质量、体积、惯性矩、质心等。使用 ModelDocExtension::CreateMassProperty2 属性可以创建新的 MassProperty2 对象： Dim massprops As SldWorks. MassProperty2 Set CusPropMgr = swModel. Extension. CreateMassProperty2 ()

（续）

MassProperty2 方法和属性	. AccuracyLevel
	. Mass
	. SetCoordinateSystem（Coords）
	. SurfaceArea
	. Volume

步骤6　从模型中获取质量属性　添加代码，从模型返回质量属性，并将其保存在配置文件的特定自定义属性中。添加的代码如下：

```
        swModel.ShowConfiguration2 retval(i)
        Dim massprops As MassProperty2
        Dim status As Long
        Set massprops = swModel.Extension.CreateMassProperty2()
        Set CusPropMgr = swModel.Extension.CustomPropertyManager(retval(i))
        AddStatus = CusPropMgr.Add3("Density - " & retval(i), _
        swCustomInfoText, Format(density / 1000, "###0.000000"), _
        swCustomPropertyReplaceValue)
        AddStatus = CusPropMgr.Add3("Mass - " & retval(i), _
        swCustomInfoText, Format(massprops.Mass * 1000, "###0.000000"), _
        swCustomPropertyReplaceValue)
        AddStatus = CusPropMgr.Add3("Volume - " & retval(i), _
        swCustomInfoText, Format(massprops.Volume * 1000* 1000, _
        "###0.000000"), swCustomPropertyReplaceValue)
        AddStatus = CusPropMgr.Add3("Area - " & retval(i), swCustomInfoText, _
        Format(massprops.SurfaceArea * 100 * 100, "###0.000000"), _
        swCustomPropertyReplaceValue)
    Next
End Sub
```

VBA自带的Format函数用于将质量属性方法返回值的精度格式化。它指定了小数点两侧的数字位数。在Microsoft Visual Basic Help中可以查看更多关于Format函数的信息。

步骤7　保存并运行宏　对比每个配置的自定义属性与质量属性的系统结果，它们应该是相匹配的，如图8-8所示。

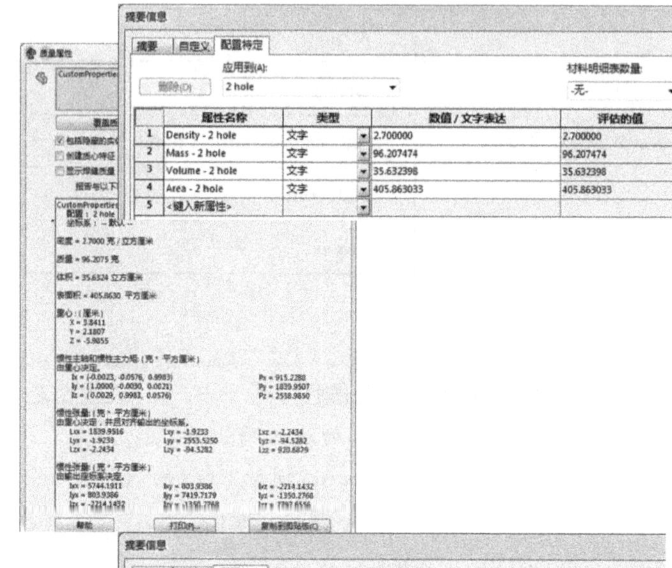

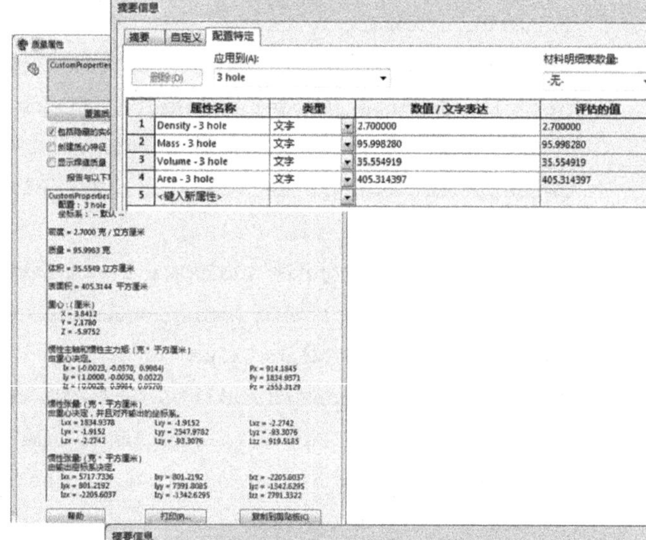

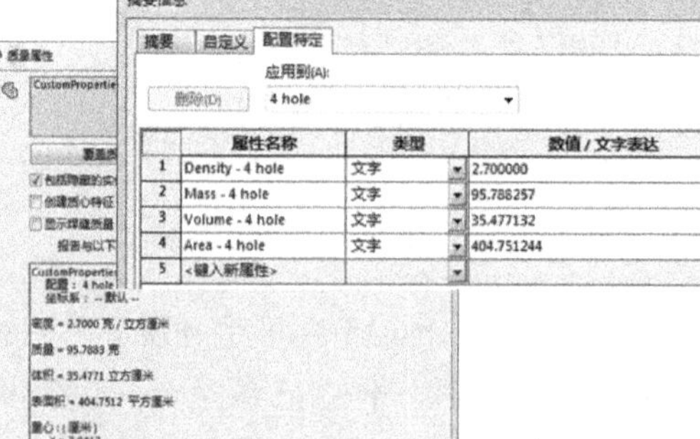

图 8-8　每个配置的自定义属性

8.3　实例学习：文件摘要信息

在 SOLIDWORKS 中，文件属性对话框的第一个选项卡给出了摘要信息。使用 API 也可以获取或设置此信息。要查看此信息，可以在 SOLIDWORKS 的【文件】菜单中单击【属性】，然后单击【摘要】选项卡。

- 添加摘要信息　调用 ModelDoc2::SummaryInfo 方法可获取或设置 SOLIDWORKS 文件的自定义文件摘要信息，见表 8-8。

表 8-8　设置摘要信息

```
ModelDoc2::SummaryInfo
  value = ModelDoc2.SummaryInfo (FieldId) ' Gets property.
  ModelDoc2.SummaryInfo (FieldId) = value ' Sets property.
```

返回值	value	字段的文本值
输入	FieldId	swSummInfoField_e 中定义的字段标识符

操作步骤

扫码看视频

步骤 1　查看宏代码　打开名为 CustomFileSummary.swp 的宏。用下面的代码连接模型并更改【摘要】选项卡上的各个字段。

```
Dim swApp As SldWorks.SldWorks
Dim swModel As SldWorks.ModelDoc2
Dim text As String
Sub main()
  Set swApp = Application.SldWorks
  Set swModel = swApp.ActiveDoc
  swModel.SummaryInfo(swSumInfoTitle) = "API Fundamentals"
  text = swModel.SummaryInfo(swSumInfoTitle)
  swModel.SummaryInfo(swSumInfoSubject) = "Adding custom file summary in-
formation"
  text = swModel.SummaryInfo(swSumInfoSubject)
  swModel.SummaryInfo(swSumInfoAuthor) = "SolidWorks Training"
  text = swModel.SummaryInfo(swSumInfoAuthor)
  swModel.SummaryInfo(swSumInfoKeywords) = ""
  text = swModel.SummaryInfo(swSumInfoKeywords)
  swModel.SummaryInfo(swSumInfoComment) = _
  "Use the ModelDoc2::SummaryInfo method" & " to add summary information."
  text = swModel.SummaryInfo(swSumInfoComment)
End Sub
```

步骤 2　运行宏并检查结果　【摘要】选项卡反映了宏所做的更改，如图 8-9 所示。

摘要信息

摘要 | 自定义 | 配置特定

作者(A): SolidWorks Training

关键字(K):

备注(C): Use the ModelDoc2::SummaryInfo method to add summary information.

标题(T): API Fundamentals

主题(S): Adding custom file summary information

统计

创建时间: 2002年11月8日 2:53:40

上次保存时间: 2019年11月22日 3:24:08

上次保存者: SBU

上次保存者： SOLIDWORKS 2020

确定 取消 帮助(H)

图 8-9 【摘要】选项卡

8.4 实例学习：文件属性

属性（Attribute）是一个用户定义的自定义变量的容器，程序员可以借助它将自定义变量保存到 SOLIDWORKS 模型中。这些自定义变量称为属性的参数。

与自定义属性不同，属性不会存储在 SOLIDWORKS 的自定义属性页中，而是直接存储在模型上。它们既可以直接存储在模型文件中，也可以存储在实际的模型几何体中。这种特性使得属性是可遍历的。程序员可以为模型的每个面保存一个属性，随后，便可以通过遍历模型几何体来检索或更改它们的参数，如图 8-10 所示。

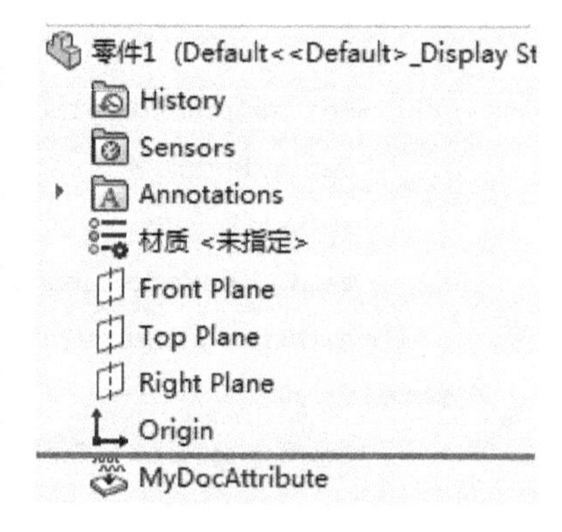

图 8-10 文件属性

与自定义属性相比，属性具有更大的存储能力，它们是自定义信息的容器。自定义属性仅允许用户为每个属性存储一条信息，而属性在这方面是没有限的。程序员可以定义一个属性，然后在其中保存许多不同类型的参数。

和自定义属性一样，属性也保存在 SOLIDWORKS 文件中。这种行为称为持久化。

- 命名属性　属性可以由程序员任意命名。但是，由于其他第三方应用程序也会使用属性，因此建议程序员在给属性命名时加上唯一的 3 个字符的前缀。

注意

如果应用程序作为由合作伙伴开发的第三方应用程序进行发布，则该应用程序的作者需要联系 SOLIDWORKS API 支持中心，并请求一个唯一的 3 个字符的前缀用于定义属性。可以将属性前缀请求发送到 apisupport@solidworks.com。

操作步骤

步骤 1　打开一个新建零件并新建宏　命名宏为 DocumentAttributes. swp。

步骤 2　连接 SOLIDWORKS 和活动文件　早绑定到 SOLIDWORKS 软件并连接模型。输入以下代码：

扫码看视频

```
Dim swApp As SldWorks.SldWorks
Dim swModel As SldWorks.ModelDoc2
Sub main()
  Set swApp = Application.SldWorks
  Set swModel = swApp.ActiveDoc
End Sub
```

8.5　属性对象

有 3 个 SOLIDWORKS 对象可用于创建和使用自定义属性。表 8-9 ~ 表 8-11 为这 3 个对象的详细介绍。

表 8-9　AttributeDef 对象

AttributeDef 对象（swAttDef）	AttributeDef 对象（attribute definition）用于创建存储自定义数据的容器。该对象用于描述属性中每个参数的名称、数据类型及默认值。使用 SldWorks::DefineAttribute 方法可创建新的 AttributeDef 对象 Dim swAtt As SldWorks. Attribute Set swAtt = swAttDef. CreateInstance5（Doc, OwnerObj, NameIn, Options, CfgOption）
AttributeDef 方法	. AddParameter（NameIn, Type, DefaultValue, Options）
	. Register
	. CreateInstance5（Doc, OwnerObj, NameIn, Options, CfgOption）

表 8-10　Attribute 对象

Attribute 对象（swAttr）	该对象用于在 SOLIDWORKS 文件中创建属性定义的实例。使用 AttributeDef::CreateInstance5 方法作为访问器连接 Attribute 对象： Dim swAtt As SldWorks. Attribute Set swAtt = swAttDef. CreateInstance5（Doc, OwnerObj, NameIn, Options, CfgOption）
Attribute 方法	. GetParameter（NameIn）
	. GetName
	. GetEntity
	. GetBody
	. Delete

表 8-11　Parameter 对象

Parameter 对象（swParam）	该对象用于获取或设置模型的属性参数，使用 Attribute::GetParameter 方法作为访问器连接 Parameter 对象： Dim swParam As SldWorks. Parameter Set swParam = swAtt. GetParameter（Name）

（续）

Parameter 方法	. GetName
	. GetType
	. GetDoubleValue & . SetDoubleValue2
	. GetStringValue & . SetStringValue2

本实例学习的后续步骤将定义一个属性，并将其在SOLIDWORKS中进行注册。

步骤3　声明并创建属性定义对象　在宏中添加如下代码：

```
Dim swApp As SldWorks.SldWorks
Dim swModel As SldWorks.ModelDoc2
Dim swAttDef As SldWorks.attributeDef
Sub main()
  Set swApp = Application.SldWorks
  Set swModel = swApp.ActiveDoc
  Set swAttDef = swApp.DefineAttribute("pubMyDocAttributeDef")
End Sub
```

步骤4　添加并注册属性参数

```
  Set swAttDef = swApp.DefineAttribute("pubMyDocAttributeDef")
  swAttDef.AddParameter "MyFirstParameter", SwConst.swParamTypeDouble, 10, 0
  swAttDef.AddParameter "MySecondParameter", SwConst.swParamTypeDouble, 20, 0
  swAttDef.Register
End Sub
```

步骤5　创建属性实例　第二个参数设置为Nothing，表示该属性是在模型文件上创建的。

```
Dim swAttDef As SldWorks.attributeDef
Dim swAtt As SldWorks.Attribute
Sub main()
  Set swApp = Application.SldWorks
  Set swModel = swApp.ActiveDoc
  Set swAttDef = swApp.DefineAttribute("pubMyDocAttributeDef")
  swAttDef.AddParameter "MyFirstParameter", SwConst.swParamTypeDouble, 10, 0
  swAttDef.AddParameter "MySecondParameter", SwConst.swParamTypeDouble, 20, 0
  swAttDef.Register
  Set swAtt = swAttDef.CreateInstance5(swModel, Nothing, _
  "MyDocAttribute", 0, SwConst.swAllConfiguration)
End Sub
```

提示　下一个实例学习将演示直接在模型几何对象上创建属性。

步骤 6　显示属性参数值　以下代码用于显示属性参数值：

```
Dim swAttDef As SldWorks.attributeDef
Dim swAtt As SldWorks.Attribute
Dim swParam1 As SldWorks.Parameter
Dim swParam2 As SldWorks.Parameter
Sub main()
  Set swApp = Application.SldWorks
  Set swModel = swApp.ActiveDoc
  Set swAttDef = swApp.DefineAttribute("pubMyDocAttributeDef")
  swAttDef.AddParameter "MyFirstParameter", SwConst.swParamTypeDouble,
10, 0
  swAttDef.AddParameter "MySecondParameter", SwConst.swParamTypeDouble,
20, 0
  swAttDef.Register
  Set swAtt = swAttDef.CreateInstance5(swModel, Nothing, _
  "MyDocAttribute", 0, SwConst.swAllConfiguration)
  Set swParam1 = swAtt.GetParameter("MyFirstParameter")
  Set swParam2 = swAtt.GetParameter("MySecondParameter")
  MsgBox "There is one attribute on this file, " &vbCrLf & _
  "with two parameters. " &vbCrLf & _
  "Parameter 1 = " &swParam1.GetDoubleValue & vbCrLf & _
  "Parameter 2 = " &swParam2.GetDoubleValue
End Sub
```

步骤 7　保存并运行宏　查看 FeatureManager 设计树，如图 8-11 所示。设计树上的最后一个特征便是由宏创建的属性，如图 8-12 所示。

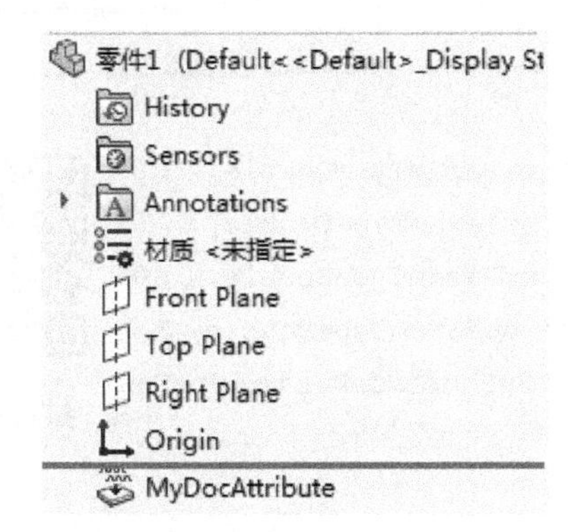

图 8-11　FeatureManager 设计树

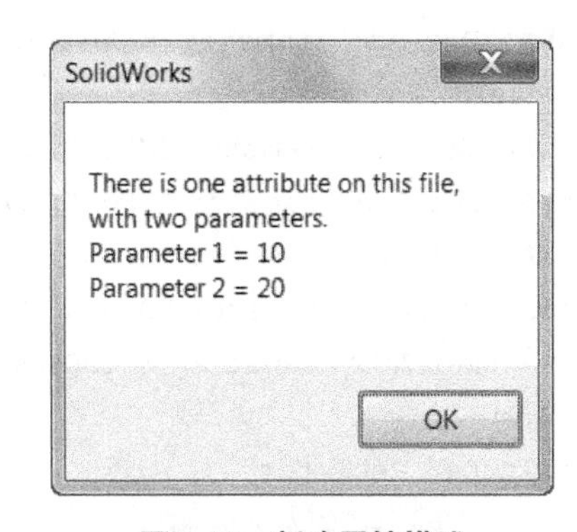

图 8-12　新建属性描述

步骤 8　退出宏

8.6　实例学习：面属性

本实例学习将演示如何为多孔板创建 CNC 钻孔程序。

用户界面上的 Generate Machining Info（生成加工信息）按钮的响应程序将遍历板上的几何体，并在指定面上保存属性。更具体地说，代码将遍历零件上的所有面，当遇到圆柱面时，将 CNC 加工信息存储在该面的属性中，如图 8-13所示。

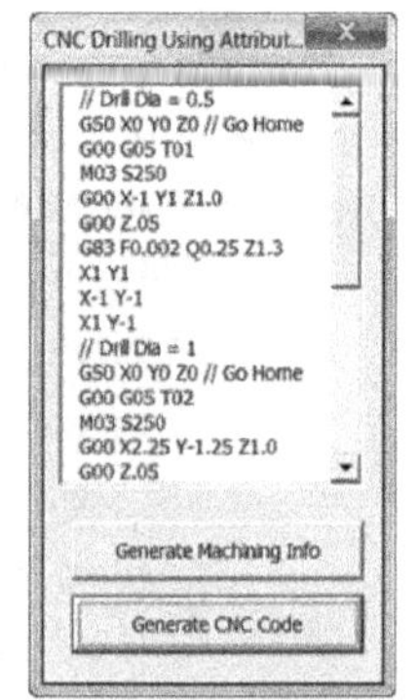

图 8-13　面属性

该属性的参数为：

- Feed Rate（进给速度）
- Speed Rate（速度）
- XPositionn
- YPositionn
- ZPositionn
- Hole Depth（孔深）
- Hole Diameter（孔径）

操作步骤

步骤 1　打开零件和宏　打开零件 Drillplate. sldprt 和宏 FaceAttribute. swp。

在 VBA 中，通过在 Project Explorer 中双击"UserForm1"来显示窗体，如图 8-14 所示。

图 8-14　UserForm1

步骤 2　创建属性定义并添加参数　在窗体的任意空白区域双击即可打开 UserForm_Activate 事件。在显示的位置添加以下代码：

```
    'Create an Attribute Definition here.
    Set swAttDef = swApp. DefineAttribute ("pubMyFaceAttributeDef")
    swAttDef. AddParameter " FeedRate ", SwConst. swParam TypeDouble, 10, 0
    swAttDef. AddParameter " SpeedRate ", SwConst. swParam TypeDouble, 20, 0
    swAttDef. AddParameter "XPos", SwConst. swParamTypeDouble, 0, 0
    swAttDef. AddParameter "YPos", SwConst. swParamTypeDouble, 0, 0
    swAttDef. AddParameter "ZPos", SwConst. swParamTypeDouble, 0, 0
    swAttDef. AddParameter "Depth", SwConst. swParamTypeDouble, 0, 0
    swAttDef. AddParameter "HoleDiameter", SwConst. swParam TypeDouble, 0, 0
    swAttDef. Register
```

扫码看视频

> **注意**　一旦命名和注册了一个属性定义，程序员就无法在 SOLIDWORKS 的同一个运行会话中新建相同名称的属性定义。

8.6.1　查找圆柱面和关联属性

目前已经在 UserForm_Activate 事件中进行了属性定义并将其注册到了 SOLIDWORKS。宏的下一个任务将是遍历几何体，并将此属性的实例关联到所有的模型圆柱面上。为了节省时间，遍历代码已添加到宏中。本实例学习的以下步骤将在几何遍历代码中创建属性的实例。

步骤3 创建面属性实例 再次显示用户窗体，然后双击 Generate Machining Info 按钮。添加以下代码，在模型的圆柱面上创建属性的实例：

```
Private Sub cmdGenerateMachiningInfo_Click()
  Set CalloutHandler = New AttCalloutHandler
  Set CalloutCollection = New Collection
  Set swPart = swModel
  If Not swPart Is Nothing Then
    retval = swPart.GetBodies2(swSolidBody, True)
    For i = 0 To UBound(retval)
      Dim j As Integer
      j = 0
      Set swFace = retval(i).GetFirstFace
      Do While Not swFace Is Nothing
        Dim swSurface As surface
        Set swSurface = swFace.GetSurface
        If swSurface.IsCylinder Then
          Dim cylParams As Variant
          cylParams = swSurface.CylinderParams
          Set swAtt = swAttDef.CreateInstance5 _
          (swModel, swFace, "MyFaceAttribute-" & j, 0, SwConst.swAllConfig-
uration)
          j=j+1
        End If
        Set swFace = swFace.GetNextFace
      Loop
    Next i
  End If
  Set swPart = Nothing
End Sub
```

步骤4 设置属性的参数值 一旦创建了属性，便可以获取属性参数或设置参数值。调用 CreateInstance5 方法之后，立即添加以下代码：

```
Set swAtt = swAttDef.CreateInstance5 (swModel, swFace, _
"MyFaceAttribute-" & j, 0, SwConst.swAllConfiguration)
If Not swAtt Is Nothing Then
  Set swAttParam = swAtt.GetParameter ("FeedRate")
  bRet = swAttParam.SetDoubleValue2 (0.002, SwConst.swAllConfigu-
ration, "")
  Set swAttParam = swAtt.GetParameter ("SpeedRate")
  bRet = swAttParam.SetDoubleValue2 (250, SwConst.swAllConfigura-
tion, "")
  Set swAttParam = swAtt.GetParameter ("XPos")
  bRet = swAttParam.SetDoubleValue2 (cylParams(0) / 0.0254, _
  SwConst.swAllConfiguration, "")
  Set swAttParam = swAtt.GetParameter ("YPos")
  bRet = swAttParam.SetDoubleValue2 (cylParams(1) / _
  0.0254,SwConst.swAllConfiguration, "")
```

```
            Set swAttParam = swAtt.GetParameter ("ZPos")
            bRet = swAttParam.SetDoubleValue2 (cylParams(2) / _
            0.0254,SwConst.swAllConfiguration, "")
            Set swAttParam = swAtt.GetParameter "HoleDiameter")
            bRet = swAttParam.SetDoubleValue2 ((cylParams(6) / _
            0.0254) * 2,SwConst.swAllConfiguration, "")
            Set swAttParam = swAtt.GetParameter ("Depth")
            bRet = swAttParam.SetDoubleValue2(1.3, SwConst. swAllConfiguration, "")
            Set swAtt = Nothing
          End If
        j =j +1
        End If
      Set swFace = swFace.GetNextFace
      Loop
      Next i
    End If
    Set swPart = Nothing
  End Sub
```

8.6.2 在模型视图中显示标注

Callout 对象用于在模型视图中创建和显示 SOLIDWORKS 风格的标注，如图 8-15 所示。在这

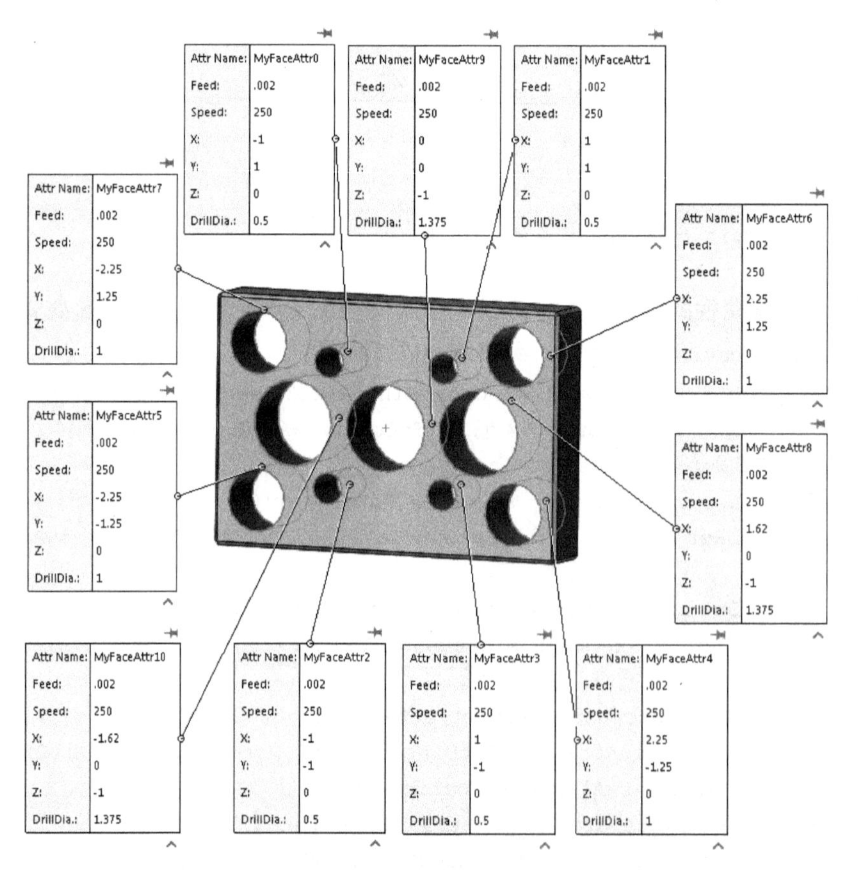

图 8-15　模型上的 Callout

个例子中，它用于向程序员提供反馈，以确保遍历代码正常工作。本例中的 Callout 对象由 SelectData 对象引用，作为第二个参数传递给 swFace. Select4 方法。调用 Select4 后，可以调用 Callout. ValueInactive（）方法来阻止用户编辑 Callout 中的行，见表 8-12。

表 8-12 Callout 对象

Callout 对象（swCallOut）	使用 SelectionMgr::CreateCallout2 作为访问器创建 Callout 对象的实例： Dim swCallout As SldWorks. Callout Set swCallout = swSelMgr. CreateCallout2（7，CalloutHandler）
Callout 成员	. Label2
	. TargetStyle
	. Value
	. ValueInactive

步骤 5 添加代码以显示标注信息 在选择面之前，将标注对象格式定义为属性名、速度、进给速度和圆柱面值。

将 Callout 对象设置为 SelectData 对象的 Callout 属性，并将其作为第二个参数传递给 Entity::Select4 方法。

```
    Set swAttParam = swAtt.GetParameter ("Depth")
    bRet = swAttParam.SetDoubleValue2(1.3, SwConst.swAllConfiguration, "")
    Dim swSelMgr As SldWorks.SelectionMgr
    Set swSelMgr = swModel.SelectionManager
    'Create a callout object
    Dim swCallout As SldWorks.Callout
    Set swCallout = swSelMgr.CreateCallout2 (7, CalloutHandler)
    swCallout.TargetStyle = SwConst.swCalloutTargetStyle_e.swCalloutTarget-
Style_Circle
    swCallout.Label2(0) = "Attr Name"
    swCallout.Value(0) = "MyFaceAttr" & j
    swCallout.Label2(1) = "Feed"
    swCallout.Value(1) = ".002"
    swCallout.Label2(2) = "Speed"
    swCallout.Value(2) = "250"
    swCallout.Label2(3) = "X"
    swCallout.Value(3) = Round(cylParams(0) / 0.0254, 2)
    swCallout.Label2(4) = "Y"
    swCallout.Value(4) = Round(cylParams(1) / 0.0254, 2)
    swCallout.Label2(5) = "Z"
    swCallout.Value(5) = Round(cylParams(2) / 0.0254, 2)
    swCallout.Label2(6) = "DrillDia."
    swCallout.Value(6) = (cylParams(6) / 0.0254) * 2
    CalloutCollection.Add swCallout
```

```
Dim SelData As SldWorks.SelectData
Set SelData = swSelMgr.CreateSelectData
SelData.Callout = swCallout
SelData.Mark = 0
swFace.Select4 True, SelData
swCallout.ValueInactive(0) = True
Set swAtt = Nothing
```

8.6.3 创建CNC代码

现在，Generate Machining Info按钮的所有代码都已经完成了，不需要再向工程添加更多的代码。但是，还需要查看一下Generate CNC Code按钮单击事件的代码。此事件处理程序中的代码用于格式化CNC代码。下面的步骤将重点关注从模型现有属性中收集参数值的代码。

8.6.4 属性类型遍历

尽管Generate Machining Info按钮中的代码已经专门将属性与模型的面实体关联起来，但Generate CNC Code按钮的代码依然会采取特征遍历的方式来获取属性，而非几何体遍历。

因为属性是特征的一种，所以尽管属性存在于模型的面上，但是程序员仍然可以通过FeatureManager设计树访问它们。

在多数情况下，通过遍历FeatureManager设计树的方式获取属性的速度会更快。这是因为一个模型虽然可能有数千个面，但却只有几百个特征。遍历几百个特征来检索属性数据当然要比遍历上千个面快得多。

提示：如果程序员决定以遍历几何的方式获取属性，可以使用Entity::FindAttribute方法从遍历的实体返回属性指针。

步骤6 查看属性检索代码 在VBA中显示用户窗体并双击Generate CNC Code按钮，了解如何遍历属性以及如何从参数中提取数据。

```
Private Sub cmdGenerateCNCCode_Click()
  Dim FirstPass As Boolean
  FirstPass = True
  Dim i As Integer
  i = 0
  swModel.ClearSelection2 (True)
  Dim swFeature As SldWorks.feature
  Set swFeature = swModel.FirstFeature
  While Not swFeature Is Nothing
    If swFeature.GetTypeName2 = "Attribute" Then
      swFeature.Select2 True, 0
      Set swAtt = swFeature.GetSpecificFeature2
      Dim paramHoleDia As SldWorks.Parameter
      Set paramHoleDia = swAtt.GetParameter ("HoleDiameter")
      Dim paramFeedRate As SldWorks.Parameter
      Set paramFeedRate = swAtt.GetParameter("FeedRate")
```

```
        Dim paramSpeedRate As SldWorks.Parameter
        Set paramSpeedRate = swAtt.GetParameter("SpeedRate")
        Dim paramXPos As SldWorks.Parameter
        Set paramXPos = swAtt.GetParameter("XPos")
        Dim paramYPos As SldWorks.Parameter
        Set paramYPos = swAtt.GetParameter("YPos")
        Dim paramZPos As SldWorks.Parameter
        Set paramZPos = swAtt.GetParameter("ZPos")
        Dim paramDepth As SldWorks.Parameter
        Set paramDepth = swAtt.GetParameter("Depth")
        If paramHoleDia.GetDoubleValue <> DrillDiameter Then
          FirstPass = True
          i = i + 1
        End If
        DrillDiameter = paramHoleDia.GetDoubleValue
        If FirstPass = True Then
          ListBox1.AddItem "// Drill Dia = " & paramHoleDia.GetDoubleValue
          ListBox1.AddItem "G50 X0 Y0 Z0 // Go Home"
          ListBox1.AddItem "G00 G05 T0" & i
          ListBox1.AddItem "M03 S" & paramSpeedRate.GetDoubleValue
          ListBox1.AddItem "G00 X" & paramXPos.GetDoubleValue & _
          " Y" & paramYPos.GetDoubleValue & " Z1.0"
          ListBox1.AddItem "G00 Z.05"
          ListBox1.AddItem "G83 F" & paramFeedRate.GetDoubleValue & _
          " Q" & paramHoleDia.GetDoubleValue / 2 & " Z" & paramDepth.GetDoubleValue
        Else
          ListBox1.AddItem "X" & paramXPos.GetDoubleValue _
          & " Y" & paramYPos.GetDoubleValue
        End If
          FirstPass = False
      End If
      Set swFeature = swFeature.GetNextFeature
      Wend
    'End of CNC program
    ListBox1.AddItem "G50 X0 Y0 Z0"
    ListBox1.AddItem "M30"
  End Sub
```

步骤 7　保存并运行宏　单击 Generate Machining Info 按钮。模型上的圆柱面将会高亮显示，并且标注也会显示在模型视图中。检查 FeatureManager 设计树中列出的多个属性，如图 8-16 所示。

步骤 8　单击 Generate CNC Code 按钮　检查添加到用户窗体列表框中的 CNC 代码，调试宏。使用断点，单步调试按钮事件，以全面了解该工程，如图 8-17 所示。

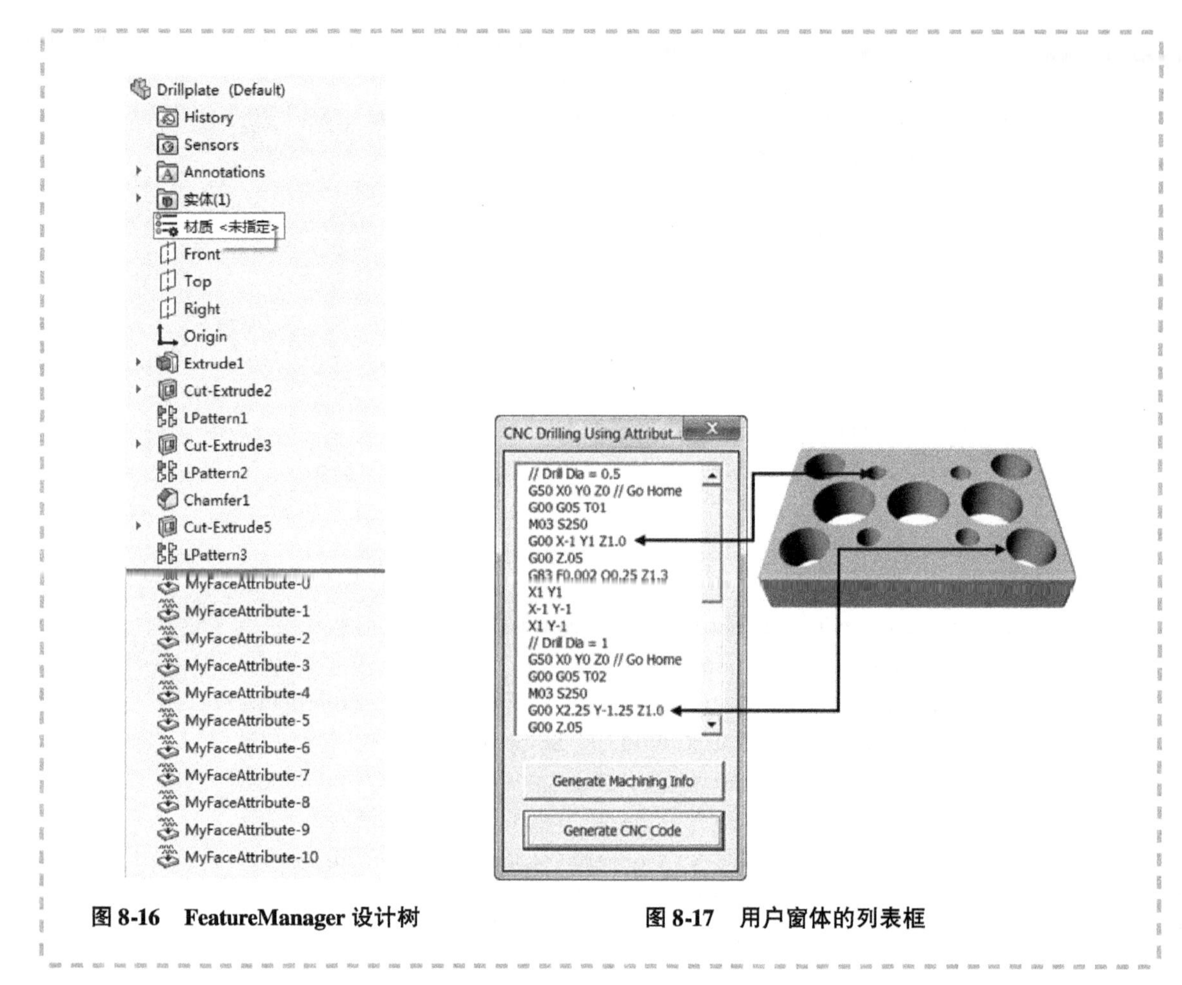

图 8-16　FeatureManager 设计树　　　　图 8-17　用户窗体的列表框

8.6.5　隐藏属性信息

在这些实例学习中创建的属性在 FeatureManager 设计树中都是可见的。在大多数情况下，程序员会希望对用户隐藏属性信息。AttributeDef::CreateInstance5 方法允许程序员实现对属性的隐藏操作，调用时只需将“1”传递给该方法的第 4 个参数即可，见表 8-13。

表 8-13　隐藏属性信息

AttributeDef::CreateInstance5 retval = AttributeDef. CreateInstance5 (ownerDoc, ownerObj, nameIn, options, configurationOption)		
返回值	retval	指向新创建的 Attribute 对象的指针
输入	ownerDoc	向其 FeatureManager 设计树添加属性的文件
输入	ownerObj	向其添加属性的部件或实体
输入	nameIn	属性实例的名称
输入	options	创建控制选项
输入	configurationOption	枚举 swInConfigurationOpts_ e 中定义的配置选项

提示　使用 Feature::SetUIState 方法可以使已隐藏的属性变得可见。一旦属性可见，便可以通过任何选择 API 对其进行选择。

练习 8-1　添加质量属性到自定义属性

1. 训练目标

通过设置材料密度、处理所有配置和添加该数据为自定义属性来获取零件质量属性，如图 8-18所示。

设置材料为铝（密度 = 2.7g/cm^3）。

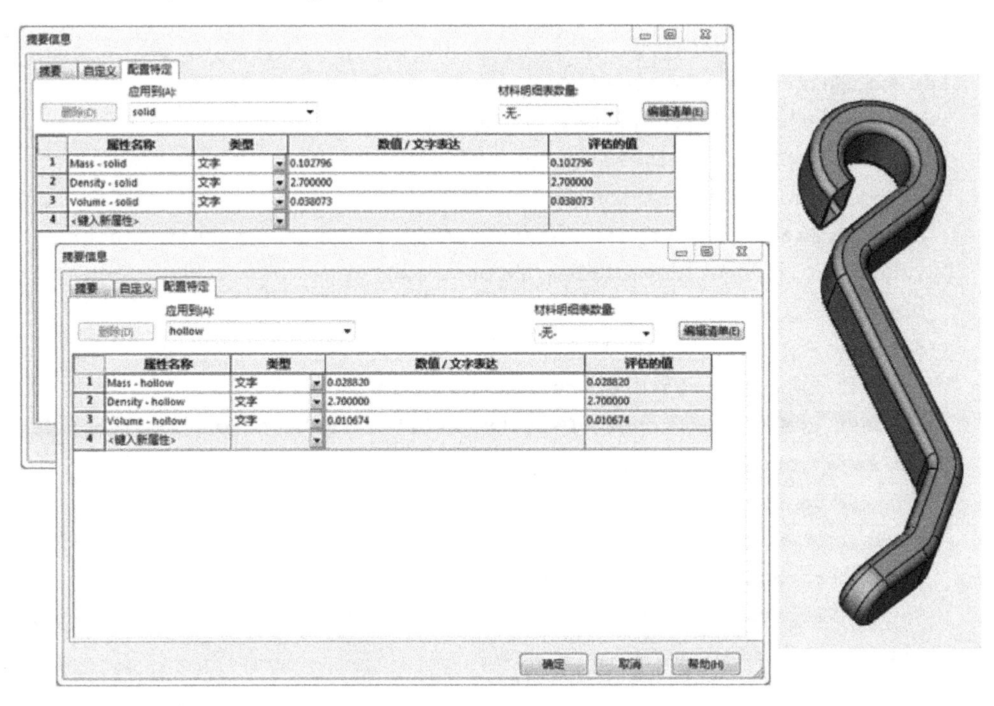

图 8-18　添加质量属性到自定义属性

2. 使用的功能

- 处理配置。
- 获取质量属性。
- 添加自定义属性。

3. 用到的 API

- ModelDoc2. GetConfigurationNames
- ModelDoc2. ShowConfiguration2
- ModelDocExtension. SetUserPreferenceInteger
- ModelDocExtension. SetUserPreferenceDouble
- ModelDocExtension. GetMassProperties2
- ModelDocExtension. CustomPropertyManager
- CustomPropertyManager. Add3

4. 操作步骤

1）打开 latchpin. sldprt。

2）新建一个名为 CustPropsMassProps. swp 的宏。

3）使用上面列出的 API 自动添加自定义属性。

4）保存并运行宏。

扫码看视频

5. 程序解答

```
Option Explicit
Dim swApp As SldWorks.SldWorks
Dim swModel As SldWorks.ModelDoc2
Dim retval() As String
Dim i As Integer
Sub main()
  Set swApp = Application.SldWorks
  Set swModel = swApp.ActiveDoc
  retval = swModel.GetConfigurationNames()
  For i = 0 To UBound(retval)
    swModel.ShowConfiguration2 retval(i)
    swModel.Extension.SetUserPreferenceInteger SwConst.swUnitsLinear, _
    swDetailingNoOptionSpecified,SwConst.swCM
    Dim density As Double
    density = 2700
    swModel.Extension.SetUserPreferenceDouble _
    SwConst.swMaterialPropertyDensity, swDetailingNoOptionSpecified, density
    Dim massprops As Variant
    Dim status As Long
    massprops = swModel.Extension.GetMassProperties2 (1, status, True)
    Dim CusPropMgr As SldWorks.CustomPropertyManager
    Set CusPropMgr = swModel.Extension.CustomPropertyManager(retval(i))
    Dim AddStatus As Long

    AddStatus = CusPropMgr.Add3 ("Mass - " & retval(i), swCustomInfoText, _
    Format(massprops(5) * 1000, "###0.000000"), swCustomPropertyReplaceValue)
    AddStatus = CusPropMgr.Add3 ("Density - " & retval(i), _
    swCustomInfoText, Format(density / 1000, "###0.000000"), swCustomPropertyRe-
placeValue)
    AddStatus = CusPropMgr.Add3 ("Volume - " & retval(i), swCustomInfoText, For-
mat _
    (massprops(3) * 1000 * 1000, "###0.000000"), swCustomPropertyReplaceValue)
  Next
End Sub
```

练习 8-2　为边添加属性

1. 训练目标

遍历零件的所有面和边，查找所有的直线。使用 Curve::IsLine 方法确定曲线类型，如图 8-19所示。

如果是直线：

- 确定直线长度。
- 选择直线。
- 关联一个标注到该直线。

- 在直线上保存属性。
- 添加直线编号及其长度到窗体的列表框。

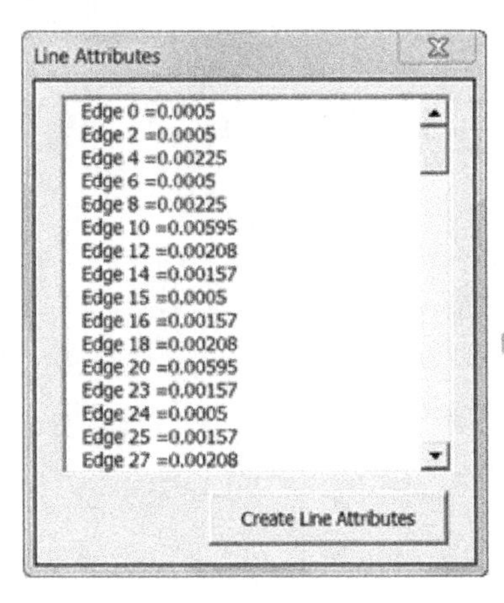

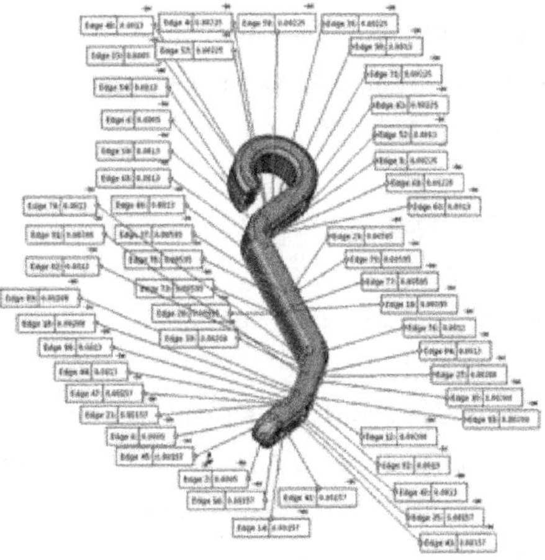

图 8-19　为边添加属性

2. 使用的功能

- 遍历实体。
- 检查曲线类型。
- 返回曲线的长度。
- 添加属性信息。
- 添加标注。

3. 用到的 API

- SldWorks. DefineAttribute
- SldWorks. AddParameter
- SldWorks. Register
- PartDoc. GetBodies2
- Body2. GetFirstFace
- Face2. GetEdges
- Edge. GetCurve
- Curve. IsLine
- AttributeDef. CreateInstance5
- Attribute. GetParameter
- Edge. GetCurveParams3
- CurveParamData. UMinValue
- CurveParamData. UMaxValue
- Curve. GetLength3
- Parameter. SetDoubleValue2
- ModelDoc2. SelectionManager
- SelectionMgr. CreateCallout2
- Callout. TargetStyle
- Callout. Label2
- Callout. Value
- SelectionMgr. CreateSelectData
- SelectData. Callout
- Entity. Select4
- Face2. GetNextFace

4. 操作步骤

1）打开零件 latchpin. sldprt。
2）打开宏 EdgeAttributes. swp。
3）使用上面列出的 API 自动添加边属性。

扫码看视频

5. 程序解答

```
Option Explicit
Dim swApp As SldWorks.SldWorks
```

```
Dim swModel As SldWorks.ModelDoc2
Dim swPart As SldWorks.PartDoc
Dim swAttDef As SldWorks.attributeDef
Dim swAtt As SldWorks.Attribute
Dim swAttParam As SldWorks.Parameter
Dim retval As Variant
Dim i As Integer
Dim j As Integer
Dim k As Integer
Dim swFace As SldWorks.face2
Dim bRet As Boolean
Dim CalloutCollection As Collection
Dim CalloutHandler As AttCalloutHandler
Private Sub btnCreateLineAttributes_Click()
  Set swPart = swModel
  If Not swPart Is Nothing Then
    Set CalloutHandler = New AttCalloutHandler
    Set CalloutCollection = New Collection

    retval = swPart.GetBodies2(swSolidBody, True)
    For i = 0 To UBound(retval)
      Dim j As Integer
      j = 0
      Set swFace = retval(i).GetFirstFace
      Do While Not swFace Is Nothing
        Dim i_Edges As Variant
        i_Edges = swFace.GetEdges
        For k = 0 To UBound(i_Edges)
          Dim i_curve As Curve
          Set i_curve = i_Edges(k).GetCurve
          If i_curve.IsLine Then
            Set swAtt = swAttDef.CreateInstance5(swModel, _
            i_Edges(k), "LineAttribute" & j, 0, swAllConfiguration)
            If Not swAtt Is Nothing Then
              Set swAttParam = swAtt.GetParameter("LineLength")
              Dim curveParams As CurveParamData
              Set curveParams = i_Edges(k).GetCurveParams3
              Dim StartParam As Double
              Dim EndParam As Double
              StartParam = curveParams.UMinValue
              EndParam = curveParams.UMaxValue

              Dim linelength As Double
              linelength = i_curve.GetLength3(StartParam, EndParam)
              linelength = Round(linelength, 5)
```

```
            bRet = swAttParam.SetDoubleValue2(linelength, swAllConfiguration, "")
            Dim swSelMgr As SelectionMgr
            Set swSelMgr = swModel.SelectionManager
            'Create a callout object
            Dim swCallout As SldWorks.Callout
            Set swCallout = swSelMgr.CreateCallout2(1, CalloutHandler)
            swCallout.TargetStyle = swCalloutTargetStyle_e.swCalloutTarget-
Style _Circle
            'Set the label with the values of the geometry.
            swCallout.Label2(0) = "Edge " & j
            swCallout.Value(0) = linelength
            ListBox1.AddItemswCallout.Label2(0) & " =" & swCallout.Value(0)
            CalloutCollection.Add swCallout

            'Use Select4 to add the callout to the selection
            Dim SelData As SldWorks.SelectData
            Set SelData = swSelMgr.CreateSelectData
            SelData.Callout = swCallout
            SelData.Mark = 0
            i_Edges(k).Select4 True,SelData
            Set swAtt = Nothing
          End If
        End If
        j = j + 1
      Next k
      Set swFace = swFace.GetNextFace
    Loop
  Next i
  Set swPart = Nothing
 End If
End Sub
Private Sub UserForm_Activate()
 Set swApp = Application.SldWorks
 Set swModel = swApp.ActiveDoc
 If swModel Is Nothing Then
   MsgBox "There is no open document to run this macro on."
   Exit Sub
 End If
 If swModel.GetType < > swDocPART Then
   MsgBox "This code only works on a part document."
   Exit Sub
 End If
 Set swAttDef = swApp.DefineAttribute("pubLineAttributeDef")
 swAttDef.AddParameter "LineLength", swParamTypeDouble, 10, 0
 swAttDef.Register
End Sub
```

第 9 章　SOLIDWORKS API SDK

学习目标

- 安装 SOLIDWORKS API SDK
- 创建一个 Microsoft VisualBasic . NET 插件
- 创建一个 Microsoft Visual C#. NET 插件
- 创建一个 Microsoft Visual C ++ 插件

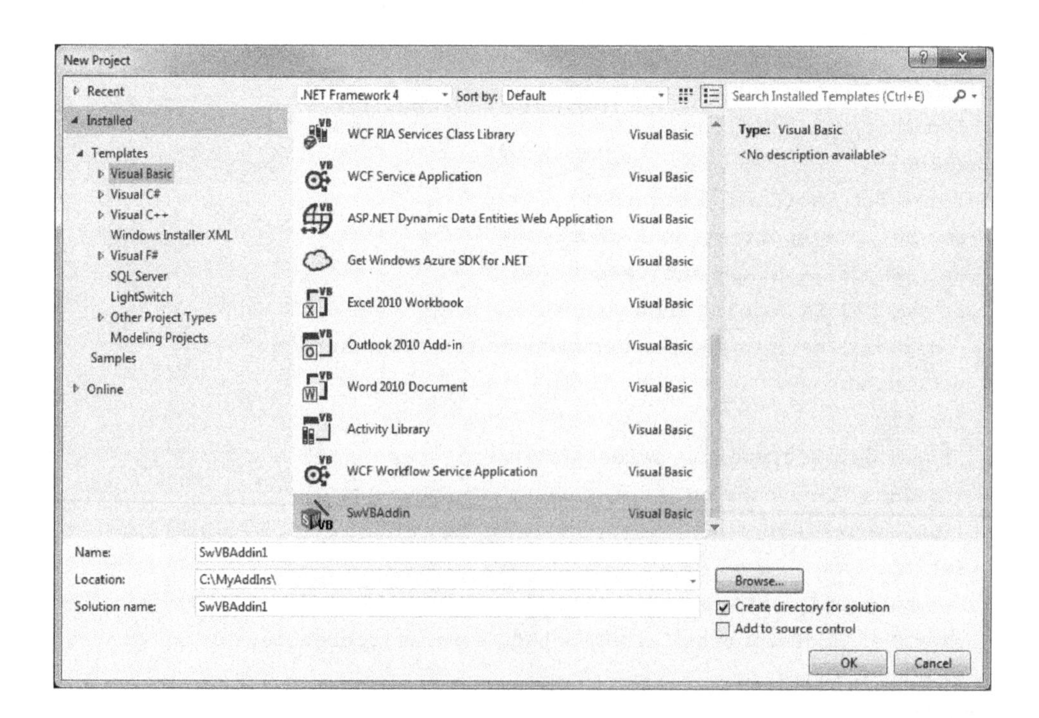

9.1　API SDK

API SDK 是 SOLIDWORKS 提供的软件开发工具包（Software Development Kit），供开发人员编写与 SOLIDWORKS 软件交互的插件程序。SDK 提供了在 Visual Studio 的多个版本环境下创建 SOLIDWORKS 插件应用程序的模板。

- SDK 的安装　要使用 SDK，必须从 SOLIDWORKS 安装盘运行安装程序。该安装程序可以在 apisdk 文件夹中找到。一旦安装成功，用户便可以在 Visual Studio 中使用 SOLIDWORKS 插件开发模板和向导。

操作步骤

步骤 1　安装 SDK　双击名为 SOLIDWORKS API SDK. msi 的文件，开始安装，如图 9-1所示。

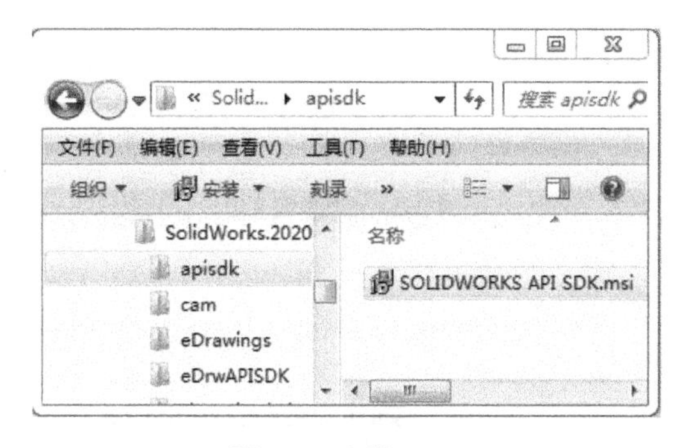

图 9-1　安装 SDK

步骤 2　进入安装界面　单击【Next】按钮继续安装，如图 9-2 所示。

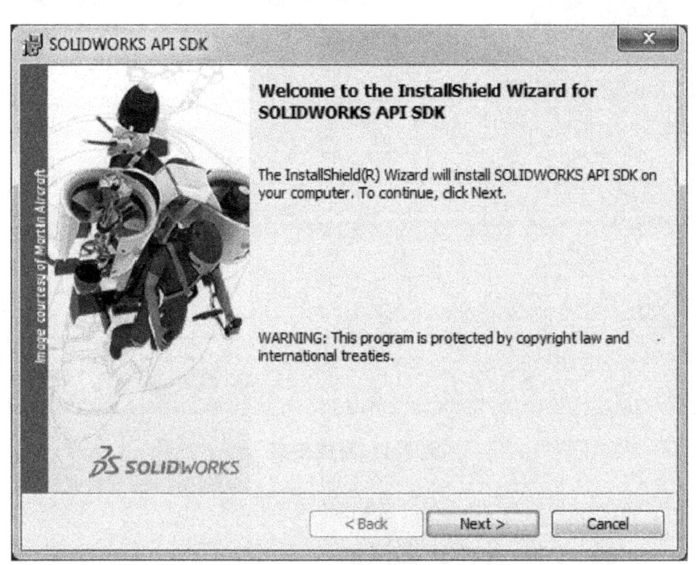

图 9-2　进入安装界面

步骤 3　继续安装　单击【Install】按钮，如图 9-3 所示。

步骤 4　完成安装　单击【Finish】按钮退出安装向导，如图 9-4 所示。

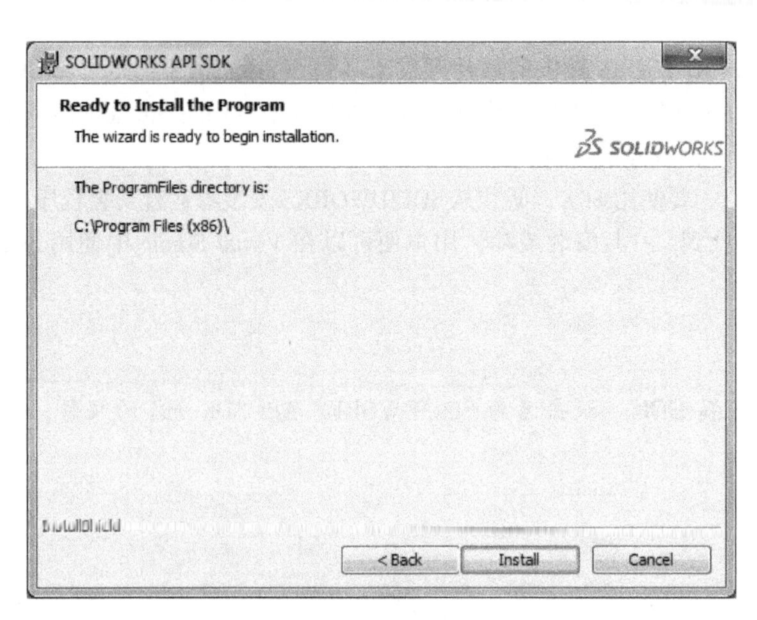

图 9-3　继续安装

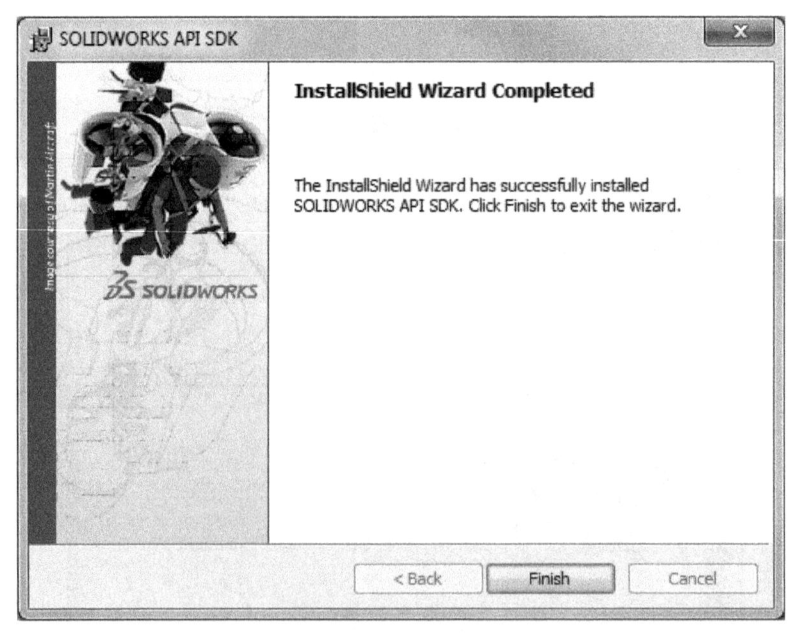

图 9-4　完成安装

9.2　实例学习：创建 VB. NET 插件

现在 SDK 已经成功安装，可以使用任何 . NET 编程语言创建 SOLIDWORKS 插件应用程序。目前，所有代码均使用 Visual Basic 编程语言编写。在下面的实例学习中，将使用 Microsoft Visual Basic 2012。

提示　如果使用的是 Visual Basic 的其他版本，那么屏幕显示的图像和菜单可能与本章中的图像和菜单有所不同。

操作步骤

扫码看视频

步骤 1　使用 Visual Basic. NET 创建新的 SOLIDWORKS 插件　打开 Visual Studio，单击菜单中的【File】/【New】/【Project】。

在【Installed】/【Templates】中选择【Visual Basic】。在 Visual Basic 模板列表中单击【SwVBAddin】。在【Name】中输入“SwVBAddIn1”。

为该项目选择一个合适的存储位置后单击【OK】按钮，如图 9-5 所示。

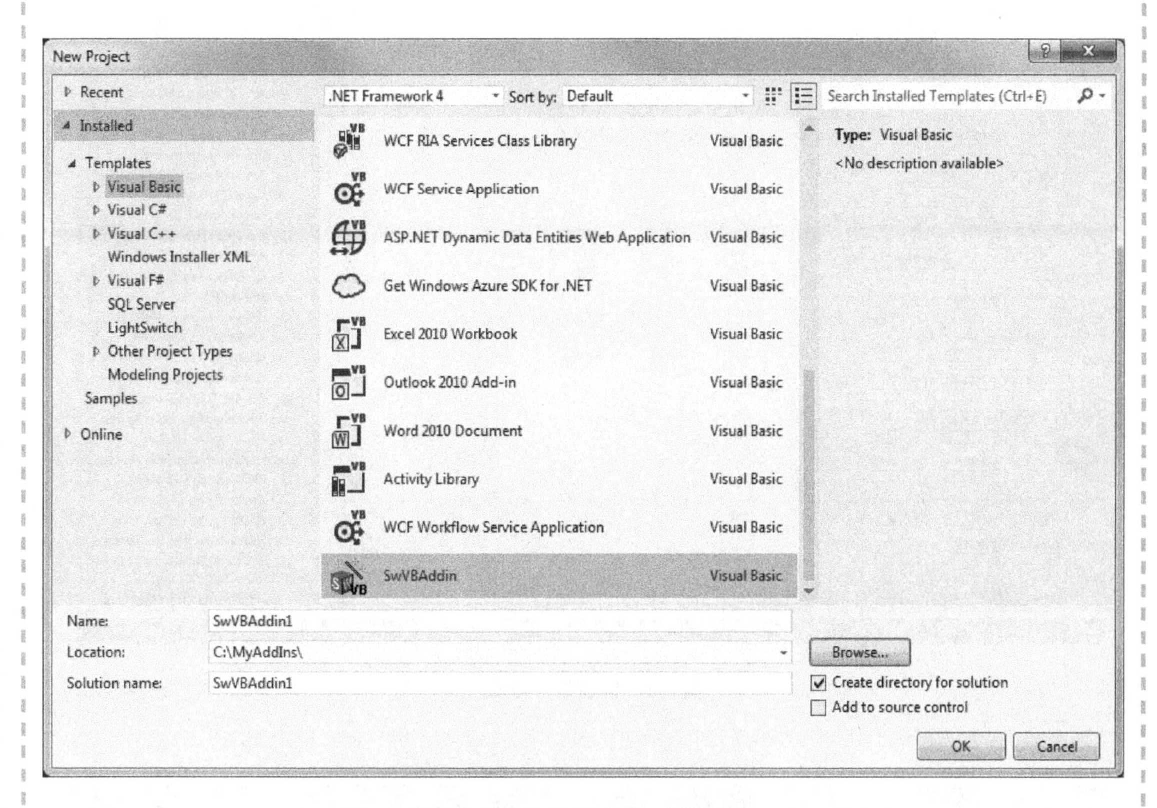

图 9-5　创建 SOLIDWORKS 插件

步骤 2　检查程序项目　向导创建了一个包含连接到 SOLIDWORKS 软件所有必需代码的项目，同时创建了几个帮助程序类，用来管理插件和 SOLIDWORKS 之间的事件处理。此外，还添加了创建和实现自定义属性管理（PropertyManager）页面所需的所有框架代码，如图 9-6 所示。

步骤 3　编译项目　在 Visual Studio 的【Build】菜单中单击【Build Solution】。该项目将成功编译。

编译结果显示在【Output】窗口中，如图 9-7 所示。

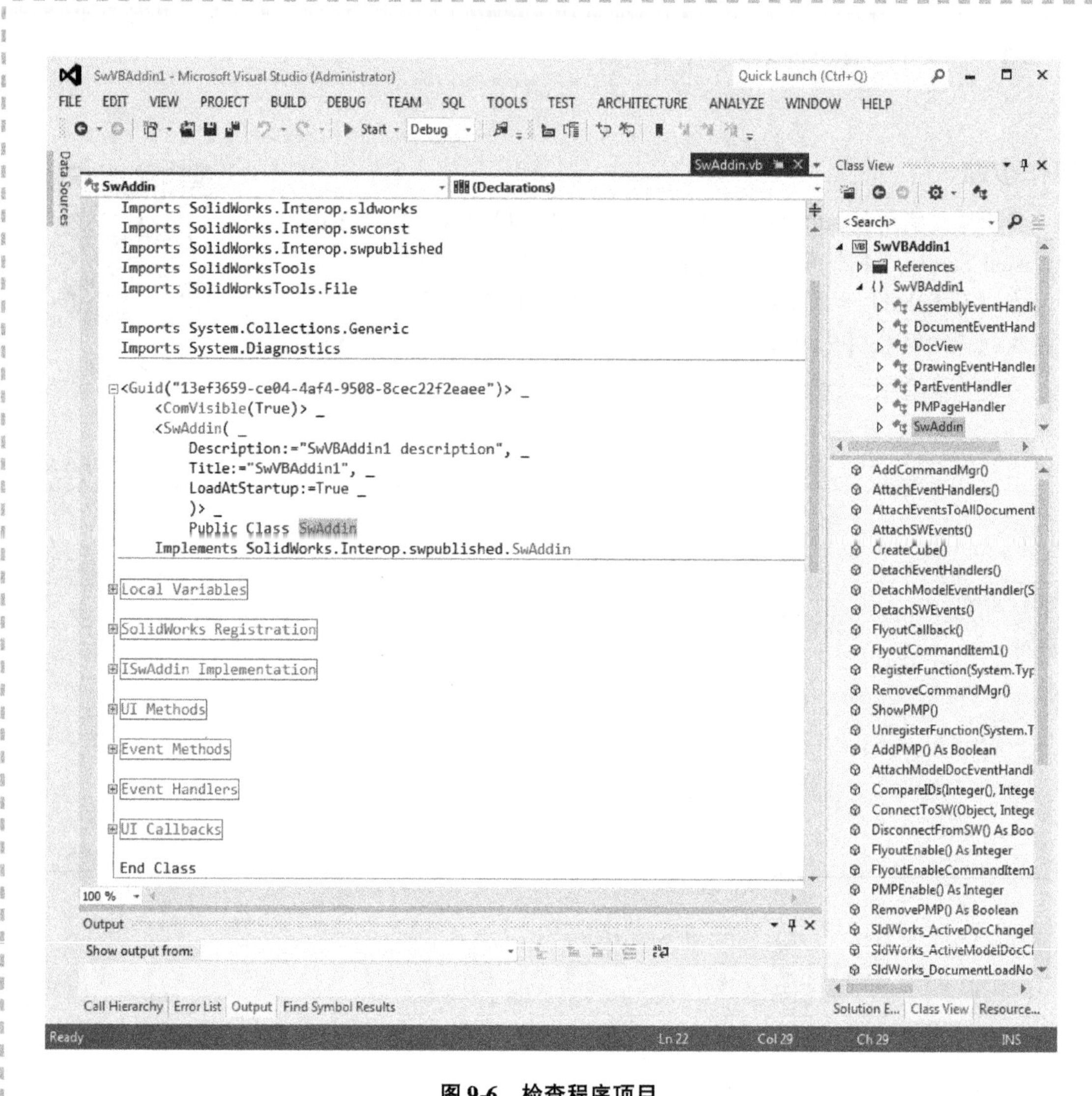

图 9-6 检查程序项目

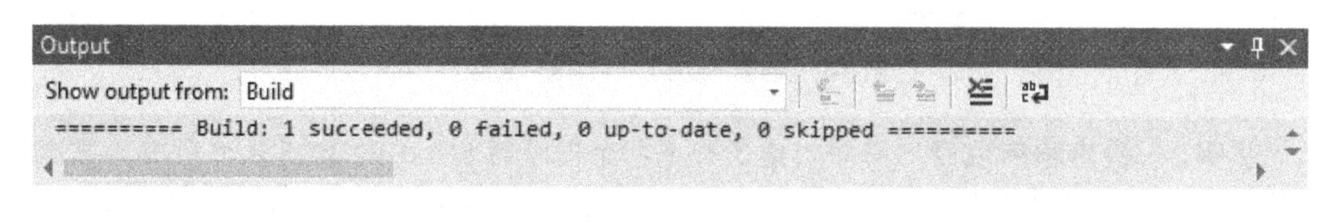

图 9-7 编译项目

9.2.1 引用

与 VBA 相似，在 Visual Studio 中通过菜单【Tools】/【References】的方式可以添加引用到项目中。当成功将类型库添加到 Visual Studio 中的项目时，【Class View】（类视图）的 References（引用）文件夹中将会相应地创建一条引用，如图 9-8 所示。

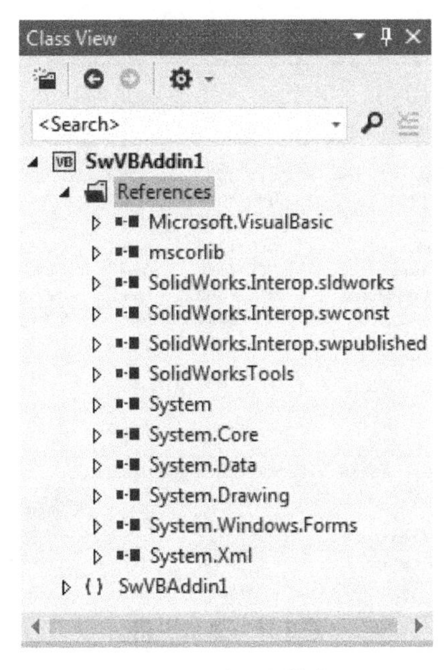

图 9-8　引用文件夹

步骤 4　向工程中添加引用　向导会自动将必要的 SOLIDWORKS 引用添加到项目中。要手动添加 SOLIDWORKS 引用到项目中，需要打开【Solution Explorer】，双击“My Project”节点，如图 9-9 所示。

在【Project Designer】中单击【References】。单击【Add】按钮，然后从下拉列表中选择【Reference】，如图 9-10 所示。

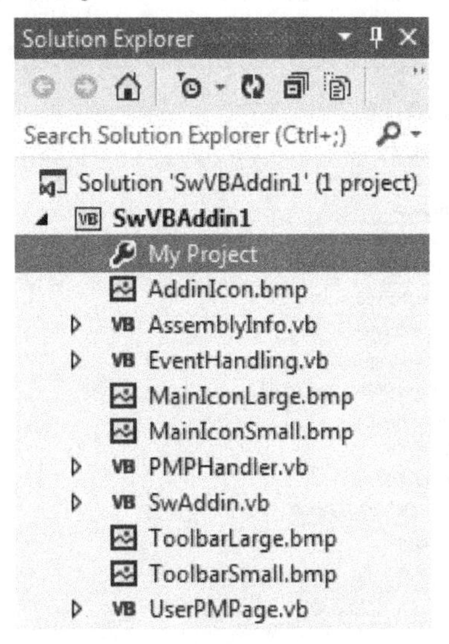

图 9-9　Solution Explorer

步骤 5　添加 SldWorks 2020 类型库　在【Reference Manager】对话框中，单击【浏览】选项卡，然后单击【浏览】按钮。

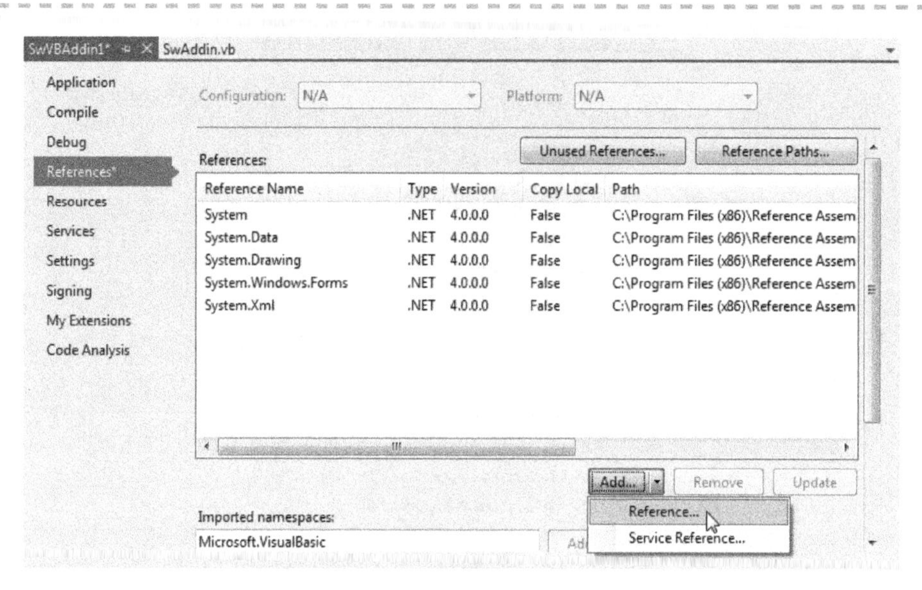

图 9-10　添加引用

浏览至 SOLIDWORKS 安装文件夹，找到并选中 SolidWorks. Interop. sldworks. dll 文件。

步骤 6　添加对常量、swpublished 和 solidworkstools 的引用　在浏览对话框中，按住 < Ctrl > 键并单击 SolidWorks. Interop. swconst. dll、SolidWorks. Interop. swpublished. dll 和 solidworkstools. dll 文件。

单击【Add】，将这些引用添加到项目中，如图 9-11 所示。

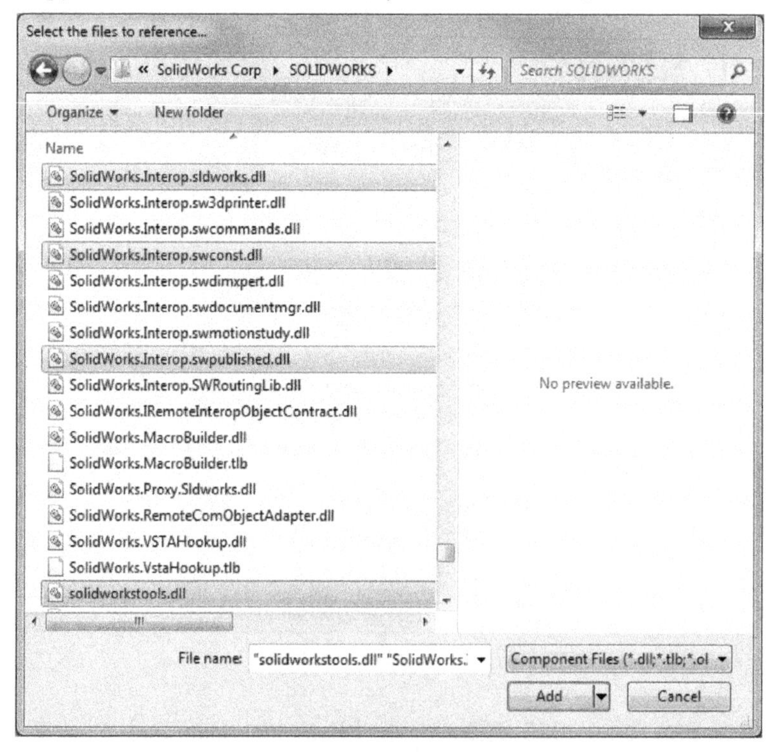

图 9-11　选择文件

步骤 7　生成项目　打开【Build】菜单，然后单击【Build Solution】以编译项目，如图 9-12 所示。

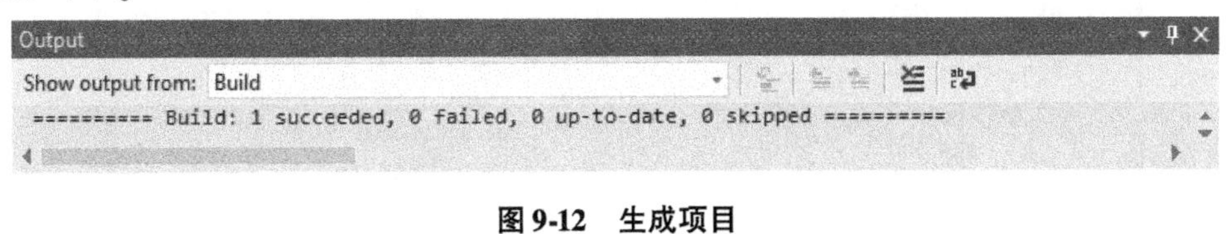

图 9-12　生成项目

9.2.2　比较 Add-in DLL 和独立执行程序

可以创建两种类型的应用程序来与 SOLIDWORKS 软件进行交互：

- Add-in 程序（*.DLL）。
- 独立执行程序（*.EXE）。

这两种程序各有优缺点：

1）Add-in 程序与 SOLIDWORKS 程序运行在同一个进程空间。Add-in 程序可以更好地控制宿主应用程序。菜单、工具栏和 PropertyManager 页面可以通过插件在 SOLIDWORKS 软件中实现。Add-in 程序的缺点是，如果发生异常，SOLIDWORKS 会话也会受到这个异常的影响。

2）独立执行程序是运行在 SOLIDWORKS 进程空间之外的应用程序。创建独立执行程序的优点是，当发生异常时，只有独立执行程序会受到影响，宿主应用程序仍将继续运行（在大多数情况下不受影响）。其缺点是菜单、工具栏和 PropertyManager 页面无法在独立执行程序中正确实现。另外，由于对 SOLIDWORKS API 的所有调用都必须跨越进程边界，独立执行程序的性能不是很好。

本书后面的章节将演示如何创建和实现 Add-in 程序。对独立执行程序未做详细介绍。

9.2.3　加载并运行 Add-in 程序

Add-in 程序成功编译后，如果 SOLIDWORKS 软件当前未运行，它将自动注册并在下次启动 SOLIDWORKS 软件时加载。如果在编译过程中 SOLIDWORKS 软件正在运行，则需要将该插件程序手动加载到正在运行的 SOLIDWORKS 会话中。可通过在 SOLIDWORKS 用户界面中使用【文件】/【打开】命令打开 DLL 来完成这一操作。加载插件的同时会将它注册，从而使之在 SOLIDWORKS 加载项管理器（Add-In Manager）中可用。

一个项目最初会被编译为调试版本。调试版本的 DLL 创建在编程项目文件的 bin 目录中，如图 9-13 所示。

提示

通过更改插件项目的活动配置，可以创建插件程序的发行版，如图 9-14 所示。更改步骤如下：

1）在解决方案资源管理器（Solution Explorer）中选择该解决方案。

2）在【Build】菜单中选择【Configuration Manager】。

3）将【Active solution configuration】更改为【Release】。

4）单击【Close】按钮退出对话框。

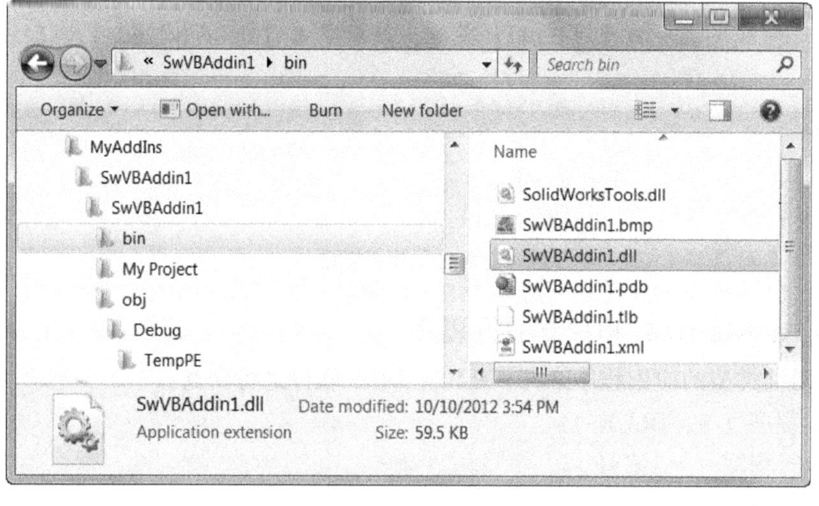

图9-13 DLL创建的目录

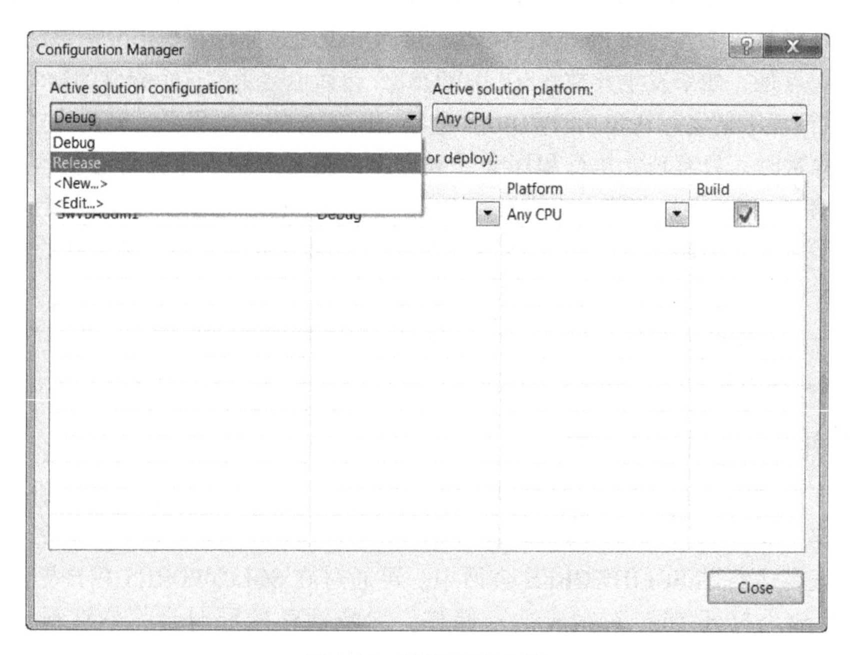

图9-14 更改项目属性

步骤8 加载DLL到SOLIDWORKS 在SOLIDWORKS中，单击【文件】/【打开】，将【Files of type】过滤器更改为【Add-Ins（*.dll）】。浏览到插件项目的bin目录，双击名为SwVBAddin1.dll的文件，在SOLIDWORKS中加载该插件。

步骤9 检查插件管理器 单击【工具】/【插件】。向下滚动插件列表，勾选【SwVBAddin1】复选框，如图9-15所示。单击【确定】按钮退出插件管理器。

提示 加载DLL后，SOLIDWORKS软件会自动将插件的名称添加到SOLIDWORKS插件管理器，同时自动添加所需的注册表项。

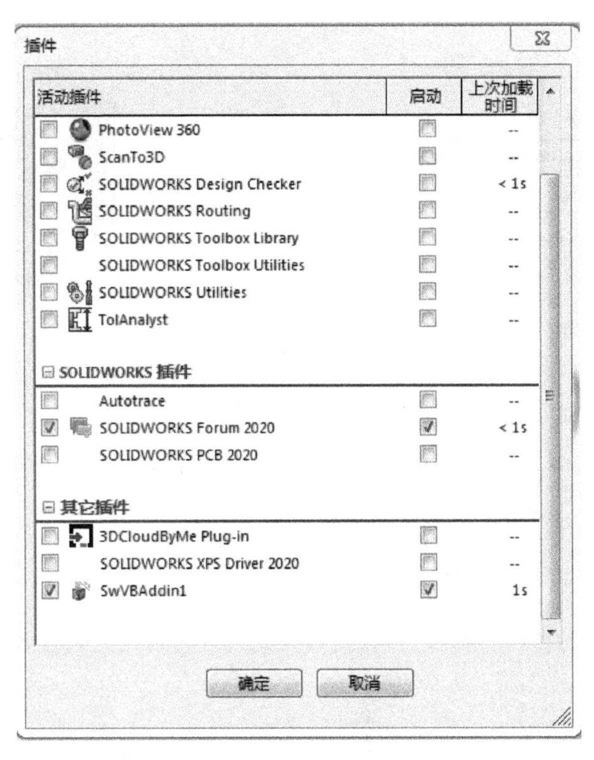

图 9-15　插件列表

注册表项被添加在 HKEY_LOCAL_MACHINE \ SOFTWARE \ SolidWorks \ AddIns 下，如图 9-16 所示。SOLIDWORKS 软件将为通过【文件】/【打开】菜单打开的任何合法 DLL 创建注册表项。运行 DLL 时，一个好的安装程序将进行这些注册表项的创建。要从插件管理器中删除插件名称，从注册表中直接删除相应的项即可。当从终端用户的计算机中删除插件程序时，一个编写良好的安装程序应同时删除这些注册表项。

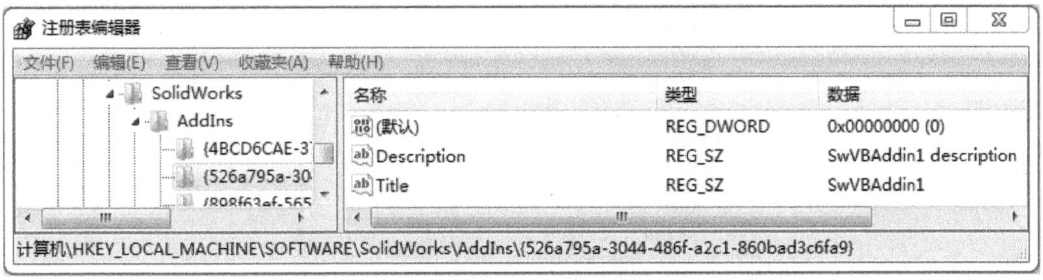

图 9-16　注册表内容

步骤 10　调用插件创建的菜单　单击【工具】菜单中新创建的菜单项【VB Addin】，在展开的子菜单中单击【CreateCube】，如图 9-17 所示。

步骤 11　显示 PropertyManager 页面　在【VB Addin】菜单中单击【Show PMP】，结果如图 9-18 所示。

步骤 12　检查自定义工具栏　工具栏上有两个图标，它们具有和菜单项相同的功能，如图 9-19 所示。

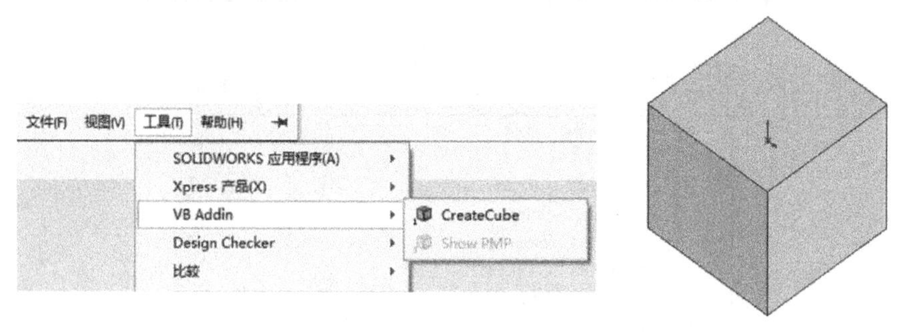

图 9-17　创建立方体

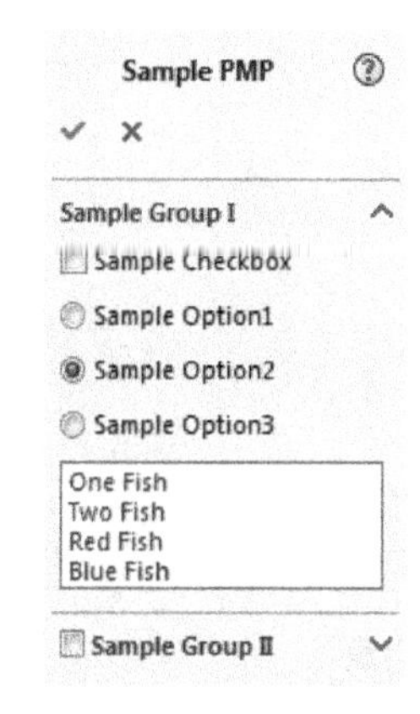

图 9-18　PropertyManager 页面

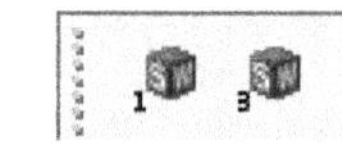

图 9-19　自定义工具栏

步骤 13　卸载插件　在【工具】菜单中单击【插件】。取消勾选【SwVBAddin1】复选框以卸载插件。结束后单击【确定】按钮，如图 9-20 所示。

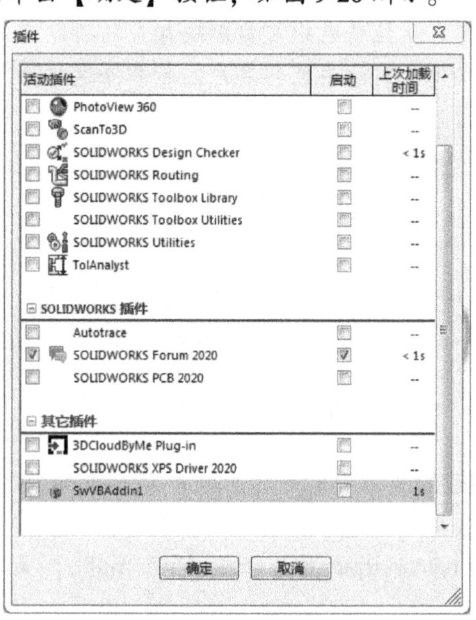

图 9-20　卸载插件

步骤 14　关闭 SOLIDWORKS　返回开发环境。

9.3　实例学习：创建 C#插件

C#是可用于编写 SOLIDWORKS 插件的另一种编程语言。它是结合了 Visual Basic 和 Visual C ++的许多语言功能的新语言。API SDK 包括 SOLIDWORKS C#插件向导。该插件程序向导的工作原理与上一个实例学习中演示的向导完全相同。C#插件向导可为 SOLIDWORKS 插件创建框架程序。

操作步骤

扫码看视频

步骤 1　新建 SOLIDWORKS C#插件　从 Visual Studio 的【File】菜单中，单击【New】/【Project】。

在【Installed】/【Templates】子项中选择【Visual C#】。在可用模板列表中单击【SwCSharpAddin】，将该插件命名为 SwCSharpAddin1。选择保存项目的合适位置，单击【OK】按钮启动 SOLIDWORKS C#插件向导，如图 9-21 所示。

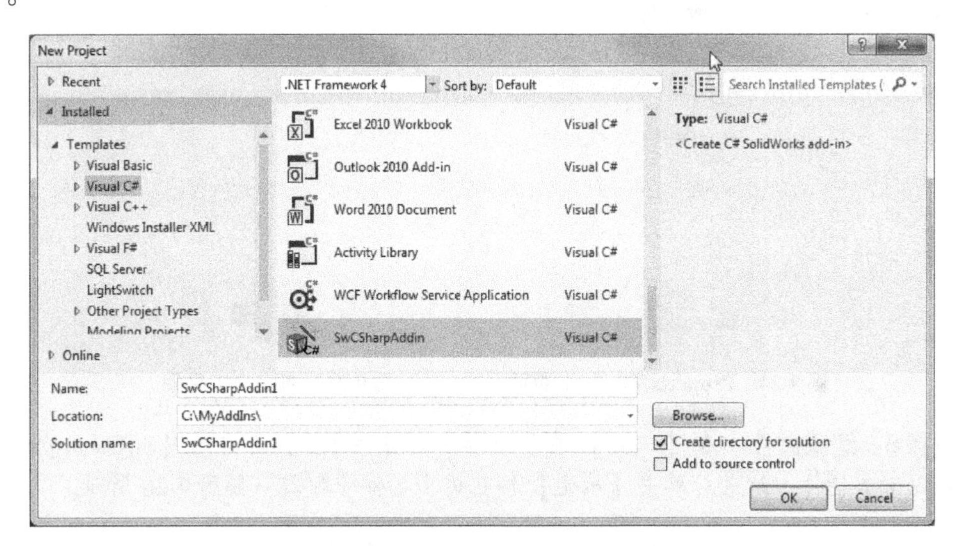

图 9-21　新建 SOLIDWORKS C#插件

步骤 2　编译项目　在【Build】菜单中单击【Build Solution】以编译项目，同时这也将注册该插件。

步骤 3　启动 SOLIDWORKS 软件并加载插件　启动 SOLIDWORKS 软件，由于在构建过程中插件已经被注册，所以该插件应该被自动加载。

步骤 4　检查新建的菜单　新建的菜单如图 9-22 所示。

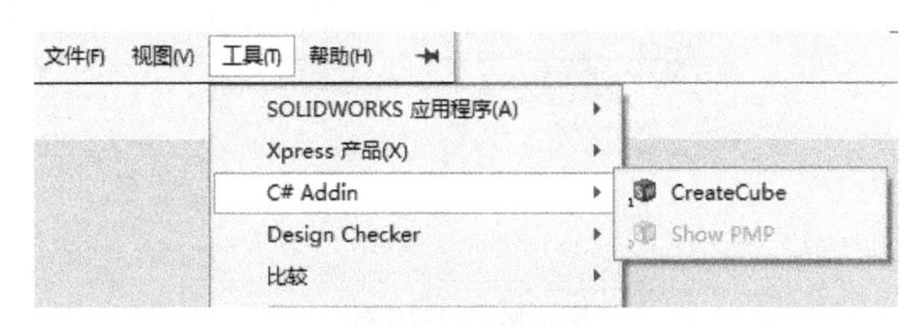

图 9-22　新建的菜单

步骤 5　创建立方体　在【C# Addin】中单击【CreateCube】，如图 9-23 所示。

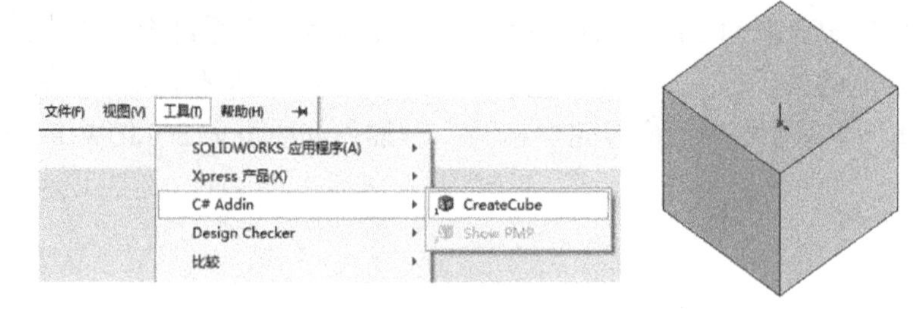

图 9-23　创建立方体

步骤 6　显示 PropertyManager 页面　单击【C# Addin】菜单中的【Show PMP】，结果如图 9-24 所示。

步骤 7　检查自定义工具栏　检查图 9-25 所示的自定义工具栏。

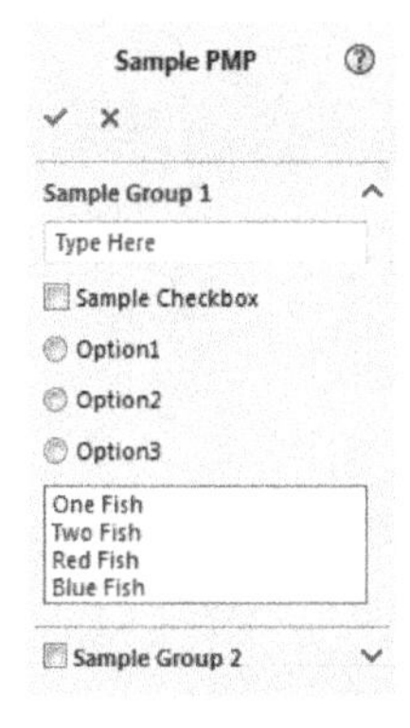

图 9-24　PropertyManager 页面

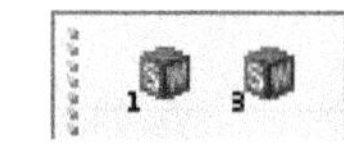

图 9-25　自定义工具栏

步骤 8　卸载插件　在【工具】菜单中单击【插件】。取消勾选【SwCSharpAddin1】复选框以卸载插件。结束后单击【确定】按钮退出插件管理器，如图 9-26 所示。

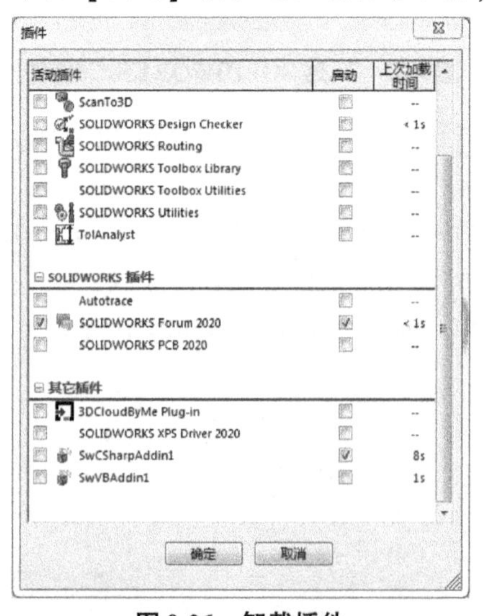

图 9-26　卸载插件

步骤 9　关闭 SOLIDWORKS　返回 Visual Studio。

9.4 实例学习：创建 C++ 插件

SDK 中还有一个可用于创建 C++ 插件程序框架的向导。在所有 API 兼容的编程语言中，C++ 应用程序的性能最好。

本实例不是对 C++ 编程的完整学习，而是演示如何创建 C++ 插件程序，同时还将演示如何编译、加载和调试由向导创建的 DLL。

操作步骤

扫码看视频

步骤 1 创建 SOLIDWORKS COM 插件 在 Visual Studio 中启动一个新项目。

在【Installed】/【Templates】子项中选择【Visual C++】。在可用模板列表中单击【SolidWorks COM Non-Attributed Addin】。将插件命名为“SwAddin1”并设置其存储位置，然后单击【OK】按钮，如图 9-27 所示。

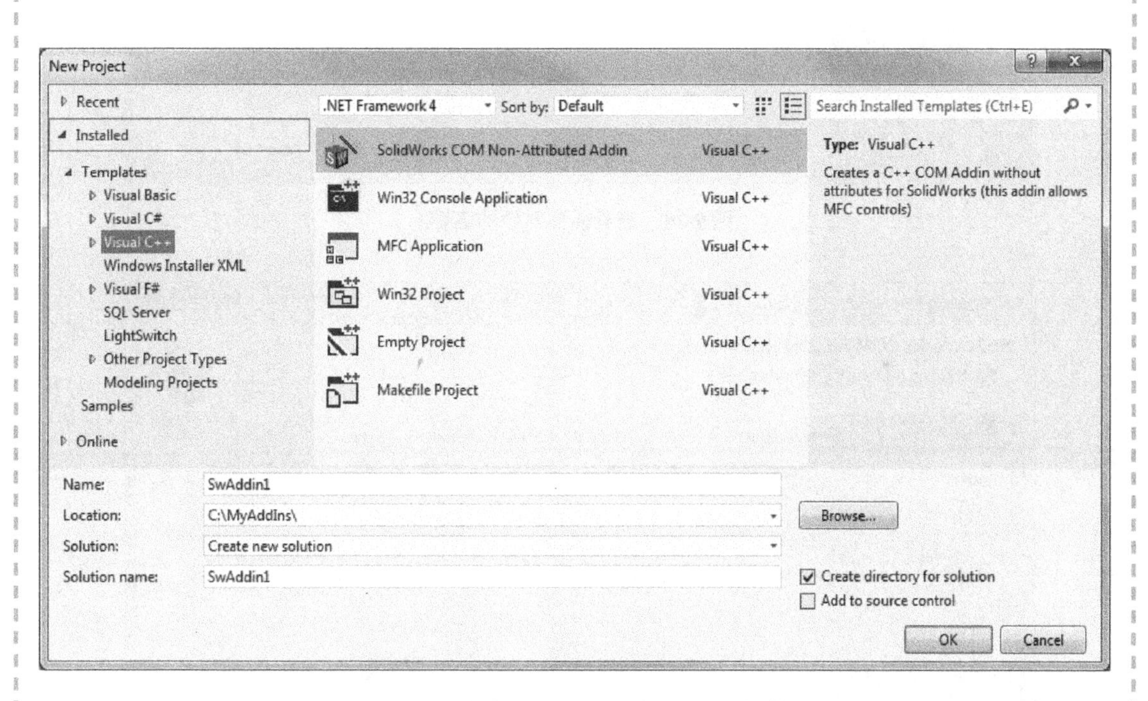

图 9-27 创建 SOLIDWORKS COM 插件

步骤 2 查看插件对象的名称 保持默认名，如图 9-28 所示。

步骤 3 选择线程选项 单击【Next】按钮。保持【Threading】选项和【Interface】选项为默认值，如图 9-29 所示。

步骤 4 设置 SwOptions 单击【Next】按钮。勾选此页面上的所有复选框。单击【Finish】按钮，如图 9-30 所示。

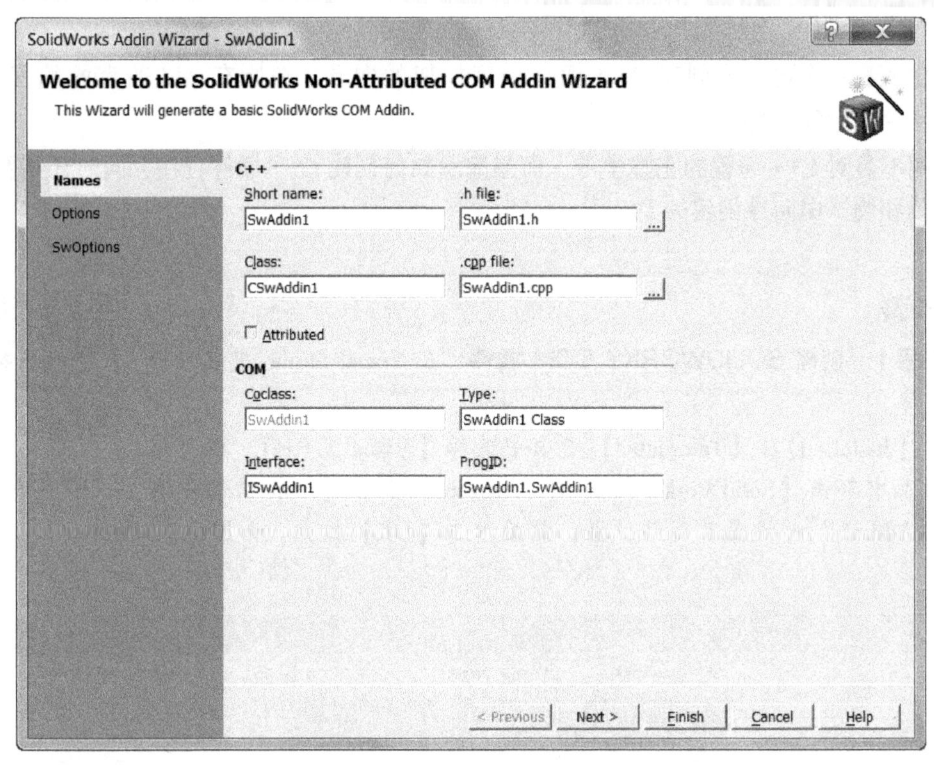

图 9-28　查看插件对象的名称

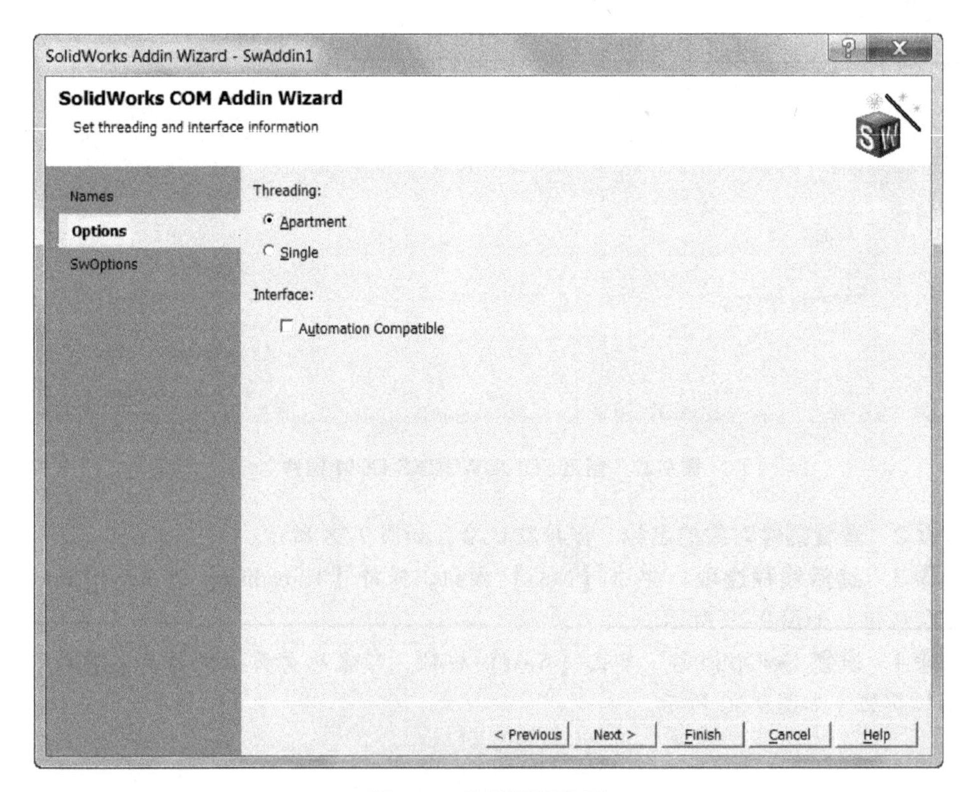

图 9-29　选择线程选项

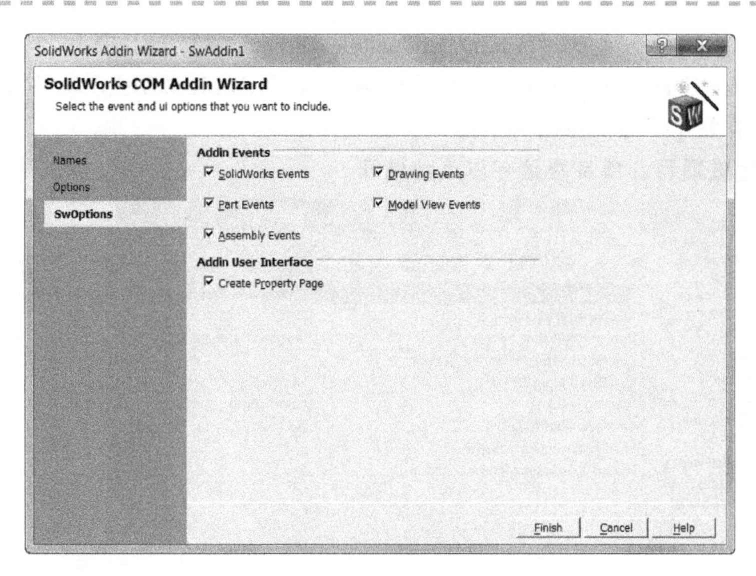

图 9-30　设置 SwOptions

9.4.1　编译 C ++ 插件

为了编译 C ++ 项目，编译器需要知道 API 用到的 SOLIDWORKS 类型库在计算机上的存储位置。这就需要在项目属性中添加一条路径，告诉编译器这些类型库的位置。

注意

插件程序向导会尝试自动设置路径属性。如果该路径与 SOLIDWORKS 软件的安装位置不匹配，则需要将路径属性重定向到 SOLIDWORKS 软件在计算机上的安装位置。

步骤 5　更改项目属性　在 Visual Studio 的【Project】菜单中单击【Properties】。在弹出的属性对话框中依次展开【Configuration Properties】和【C/C ++】节点，单击【General】子项，如图 9-31 所示。

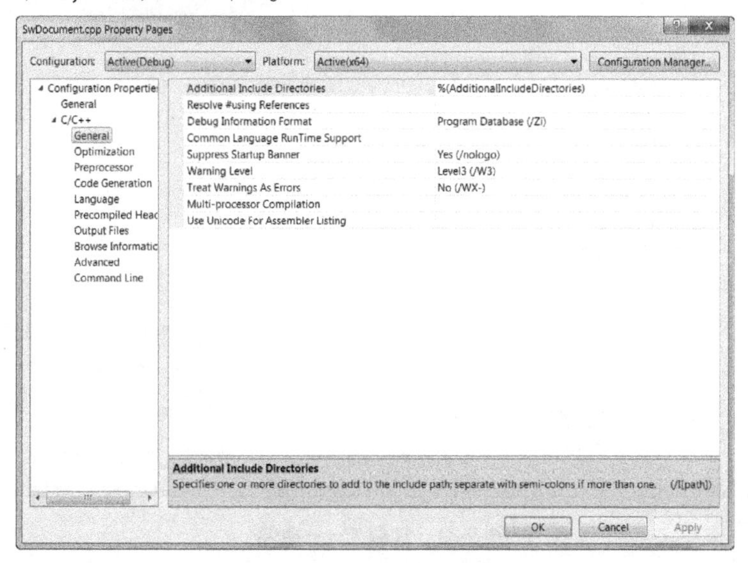

图 9-31　更改项目属性

步骤 6　更改路径　更改【Additional Include Directories】路径属性为“C:\ Program Files \ SolidWorks Corp \ SolidWorks”或其他自定义的 SOLIDWORKS 软件安装路径，如图 9-32所示。单击【OK】按钮。

步骤 7　生成项目　项目应该可以成功编译。

图 9-32　更改路径

9.4.2　加载 C++插件

一旦项目成功编译，便可以将插件加载到 SOLIDWORKS 软件中。在生成项目时，项目的 Debug 目录中将会创建一个 DLL。SOLIDWORKS 可以使用【File】/【Open】菜单直接加载该 DLL 文件。如图 9-33 所示，文件过滤器已设置为【Add-Ins（* . dll)】。插件程序 DLL 命名为 SwAddin1. dll。

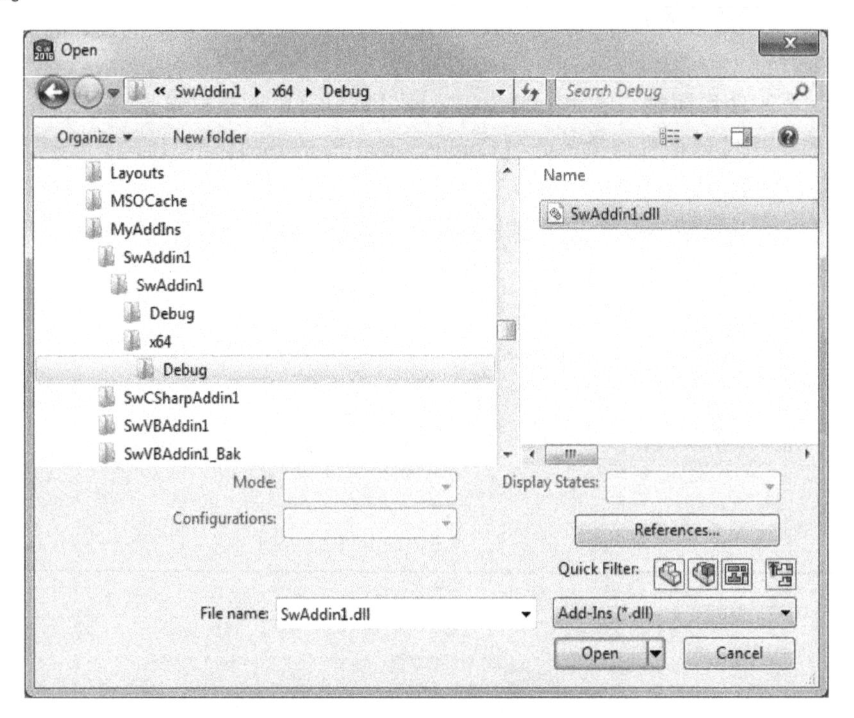

图 9-33　加载 C++插件

步骤 8　加载 DLL 到 SOLIDWORKS　在 SOLIDWORKS 软件中，单击【工具】/【插件】。

在弹出的插件管理器中，勾选【SwAddin1】复选框。单击【确定】按钮，该插件将被加载到 SOLIDWORKS 软件中。

步骤 9　新建零件　在 SOLIDWORKS 中新建零件文件。这将启用插件程序创建的所有菜单项。

步骤 10　调用插件创建的菜单　单击【工具】/【SwAddin1】/【Show Dialog】来测试菜单，如图 9-34 所示。

图 9-34　测试插件菜单

步骤 11　显示 PropertyManager 页面　打开一个新零件，从菜单中依次单击【工具】/【SwAddin1】/【Show PMP】。PropertyManager 中将会显示样例属性页，如图 9-35 所示。

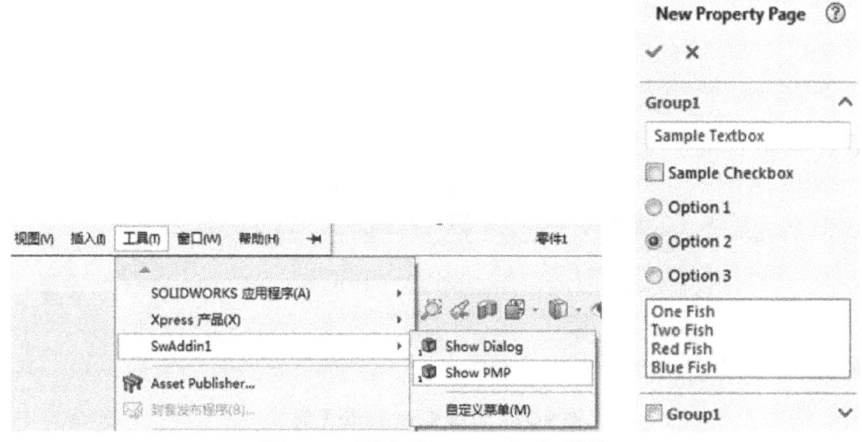

图 9-35　测试【Show PMP】菜单

步骤 12　检查自定义工具栏　同时还要注意，该插件也创建了一个工具栏。单击工具栏上的任何图标，其执行的功能和插件相应的菜单项相同，如图 9-36 所示。

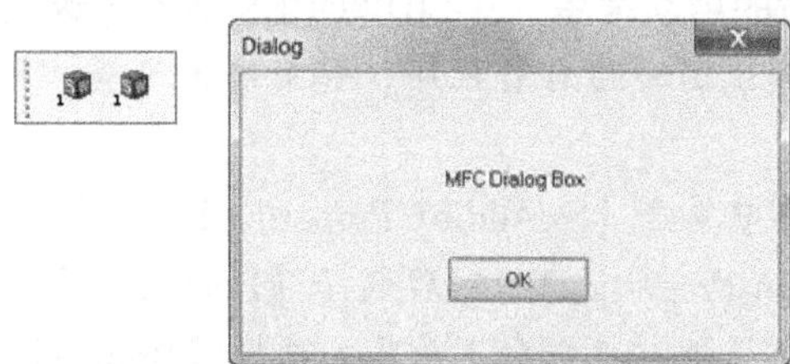

图 9-36　自定义工具栏

步骤 13　关闭 SOLIDWORKS 软件　返回到开发环境。

9.4.3 调试 C++插件

可以设置一个 C++程序项目，在调试器启动时启动 SldWorks. exe 文件。当插件在 SOLIDWORKS 软件中运行时，程序员可以在代码中设置断点，也可以逐行调试代码。本实例学习中的以下步骤演示了如何建立一个可调试的项目。

步骤 14　显示【Class View】窗口　从 Visual Studio 的【View】菜单中，单击【Class View】。

步骤 15　选择 CSwAddin1 类　CSwAddin1 是由插件向导生成的插件对象的名称。双击 ConnectToSW 方法，如图 9-37 所示。

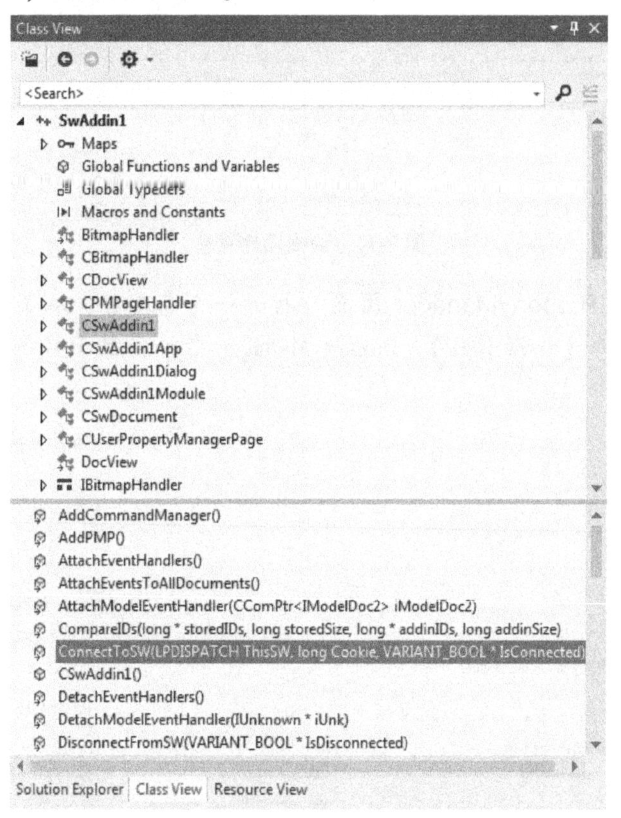

图 9-37　选择 CSwAddin1 类

步骤 16　添加断点　打开源代码文件后，将光标放置在 ConnectToSW 方法的第一行。单击方法调用旁边的边框可以添加断点，如图 9-38 所示。

步骤 17　设置调试时的启动程序　SOLIDWORKS 插件模板默认将当前版本的 SOLIDWORKS 软件设置为启动调试器时的启动程序。如果尚未设置，可以按照以下步骤进行设置，如图 9-39 所示。

- 在【Project】菜单中单击【SwAddin1 Properties】。
- 展开【Configuration Properties】，然后选择【Debugging】。
- 设置【Command】属性：单击向下箭头并选择【Browse】，在弹出的浏览对话框中找到 SOLIDWORKS 软件的安装目录，选择名为 SldWorks. exe 的文件，单击【Open】接受该文件。

```
STDMETHODIMP CSwAddin1::ConnectToSW(LPDISPATCH ThisSW, long Cookie,
{
    ThisSW->QueryInterface(__uuidof(ISldWorks), (void**)&iSwApp);
    addinID = Cookie;
    iSwApp->GetCommandManager(Cookie,&iCmdMgr);

    VARIANT_BOOL status = VARIANT_FALSE;

    iSwApp->SetAddinCallbackInfo((long)_AtlBaseModule.GetModuleInst
    //Get the current type library version.
    {
        USES_CONVERSION;
        CComBSTR bstrNum;
        std::string strNum;
        char *buffer;

        iSwApp->RevisionNumber(&bstrNum);

        strNum = W2A(bstrNum);
        m_swMajNum = strtol(strNum.c_str(), &buffer, 10 );

        m_swMinNum=0;

    }
    //Create the addin's UI
    AddCommandManager();
    AddPMP();
    //Listen for events
    *IsConnected = AttachEventHandlers();
    *IsConnected = VARIANT_TRUE;
    return S_OK;
}
```

图 9-38　添加断点

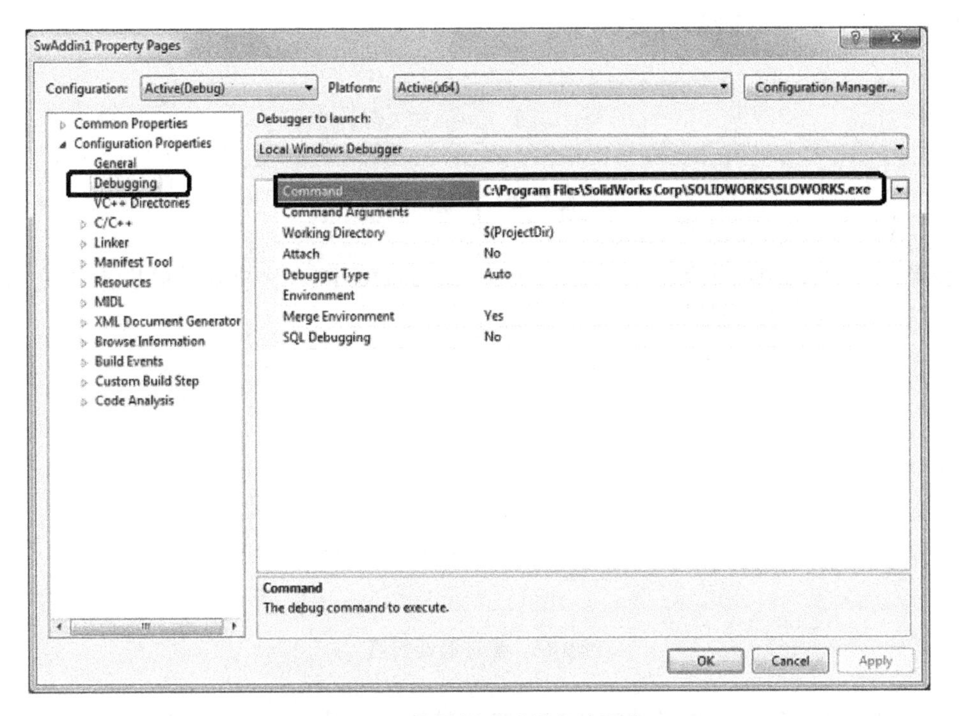

图 9-39　设置调试时的启动程序

- 单击【OK】按钮关闭【Property Pages】对话框。

步骤 18　开始调试　从 Visual Studio 的【Debug】菜单中，单击【Start Debugging】。

注意　SldWorks. exe 是不包含源代码的发行版本。程序员可以调试插件代码，但不能试图调试任何 SOLIDWORKS 源代码。调试时可能会显示“无调试信息”对话框。此时，单击【Yes】按钮继续。

步骤 19　加载插件　如果插件未设置为在启动时加载，请从 SOLIDWORKS【工具】菜单中单击【插件】，然后勾选【SwAddin1】复选框以加载插件，如图 9-40 所示。单击【OK】按钮退出【Add-Ins】。

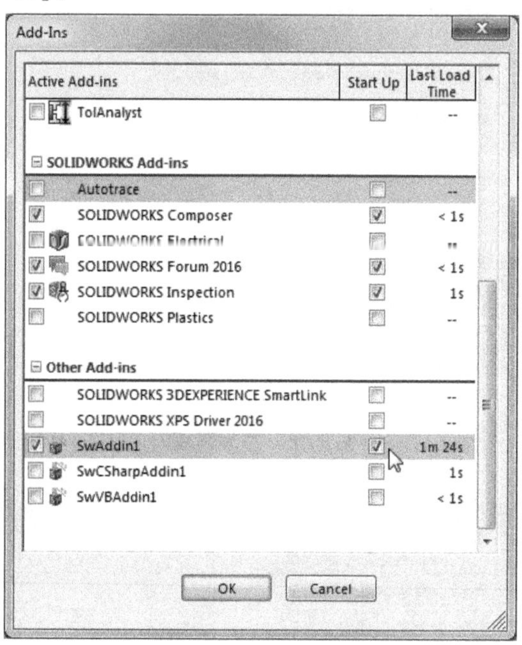

图 9-40　加载插件

步骤 20　步进调试代码　程序执行将在 ConnectToSW 方法中设置的断点处停止。按 <F10> 键单步执行此方法中的代码，如图 9-41 所示。

```
STDMETHODIMP CSwAddin1::ConnectToSW(LPDISPATCH ThisSW, long Cookie,
{
    ThisSW->QueryInterface(__uuidof(ISldWorks), (void**)&iSwApp);
    addinID = Cookie;
    iSwApp->GetCommandManager(Cookie,&iCmdMgr);

    VARIANT_BOOL status = VARIANT_FALSE;

    iSwApp->SetAddinCallbackInfo((long)_AtlBaseModule.GetModuleInst
    //Get the current type library version.
    {
```

图 9-41　步进调试代码

步骤 21　按 <F5> 键继续执行代码　将控制权返回到 SOLIDWORKS 应用程序。关闭 SOLIDWORKS 停止调试。

步骤 22　关闭插件解决方案　在 Visual Studio 的【File】菜单中，单击【Close Solution】。

9.5 选择一种编程语言

本章的目的是使读者熟悉 API SDK 中提供的几种编程向导。程序员可以使用这里列出的任何语言来创建 SOLIDWORKS 软件的插件程序。选择哪种语言取决于程序员对这种语言的熟悉程度。

由于 SOLIDWORKS 软件支持 VBA 编译器，并且 VBA 是最容易学习和使用的可编程语言，因此本书使用 Visual Basic 作为默认编程语言。这确保了所有读者在不购买任何其他开发环境的情况下能完成本书大部分内容的学习。

本章没有练习题。接下来的章节将继续使用 VB. NET 作为编程语言。

第 10 章　自定义 SOLIDWORKS 用户界面

学习目标

- 使用 SOLIDWORKS VB.NET 插件向导
- 加载自定义插件到 SOLIDWORKS 软件并调试
- 添加自定义菜单和菜单项到 SOLIDWORKS 软件
- 设计和实现插件的自定义工具栏
- 使用自定义控件创建和实现自定义 PropertyManager 页面
- 自定义 SOLIDWORKS 用户界面中的其他组件

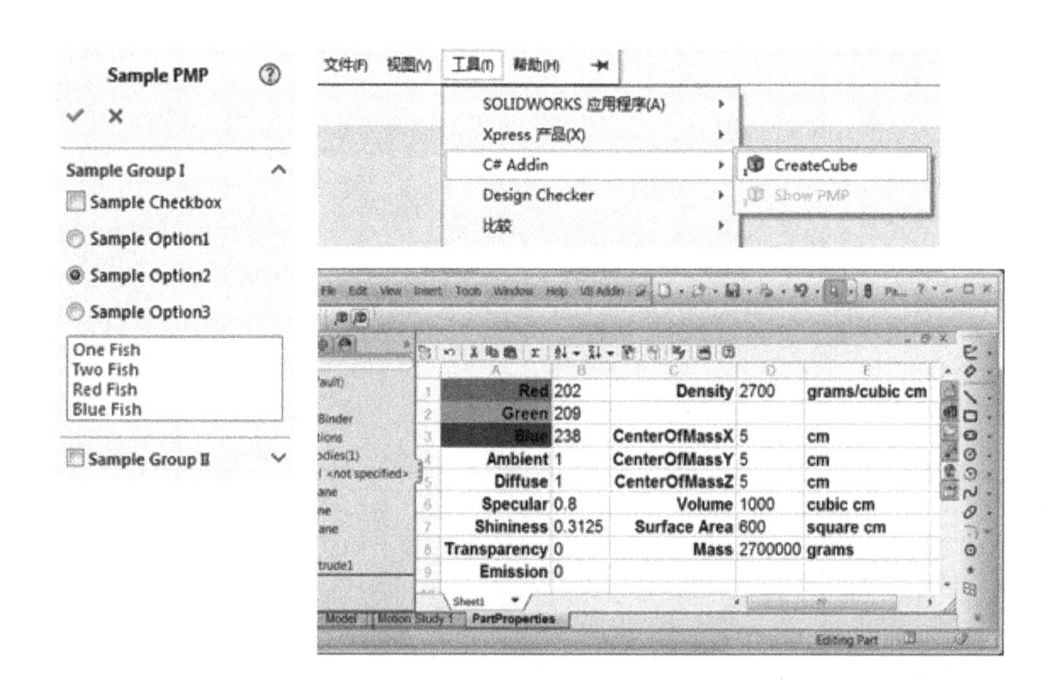

10.1　实例学习：使用 VB. NET 自定义 UI

此实例学习将演示如何使用 VB. NET 自定义 SOLIDWORKS 用户界面。为了使应用程序看起来更像是 SOLIDWORKS 软件的一部分，程序员可以在 SOLIDWORKS 软件中创建自己的用户界面组件。下面是可以使用 API 添加或自定义的用户界面组件：

- * PropertyManager 页面
- * 菜单和子菜单
- * 工具栏
- * 弹出菜单
- * FeatureManager 页面
- 模型视图
- 状态栏

提示

带“*”的组件表示只能在插件程序中使用，不适用于独立运行的程序。

操作步骤

扫码看视频

步骤 1　新建 SOLIDWORKS VB. NET 插件　将插件命名为 CustomSWAddin，单击【OK】按钮，如图 10-1 所示。

步骤 2　显示源代码　按 <Ctrl> + <Alt> + <L> 组合键显示【Solution Explorer】窗口。双击 SwAddin. VB 文件，在代码编辑器中激活源代码文件。这个文件包含该项目插件对象的类定义。检查这些源代码，如图 10-2 所示。

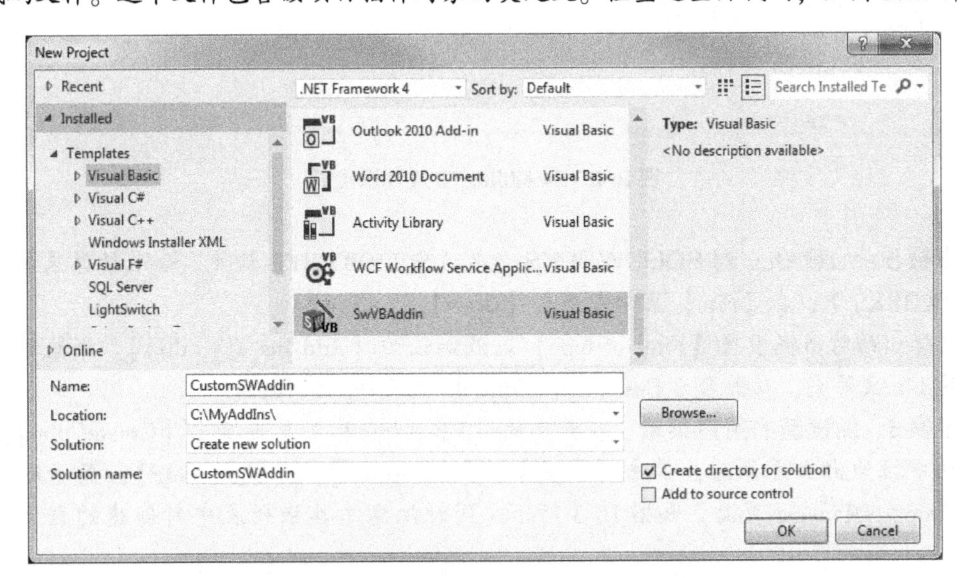

图 10-1　新建 SOLIDWORKS VB. NET 插件

步骤 3　保存项目　在【File】菜单中单击【Save All】。

步骤 4　编译 DLL　在【Build】菜单中单击【Build Solution】，编译 DLL。

```
Imports System.Collections
Imports System.Reflection
Imports System.Runtime.InteropServices

Imports SolidWorks.Interop.sldworks
Imports SolidWorks.Interop.swconst
Imports SolidWorks.Interop.swpublished
Imports SolidWorksTools
Imports SolidWorksTools.File

Imports System.Collections.Generic
Imports System.Diagnostics

<Guid("2ec1159f-f597-4aff-9a04-56bba30ed94e")> _
    <ComVisible(True)> _
    <SwAddin( _
        Description:="CustomSWAddin description", _
        Title:="CustomSWAddin", _
        LoadAtStartup:=True
        )> _
        Public Class SwAddin
    Implements SolidWorks.Interop.swpublished.SwAddin

Local Variables

SolidWorks Registration

ISwAddin Implementation

UI Methods

Event Methods

Event Handlers

UI Callbacks

End Class
```

图 10-2　SwAddin. VB 文件源代码

步骤 5　加载 DLL 到 SOLIDWORKS　启动 SOLIDWORKS 软件。如果插件未加载到 SOLIDWORKS 中，在【File】菜单中单击【Open】。

在弹出的对话框中将【Files of type】过滤器设为【Add-Ins（*.dll）】。浏览到保存 DLL 的 bin 文件夹，双击名为 CustomSWAddin. dll 的文件加载插件。

步骤 6　测试新的用户菜单　在新建的【VB Addin】菜单中单击【CreateCube】。在新零件中拉伸出立方体后，单击【工具】/【VB Addin】/【Show PMP】，显示新的自定义 PropertyManager 页面，如图 10-3 所示。同时注意工具栏列表中新创建的自定义工具栏。

步骤 7　显示插件管理器　在【工具】菜单中单击【插件】，打开【插件】对话框。滚动到 CustomSWAddin 项，确保其处于选中状态。单击【确定】按钮退出插件管理器，如图 10-4 所示。

步骤 8　关闭 SOLIDWORKS　返回 Visual Studio。

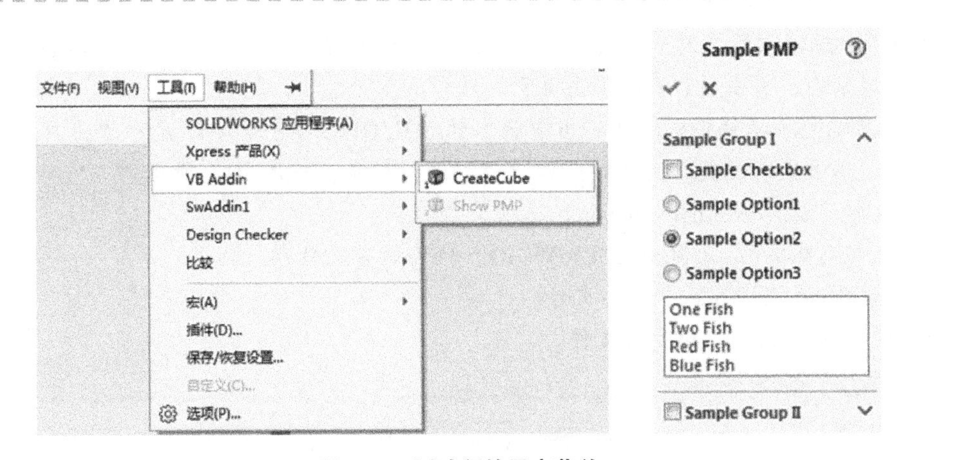

图 10-3　测试新的用户菜单

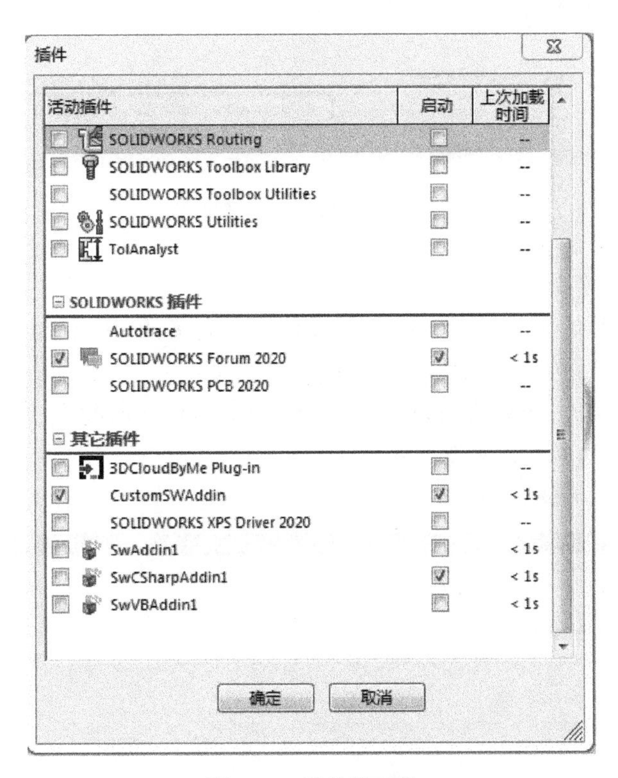

图 10-4　插件管理器

10.1.1　调试 DLL

现在，DLL 已经成功编译并加载到 SOLIDWORKS 中，可以设置项目属性并进行调试了。

在 VB. NET 中调试程序和在 VBA 中调试宏非常相似。两者的主要区别在于，在宏中工作时，SOLIDWORKS 将托管 VBA 宏编辑器。而在编写插件时，开发环境是一个独立的应用程序。需要通过设置项目属性来告诉编译器 SOLIDWORKS 可执行文件在计算机上的位置。

通过在开发环境中设置这个属性，调试器可以自动启动 SOLIDWORKS 软件。然后，程序员便可以与 SOLIDWORKS 进行交互，并调试插件代码。

步骤9　编辑项目属性　在【Project】菜单中单击【CustomSwAddin Properties】，弹出属性设置对话框。单击【Debug】选项卡。

SOLIDWORKS插件模板默认将当前版本的SOLIDWORKS软件设置为启动调试器时的启动程序。如果尚未设置，可以按照以下步骤进行设置，如图10-5所示。

- 选择【Start external program】选项。
- 使用浏览按钮浏览到SOLIDWORKS软件的安装目录。
- 选择名为SldWorks.exe的文件。
- 单击【Open】以接受该文件。

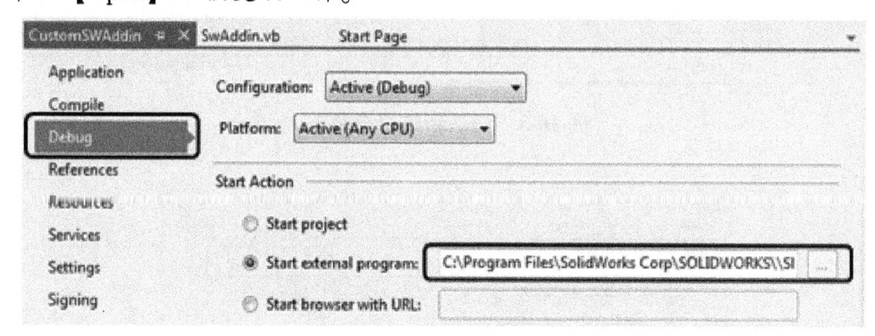

图10-5　编辑项目属性

在编辑器窗口中单击【SwAddin.vb】选项卡。

步骤10　设置断点　向下滚动源代码文件，找到名为ISwAddin Implementation的区域。单击旁边的"+"号展开该区域的代码。

该区域有两个函数，分别是ConnectToSW和DisconnectFromSW。通过单击图10-6所示代码行旁的空白来建立断点，如图10-6所示。

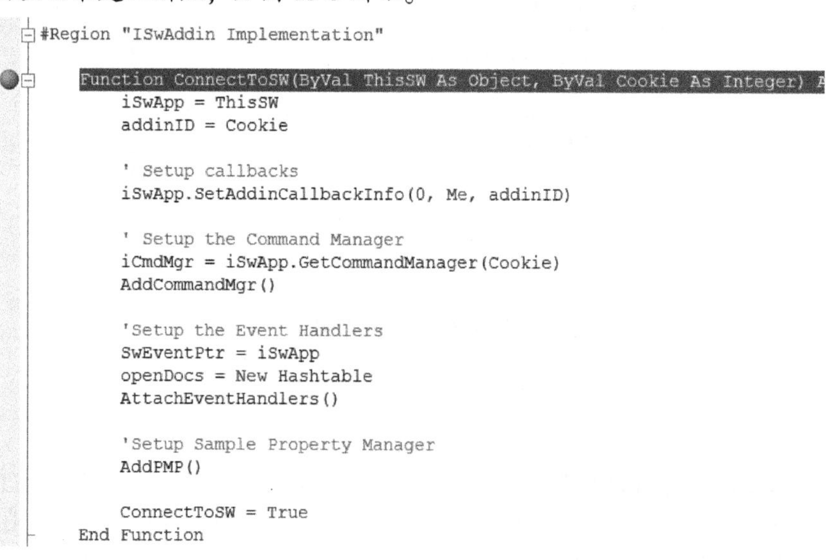

图10-6　设置断点

步骤11　调试程序　在Visual Studio的【Debug】菜单中单击【Start Debugging】，启动SOLIDWORKS软件和调试器。

当 SOLIDWORKS 软件启动时，将自动加载插件，并且代码会在断点处停止执行，如图 10-7 所示。

```
#Region "ISwAddin Implementation"

    Function ConnectToSW(ByVal ThisSW As Object, ByVal Cookie As Integer) A
        iSwApp = ThisSW
        addinID = Cookie

        ' Setup callbacks
        iSwApp.SetAddinCallbackInfo(0, Me, addinID)

        ' Setup the Command Manager
        iCmdMgr = iSwApp.GetCommandManager(Cookie)
        AddCommandMgr()

        'Setup the Event Handlers
        SwEventPtr = iSwApp
        openDocs = New Hashtable
        AttachEventHandlers()

        'Setup Sample Property Manager
        AddPMP()

        ConnectToSW = True
    End Function
```

图 10-7　调试程序

10.1.2　调试器键盘快捷键

在 Visual Studio. NET 中进行调试时，可以使用以下快捷键：

- 使用 <F10> 键单步调试代码。
- 使用 <F11> 键进入子程序或子函数。
- 使用 <F5> 键继续运行，直到遇到下一个断点。

提示　这些键盘快捷键与 VBA 中的调试快捷键略有不同。

步骤 12　继续调试　按 <F10> 键单步调试 ConnectToSW 函数中的几行代码，直到“End Function”语句。按 <F5> 键继续执行代码。

步骤 13　创建立方体　返回 SOLIDWORKS 用户界面。在【工具】/【VB Addin】菜单中，单击【CreateCube】，如图 10-8 和图 10-9 所示。

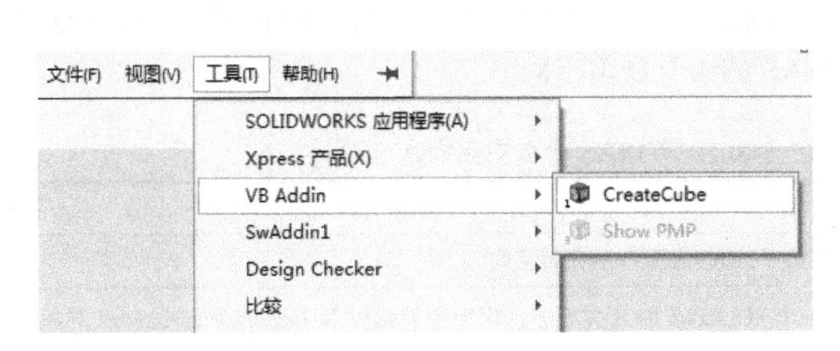

图 10-8　单击【CreateCube】

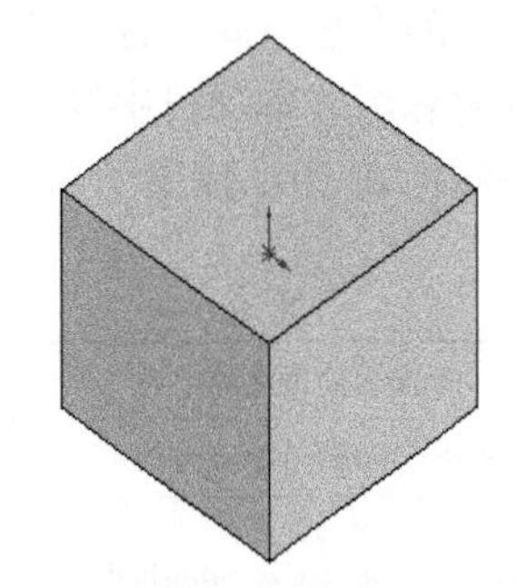

图 10-9　立方体

步骤 14　停止调试器　在 Visual Studio 的【Debug】菜单中单击【Stop Debugging】。这将结束当前的 SOLIDWORKS 会话，并返回到 Visual Studio。

10.2 理解插件代码

图 10-10 所示为 SwAddin. VB 文件中的源代码。这些是插件对象的类定义。

```
Imports System.Collections
Imports System.Reflection
Imports System.Runtime.InteropServices

Imports SolidWorks.Interop.sldworks
Imports SolidWorks.Interop.swconst
Imports SolidWorks.Interop.swpublished
Imports SolidWorksTools
Imports SolidWorksTools.File

Imports System.Collections.Generic
Imports System.Diagnostics

<Guid("2ec1159f-f597-4aff-9a04-56bba30ed94e")> _
    <ComVisible(True)> _
    <SwAddin( _
        Description:="CustomSWAddin description", _
        Title:="CustomSWAddin", _
        LoadAtStartup:=True _
        )> _
        Public Class SwAddin
    Implements SolidWorks.Interop.swpublished.SwAddin

Local Variables

SolidWorks Registration

ISwAddin Implementation

UI Methods

Event Methods

Event Handlers

UI Callbacks

End Class
```

图 10-10 SwAddin. VB 文件源代码

提示

在此实例学习中，代码中添加了一些注释，这些注释不是插件向导自动生成的。

10.2.1 导入命名空间

在此源代码文件的顶部有几个 Imports 语句。VB. NET 使用 Imports 语句来告诉编译器导入项目中包含的命名空间名称。这样就免去了在源代码中使用任何对象时都要加上定义它们的命名空间名称的麻烦。本项目中导入了 4 个不同的 SOLIDWORKS 特定命名空间和某些 . NET 框架中的命名空间。表 10-1 描述了 SOLIDWORKS 的 4 个命名空间。

表 10-1 SOLIDWORKS 命名空间描述

命名空间名称	描述
SolidWorks. Interop. sldworks	SOLIDWORKS 类型库的命名空间
SolidWorks. Interop. swpublished	另一个 SOLIDWORKS 类型库，用于创建插件和 PropertyManagerPage 对象的命名空间
SolidWorks. Interop. swconst	SOLIDWORKS 常量库命名空间
SolidWorksTools	SOLIDWORKS 工具类型库命名空间

使用 Imports 语句可以免除程序员的大量输入操作。如果项目导入了 SldWorks 命名空间，则代码行：

```
Dim swModel As SldWorks.ModelDoc2
```

可以改写为：

```
Dim swModel As ModelDoc2
```

注意　改写后的代码已经删除了命名空间名称。同理，可以为从该命名空间声明的每个对象删除命名空间前缀。

10.2.2　插件类

此项目中的大多数功能都是在插件类中定义的。插件类用于实现 SwPublished 类型库中定义的 SwAddin 对象的功能。SOLIDWORKS 软件只能加载特定的 DLL，这些 DLL 必须暴露实现了 SwAddin 功能的对象。该项目中暴露 SwAddin 功能的对象称为“SwAddin”。

步骤 15　检查类声明　图 10-11 所示的代码是插件对象的声明（已被注释，仅供学习）。最后一行是 Implements 语句。Implements 语句强制 SwAddin 类实现 SwAddin 接口上暴露的所有方法。

```
'A GUID is created to identify the Add-In Dll to Solidworks.
'the Guid is added to the registry under the SolidWorks Add-Ins registry settings
'ComVisible is the attribute that controls accessibility of this class to COM.
'SwAddin is a custom attribute defined in SolidWorksTools,
'that is used to hold values that will be added to the system registry
<Guid("2ec1159f-f597-4aff-9a04-56bba30ed94e")> _
    <ComVisible(True)> _
    <SwAddin( _
        Description:="CustomSWAddin description", _
        Title:="CustomSWAddin", _
        LoadAtStartup:=True _
        )> _
        Public Class SwAddin
    'Forces the CustomSwAddin Class to Implement
    'All of the methods exposed by the SwAddin object.
    Implements SolidWorks.Interop.swpublished.SwAddin
```

图 10-11　插件类声明

10.2.3　理解 GUID

SOLIDWORKS 软件加载插件时，将获取插件类声明中定义的 GUID，并将其添加到注册表中的 SOLIDWORKS 插件列表里，如图 10-12 所示。SOLIDWORKS 将使用此 GUID 来识别这些插件。

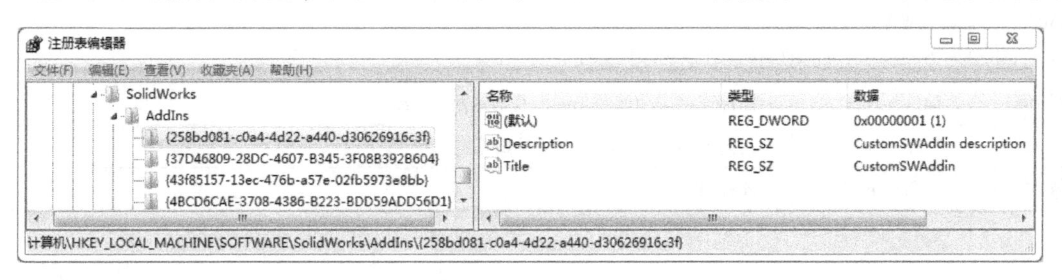

图 10-12　加载插件

如果将 LoadAtStartup 的自定义属性值设置为 True，则还将创建一个注册表项，使得每当启动 SOLIDWORKS 软件时，都会自动加载插件，如图 10-13 所示。

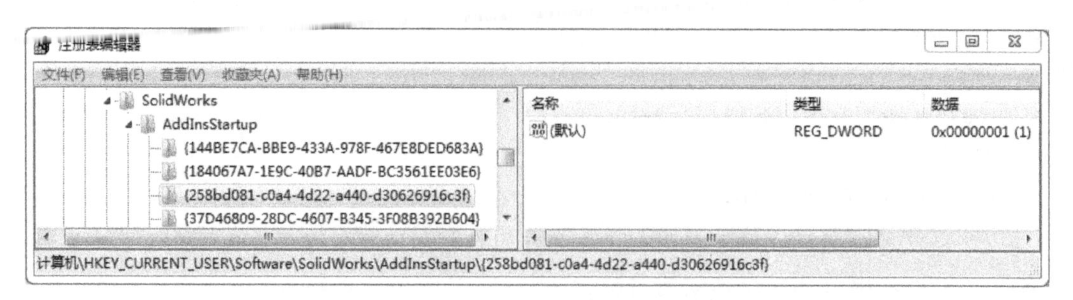

图 10-13 自动加载插件

步骤 16 展开 ISwAddin Implementation 区域 查看图 10-14 所示的注释以理解代码。

除非插件 DLL 包含了 ConnectToSW 和 DisconnectFromSW 两种方法，否则 SOLIDWORKS 不会加载这个插件。加载 DLL 后，SOLIDWORKS 会查询插件的接口并检查这些方法是否存在。如果存在，SOLIDWORKS 软件将加载该插件；否则，SOLIDWORKS 将拒绝这个非法的 DLL。

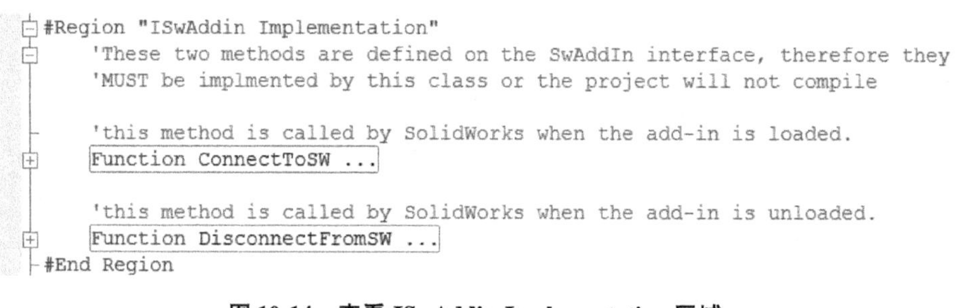

图 10-14 查看 ISwAddin Implementation 区域

10.2.4 连接 SOLIDWORKS

插件初次加载时，SOLIDWORKS 会调用 SwAddin::ConnectToSW 方法。这个方法用于创建新的自定义用户界面，设置 SOLIDWORKS 通知处理程序以及在插件和 SOLIDWORKS 软件之间建立双向通信，见表 10-2。

表 10-2 连接 SOLIDWORKS

SwAddin::ConnectToSW IsConnected = SwAddin.ConnectToSW (ThisSW, Cookie)		
返回值	IsConnected	插件连接成功返回 True，否则返回 False
输入	ThisSW	指向 SldWorks Dispatch 对象的指针
输入	Cookie	插件 ID

步骤 17 查看 ConnectToSW 函数 展开 ConnectToSW 函数，查看代码和注释，如图 10-15所示。

```
'this method is called by SolidWorks when the add-in is loaded.
Function ConnectToSW(ByVal ThisSW As Object, ByVal Cookie As Integer) As Boolean
    'The add-in stores the SolidWorks application pointer in a global variable.
    iSwApp = ThisSW
    'The add-in stores the cookie in a global variable.
    addinID = Cookie

    ' Setup callbacks
    'The addin uses this method to send SolidWorks a pointer to itself.
    'It also sends the cookie back to SolidWorks for Identification purposes.
    iSwApp.SetAddinCallbackInfo(0, Me, addinID)

    ' Setup the Command Manager
    'The Command Manager is used to create custom menus and custom toolbars
    'in the SolidWorks user interface.
    iCmdMgr = iSwApp.GetCommandManager(Cookie)
    AddCommandMgr()

    'Setup the Event Handlers
    SwEventPtr = iSwApp
    openDocs = New Hashtable
    'The Event handlers are added (decribed in detail in lesson 11)
    AttachEventHandlers()

    'Setup Sample Property Manager
    'A custom PropertyManagerPage is created.
    AddPMP()
    'The add-in informs SolidWorks that this method was successful.
    ConnectToSW = True
End Function
```

图 10-15　ConnectToSW 函数

10.2.5　双向通信

SOLIDWORKS 在加载插件时，使用 Cookie 来为插件分配唯一的标识符。Cookie 在插件加载时由 SOLIDWORKS 软件动态生成。SOLIDWORKS 使用此 Cookie 来确定在任意给定时间正在和哪个插件通信。

在最简单的情况下，仅加载一个自定义插件时，在 SOLIDWORKS 中将只创建一个自定义菜单项。每当用户单击该菜单项时，SOLIDWORKS 都会向该插件发送一条消息。这样，该菜单项的回调函数中的代码便可以运行起来。

有关回调函数的更多信息，请参阅 10.2.6 节“设置回调信息”。

当加载多个可创建 SOLIDWORKS 菜单项的插件时，情况将变得更加复杂。SOLIDWORKS 必须跟踪哪个插件创建了哪些菜单，以便当终端用户单击菜单时，它可以调用相应插件中适当的回调函数。

图 10-16 所示为 Cookie 在 SOLIDWORKS 中创建并由 SOLIDWORKS 传递给加载的插件的过程。其中，一个指向 SOLIDWORKS 的指针也传递给该插件。插件将这些值存储在全局变量中，然后将 Cookie 传递回 SOLIDWORKS。同时，该插件将一个指向其自身的指针也传递回 SOLIDWORKS。

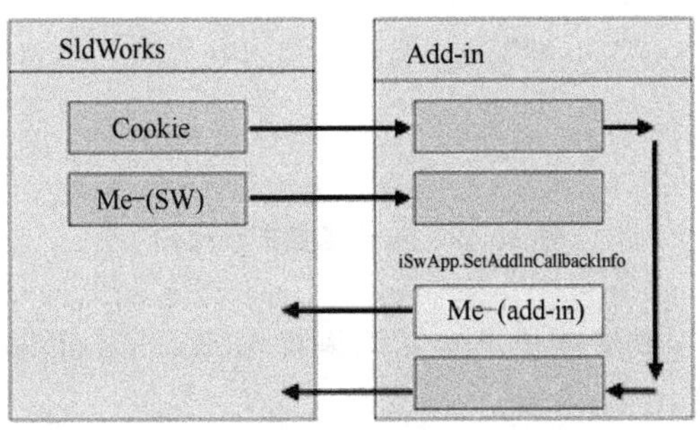

图 10-16　双向通信

10.2.6 设置回调信息

使用 SldWorks. SetAddinCallbackInfo2 方法将 Cookie 和插件的 Me 指针发送回 SOLIDWORKS 软件，见表 10-3。

表 10-3 设置回调信息

SldWorks. SetAddinCallbackInfo2

Status = SldWorks. SetAddinCallbackInfo2 (ModuleHandle, AddinCallbacks, Cookie)

返回值	Status	设置成功返回 True，否则返回 False
输入	ModuleHandle	插件的实例句柄
输入	AddinCallbacks	指向包含插件回调方法的对象的指针
输入	Cookie	插件 ID

步骤 18 查看方法的代码 查看 SldWorks::SetAddinCallbackInfo2 方法的代码，如图 10-17 所示。插件的对象指针和 Cookie 被传回 SOLIDWORKS 以建立双向通信。

```
' Setup callbacks
'The addin uses this method to send SolidWorks a pointer to itself.
'It also sends the cookie back to SolidWorks for Identification purposes.
iSwApp.SetAddinCallbackInfo(0, Me, addinID)
```

图 10-17 查看方法的代码

步骤 19 查看函数剩余代码 这些代码用来添加菜单、工具栏、事件处理程序和创建自定义的 PropertyManager 页面。

代码的最后一行返回了一个布尔值来表明成功连接了 SOLIDWORKS，如图 10-18 所示。

```
' Setup the Command Manager
'The Command Manager is used to create custom menus and custom toolbars
'in the SolidWorks user interface.
iCmdMgr = iSwApp.GetCommandManager(Cookie)
AddCommandMgr()

'Setup the Event Handlers
SwEventPtr = iSwApp
openDocs = New Hashtable
'The Event handlers are added (decribed in detail in lesson 11)
AttachEventHandlers()

'Setup Sample Property Manager
'A custom PropertyManagerPage is created.
AddPMP()
'The add-in informs SolidWorks that this method was successful.
ConnectToSW = True
```

图 10-18 查看函数剩余代码

步骤 20 转到定义 右键单击用户定义函数 AddCommandMgr，从弹出的菜单中单击【Go To Definition】，如图 10-19 所示。

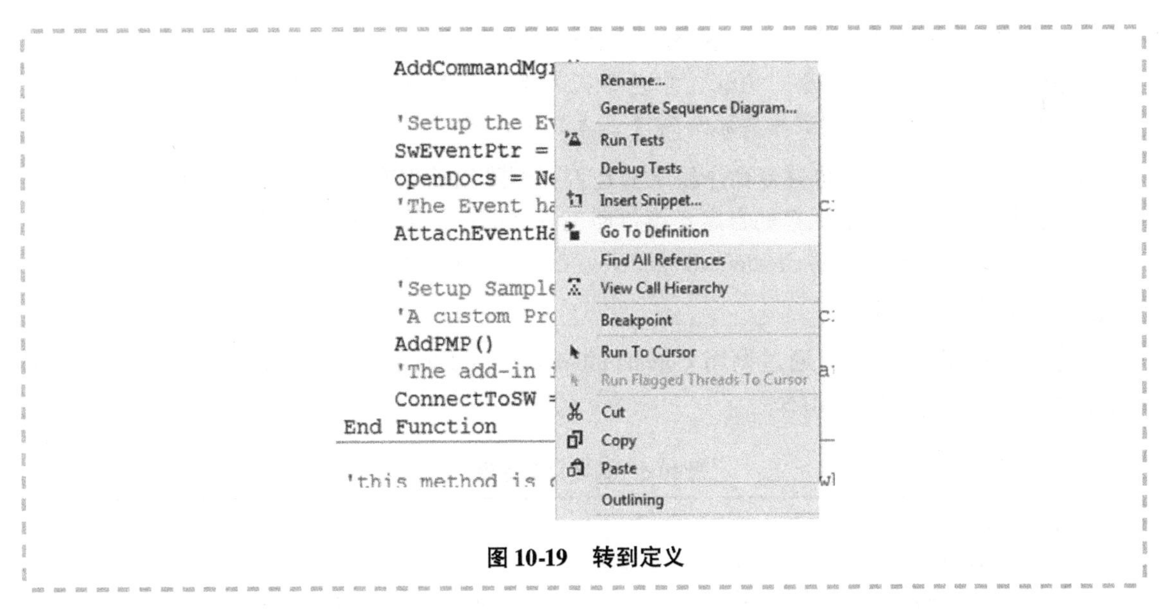

图 10-19　转到定义

10.2.7　自定义菜单

调用 CommandManager::CreateCommandGroup2 方法添加新的“CommandGroup”，以给 SOLIDWORKS 用户界面添加菜单和工具栏，见表 10-4。

表 10-4　自定义菜单

CommandManager::CreateCommandGroup2

```
LpGroup = CommandManager.CreateCommandGroup2 (UserID, Title, Tooltip, _
Hint, Position, IgnorePreviousVersion, Errors)
```

返回值	LpGroup	指向 CommandGroup 对象的指针
输入	UserID	CommandGroup 唯一的用户定义的 ID
输入	Title	CommandGroup 名称
输入	Tooltip	CommandGroup 的工具提示
输入	Hint	用户的光标悬停在 CommandGroup 上时，SOLIDWORKS 状态栏中显示的文本
输入	Position	添加的新菜单或子菜单的位置
输入	IgnorePreviousVersion	True 则在创建新的命令组之前删除所有以前保存的自定义菜单和工具栏信息；否则为 False
输出	Errors	枚举 swCreateCommandGroupErrors 中定义的错误码

CommandManager::CreateCommandGroup2 方法的第一个参数用来为要创建的 CommandGroup 指定唯一的 ID。

第二个参数是 CommandGroup 标题。它是显示在 SOLIDWORKS 新添加菜单上的字符串。可以指定一个现有的父菜单来放置新菜单。例如，传递字符串“&Help\VB Addin”将会把新的【VB Addin】菜单项放在【Help】菜单中。

第三个参数是 CommandGroup 工具提示。它是鼠标光标悬停在该命令组上时显示的字符串。

第四个参数是 CommandGroup 提示字符串。它是鼠标光标悬停在该命令组上时，在 SOLIDWORKS 状态栏中显示的文本。

第五个参数是菜单项要在 SOLIDWORKS 菜单中显示的位置。位置索引基于 0，换句话说，位置0表示菜单中的顶部位置。可以传入-1以指定底部位置。

提示 除非标题参数“Title”中包含父菜单，否则将忽略位置索引。如果未指定父菜单，则新菜单将添加到【工具】菜单下的默认位置。

第六个参数可以指定在创建新命令组之前是否要删除以前保存的自定义菜单和工具栏信息。传递True，将删除所有以前保存的自定义菜单和工具栏信息；传递False则保留它们。

最后一个参数用于返回swCreateCommandGroupErrors枚举中定义的错误码。

10.2.8 自定义命令项

创建CommandGroup后，通过调用CommandGroup::AddCommandItem2方法添加命令项，调用方法及各参数的意义见表10-5。

表10-5 自定义命令项

CommandGroup::AddCommandItem2

```
CmdIndex = CommandGroup.AddCommandItem2 ( Name, Position, _
HintString, ToolTip, ImageListIndex, CallbackFunction, EnableMethod, userID, MenuTBOption)
```

返回值	CmdIndex	SOLIDWORKS分配的CommandGroup中命令项的索引
输入	Name	添加到CommandGroup的命令项的名称
输入	Position	命令项在CommandGroup中的位置
输入	HintString	光标停留在命令项上时，在SOLIDWORKS状态栏中显示的文本
输入	ToolTip	光标停留在命令项上时显示的文本
输入	ImageListIndex	CommandGroup中命令项的位图索引
输入	CallbackFunction	选择命令项时调用的函数
输入	EnableMethod	控制命令项状态的可选函数
输入	userID	用户定义的命令ID，为0时表示不使用
输入	MenuTBOption	swCommandItemType_e中定义的命令项类型

• 建立回调 回调函数（callback）是插件暴露的可以由SOLIDWORKS软件调用的子程序或函数。这些子程序或函数由用户在插件对象中定义，并声明为Public，以便可以从DLL外部对其进行访问。回调函数需要在插件中实现，因为单击自定义命令项时，SOLIDWORKS需要将此调用指向暴露的方法，如图10-20所示。

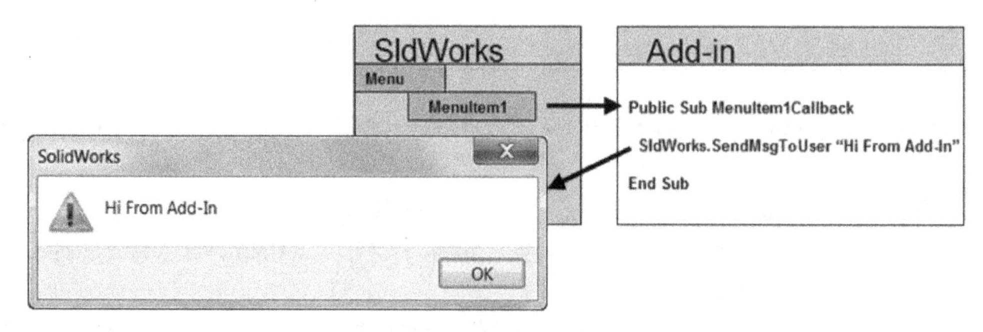

图10-20 建立回调

当终端用户单击自定义命令项时，SOLIDWORKS将调用DLL暴露的相应回调方法来处理事件。

步骤 21　检查 AddCommandItem2 的代码　命令组将添加名为“CreateCube”的命令项。当用户单击该命令项时，SOLIDWORKS 将调用插件暴露的名为“CreateCube”的回调函数，如图 10-21 所示。

```
cmdIndex0 = cmdGroup.AddCommandItem2("CreateCube", -1, "Create a cube", _
            "Create cube", 0, "CreateCube", "", mainItemID1, menuToolbarOption)
```

图 10-21　AddCommandItem2 的代码

步骤 22　查看命令组代码　图 10-22 所示的模块代码用于设置命令项、指定工具栏和创建菜单，并激活命令组。

```
Dim cmdGroup As ICommandGroup
If iBmp Is Nothing Then
    iBmp = New BitmapHandler()
End If
Dim thisAssembly As Assembly
Dim cmdIndex0 As Integer, cmdIndex1 As Integer
Dim Title As String = "VB Addin"
Dim ToolTip As String = "VB Addin"

Dim docTypes() As Integer = {swDocumentTypes_e.swDocASSEMBLY, _
                             swDocumentTypes_e.swDocDRAWING, _
                             swDocumentTypes_e.swDocPART}

thisAssembly = System.Reflection.Assembly.GetAssembly(Me.GetType())
Dim cmdGroupErr As Integer = 0
Dim ignorePrevious As Boolean = False

Dim registryIDs As Object = Nothing
Dim getDataResult As Boolean = iCmdMgr.GetGroupDataFromRegistry _
                               (mainCmdGroupID, registryIDs)
Dim knownIDs As Integer() = New Integer(1) {mainItemID1, mainItemID2}
If getDataResult Then
    If Not CompareIDs(registryIDs, knownIDs) Then
        'if the IDs don't match, reset the commandGroup
        ignorePrevious = True
    End If
End If
cmdGroup = iCmdMgr.CreateCommandGroup2(mainCmdGroupID, Title, ToolTip, "", _
                                       -1, ignorePrevious, cmdGroupErr)
If cmdGroup Is Nothing Or thisAssembly Is Nothing Then
    Throw New NullReferenceException()
End If

cmdGroup.LargeIconList = iBmp.CreateFileFromResourceBitmap _
                         ("CustomSWAddin.ToolbarLarge.bmp", thisAssembly)
cmdGroup.SmallIconList = iBmp.CreateFileFromResourceBitmap _
                         ("CustomSWAddin.ToolbarSmall.bmp", thisAssembly)
cmdGroup.LargeMainIcon = iBmp.CreateFileFromResourceBitmap _
                         ("CustomSWAddin.MainIconLarge.bmp", thisAssembly)
cmdGroup.SmallMainIcon = iBmp.CreateFileFromResourceBitmap _
                         ("CustomSWAddin.MainIconSmall.bmp", thisAssembly)

Dim menuToolbarOption As Integer = swCommandItemType_e.swMenuItem Or _
                                   swCommandItemType_e.swToolbarItem
cmdIndex0 = cmdGroup.AddCommandItem2("CreateCube", -1, "Create a cube", _
            "Create cube", 0, "CreateCube", "", mainItemID1, menuToolbarOption)
cmdIndex1 = cmdGroup.AddCommandItem2("Show PMP", -1, "Display sample property manager", _
            "Show PMP", 2, "ShowPMP", "PMPEnable", mainItemID2, menuToolbarOption)

cmdGroup.HasToolbar = True
cmdGroup.HasMenu = True
cmdGroup.Activate()
```

图 10-22　命令组代码

类似地，创建弹出式的命令组，代码如图 10-23 所示。

```
Dim flyGroup As FlyoutGroup
flyGroup = iCmdMgr.CreateFlyoutGroup(flyoutGroupID, "Dynamic Flyout", "Flyout Tooltip", _
                    "Flyout Hint", cmdGroup.SmallMainIcon, cmdGroup.LargeMainIcon, _
                    cmdGroup.SmallIconList, cmdGroup.LargeIconList, _
                    "FlyoutCallback", "FlyoutEnable")
flyGroup.AddCommandItem("FlyoutCommand 1", "test", 0, "FlyoutCommandItem1", _
                    "FlyoutEnableCommandItem1")
flyGroup.FlyoutType = swCommandFlyoutStyle_e.swCommandFlyoutStyle_Simple
```

图 10-23　弹出式命令组代码

10.2.9　命令选项卡

调用 CommandManager::AddCommandTab 方法为指定的文件类型添加新的选项卡（见图 10-24）到 CommandManager 中，见表 10-6。

表 10-6　添加命令选项卡

CommandManager::AddCommandTab TabCreated = CommandManager. AddCommandTab（DocumentType, TabName）		
返回值	TabCreated	指向 CommandTab 对象的指针
输入	DocumentType	枚举 swDocumentTypes_e 中定义的文件类型
输入	TabName	CommandManager 选项卡名称

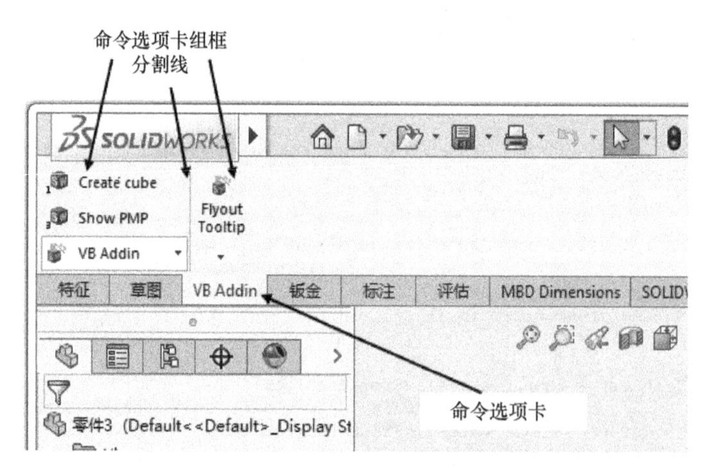

图 10-24　命令选项卡及其组成

10.2.10　命令选项卡组框

调用 CommandTab::AddCommandTabBox 方法添加新的 CommandManager 选项卡组框（见图 10-24）到 CommandManager 选项卡，见表 10-7。

表 10-7　添加命令选项卡组框

CommandTab::AddCommandTabBox CommandTabBox = CommandTab. AddCommandTabBox（）		
返回值	CommandTabBox	指向 CommandTabBox 对象的指针

10.2.11　命令选项卡组框命令

调用 CommandTabBox::AddCommands 方法添加新的命令到 CommandManager 选项卡组框，见表 10-8。

表 10-8　添加命令选项卡组框命令

CommandTabBox::AddCommands Success = CommandTabBox. AddCommands (CommandIDs, TextDisplayStyles)		
返回值	Success	成功添加命令到 CommandManager 选项卡组框返回 True，否则返回 False
输入	CommandIDs	命令的 Command ID 数组
输入	TextDisplayStyles	用于标识各命令文本显示样式的整数数组，数值元素为枚举 swCommandTabButtonTextDisplay_e 中定义的值

步骤 23　查看 AddCommandMgr 子程序中的其余代码　图 10-25 所示模块中的代码可为每种文件类型设置命令选项卡，添加命令选项卡组框、命令和分隔符。

```
For Each docType As Integer In docTypes
    Dim cmdTab As ICommandTab = iCmdMgr.GetCommandTab(docType, Title)
    Dim bResult As Boolean

    If Not cmdTab Is Nothing And Not getDataResult Or ignorePrevious Then
        'if tab exists, but we have ignored the registry info, re-create the tab.
        'Otherwise the ids won't matchup and the tab will be blank
        Dim res As Boolean = iCmdMgr.RemoveCommandTab(cmdTab)
        cmdTab = Nothing
    End If

    If cmdTab Is Nothing Then
        cmdTab = iCmdMgr.AddCommandTab(docType, Title)

        Dim cmdBox As CommandTabBox = cmdTab.AddCommandTabBox
        'Three commands are added to the first CommandTabBox, those commands are
        'the two commands whose indexes were returned by AddCommandItem and stored in
        'cmdIndex0 and cmdIndex1 and the third command is the command group toolbar
        Dim cmdIDs(3) As Integer
        Dim TextType(3) As Integer
        cmdIDs(0) = cmdGroup.CommandID(cmdIndex0)
        TextType(0) = swCommandTabButtonTextDisplay_e.swCommandTabButton_TextHorizontal
        cmdIDs(1) = cmdGroup.CommandID(cmdIndex1)
        TextType(1) = swCommandTabButtonTextDisplay_e.swCommandTabButton_TextHorizontal
        cmdIDs(2) = cmdGroup.ToolbarId
        TextType(2) = swCommandTabButtonTextDisplay_e.swCommandTabButton_TextHorizontal
        bResult = cmdBox.AddCommands(cmdIDs, TextType)

        Dim cmdBox1 As CommandTabBox = cmdTab.AddCommandTabBox()
        'One command is added to the second CommandTabBox; the command group toolbar
        ReDim cmdIDs(1)
        ReDim TextType(1)

        cmdIDs(0) = flyGroup.CmdID
        TextType(0) = swCommandTabButtonTextDisplay_e.swCommandTabButton_TextBelow
        bResult = cmdBox1.AddCommands(cmdIDs, TextType)

        'Add a separator to the second command tab box before the toolbar command
        cmdTab.AddSeparator(cmdBox1, cmdIDs(0))
    End If
Next
thisAssembly = Nothing
```

图 10-25　AddCommandMgr 子程序中的其余代码

步骤 24　展开 UI Callbacks 代码块　所有命令项的回调函数均在源码的此代码块中列出，如图 10-26 所示。

```
#Region "UI Callbacks"
    Sub CreateCube ...
    Sub ShowPMP ...
    Function PMPEnable ...

    Sub FlyoutCallback ...
    Function FlyoutEnable ...

    Sub FlyoutCommandItem1 ...
    Function FlyoutEnableCommandItem1 ...
#End Region
```

图 10-26　UI Callbacks 代码块

步骤 25　展开 CreateCube 函数　当用户在 SOLIDWORKS 软件中单击【CreateCube】命令项时，将执行此函数中的代码，如图 10-27 所示。用户单击命令项时，将创建一个新零件，然后绘制并拉伸生成一个立方体。

```
Sub CreateCube()

    'make sure we have a part open
    Dim partTemplate As String
    Dim model As ModelDoc2
    Dim featMan As FeatureManager
    'Get the default part template
    partTemplate = iSwApp.GetUserPreferenceStringValue _
            (swUserPreferenceStringValue_e.swDefaultTemplatePart)
    If Not partTemplate = "" Then
     'Create a new document
        model = iSwApp.NewDocument(partTemplate, _
            swDwgPaperSizes_e.swDwgPaperA2size, 0.0, 0.0)

        model.InsertSketch2(True)
        model.SketchRectangle(0, 0, 0, 0.1, 0.1, 0.1, False)

        'Extrude the sketch
        featMan = model.FeatureManager
        featMan.FeatureExtrusion(True, _
                                    False, False, _
                                    swEndConditions_e.swEndCondBlind, _
                                    swEndConditions_e.swEndCondBlind, _
                                    0.1, 0.0, _
                                    False, False, _
                                    False, False, _
                                    0.0, 0.0, _
                                    False, False, _
                                    False, False, _
                                    True, _
                                    False, False)
    Else
        System.Windows.Forms.MessageBox.Show _
            ("There is no part template available. " + _
             "Please check your options and make sure there is a " + _
             "part template selected, or select a new part template.")
    End If
End Sub
```

图 10-27　CreateCube 函数

步骤 26　调试应用程序　启动调试器，注意 SOLIDWORKS 启动时创建的新菜单和菜单项。在【VB Addin】菜单中单击【CreateCube】，调用 DLL 中的回调函数创建立方体，如图 10-28 所示。

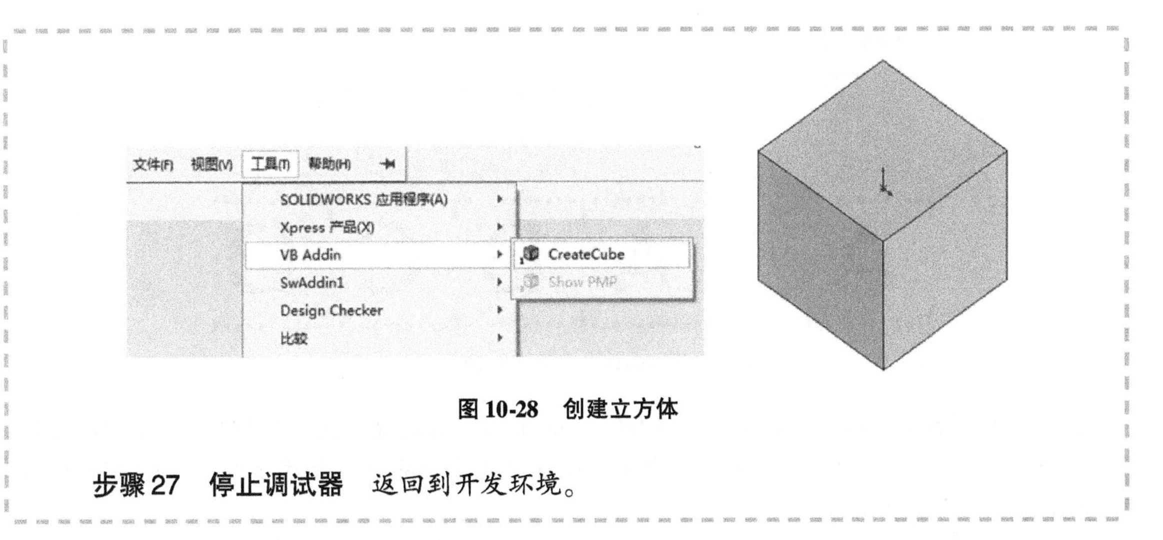

图 10-28　创建立方体

步骤 27　停止调试器　返回到开发环境。

10.2.12　在插件中创建并添加自定义工具栏

为了使用命令项，必须了解命令项位图图片的功能。对于只有一个命令项的命令组（CommandGroup），命令组需要为命令项提供两幅图片，一幅小的，一幅大的。小位图必须是 16×16 像素，大位图必须是 24×24 像素。

> **技巧**　在【Solution Explorer】中双击文件 ToolbarLarge. bmp 或 ToolbarSmall. bmp，可以查看项目中的命令项图片。图片将显示在图像编辑器（Image Editor）中，如图 10-29 所示。

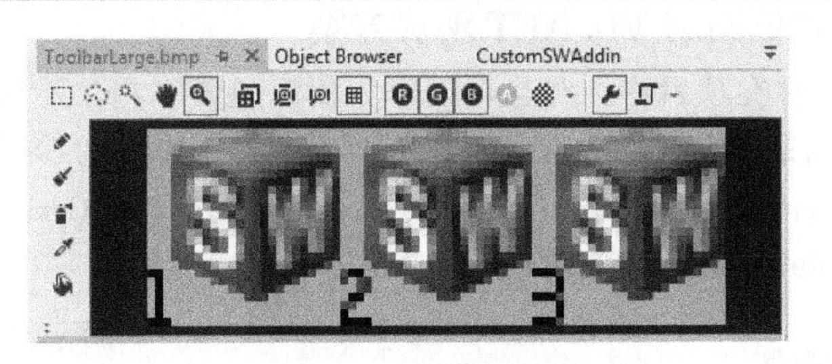

图 10-29　图片显示

扫码看视频

10.2.13　创建工具栏位图

对于具有多个命令项的命令组，命令组仍需要两幅图片，一幅小的，一幅大的，如图 10-30 和图 10-31 所示。小位图必须是 16 像素高、16×N 像素宽（N=命令项数）；大位图必须是 24 像素高、24×N 像素宽。

单个命令项　　多个命令项

S...　A　　Sample To...　A B C D

A　　A B C D

图 10-30　小位图向导

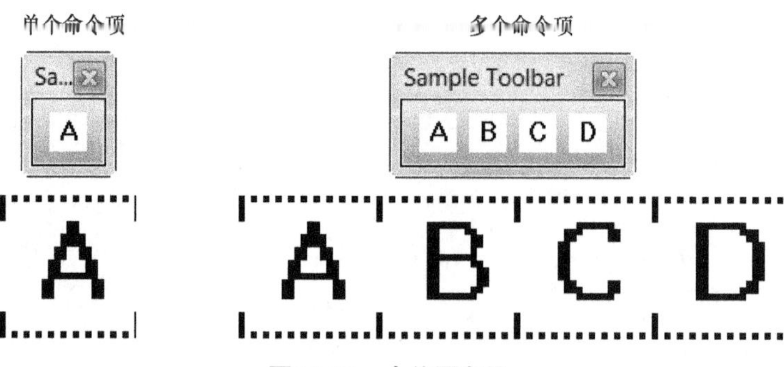

图 10-31　大位图向导

（1）工具栏索引　CommandGroup::AddCommandItem2 方法需要传入此项目使用的图片的索引号（从 0 开始，从左开始）。这样可以将单个图片分为多个部分，或者分为多个可用的自动化按钮图像，如图 10-32 所示。

（2）工具提示　CommandGroup::AddCommandItem2 方法还会赋予每个按钮一个提示字符串，使程序员可以告知用户每个按钮对应的功能，如图 10-33 所示。

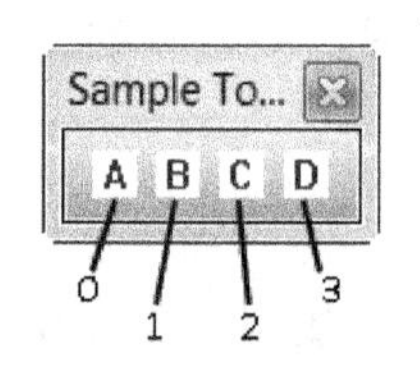

图 10-32　工具栏索引

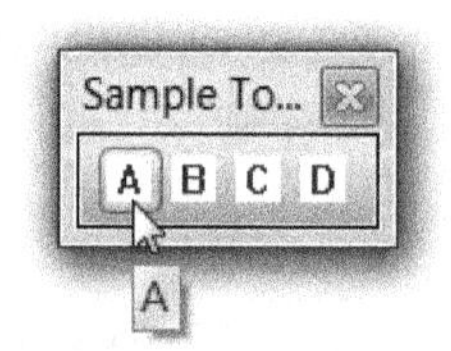

图 10-33　工具提示

10.2.14　添加工具栏位图到 VB.NET 解决方案

命令项位图必须包含在项目中，并且可以作为资源包含在内。要创建新的位图，可以在【Solution Explorer】中右键单击【CustomSwAddin】项目节点，如图 10-34 所示。在弹出的菜单中单击【Add】/【New Item】。最后，在【Add New Item】对话框的【Common Items】/【General】子项中双击【Bitmap File】，如图 10-35 所示。

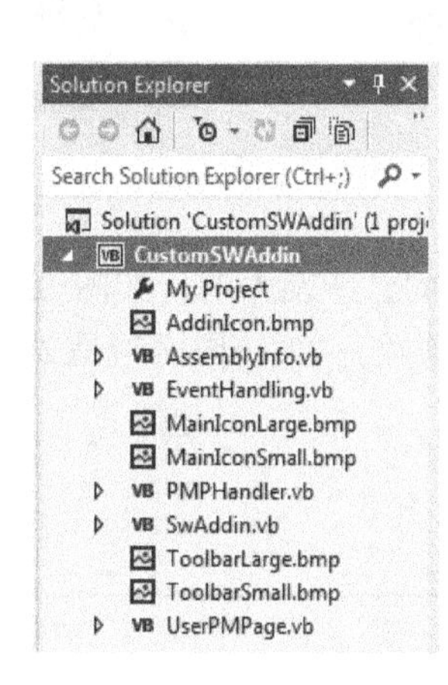

图 10-34　CustomSwAddin 项目节点

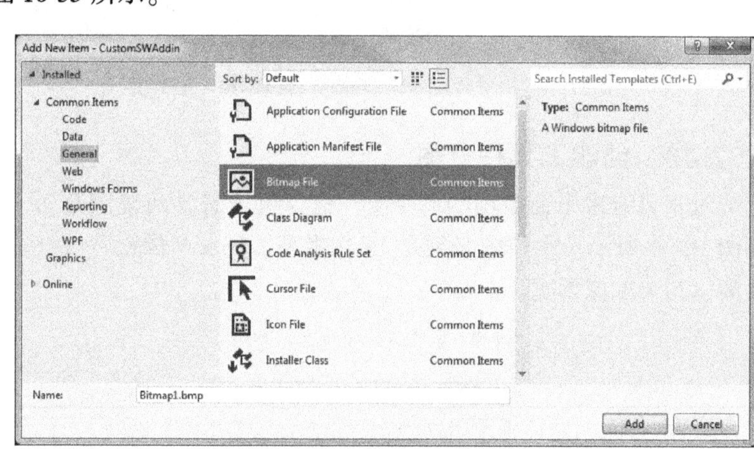

图 10-35　创建位图文件

Visual Studio 在【Image Editor】中打开了一个新的位图，如图 10-36 所示。要使位图具有适当的大小，请在【Properties】窗格中输入所需的宽度和高度。

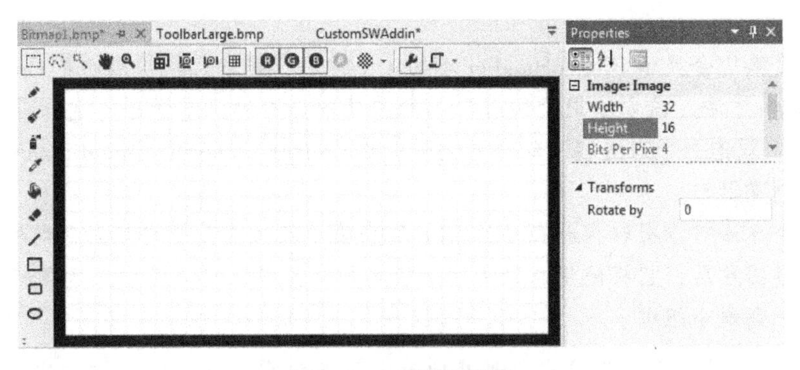

图 10-36　图像编辑器

提示　插件向导会自动创建两个命令项位图示例，并将它们添加到解决方案中。本实例学习中的以下步骤将使用向导生成的位图。

10.2.15　位图句柄类

创建工程时，插件向导会自动将对 SolidWorksTools 类型库的引用添加到项目中。在 SolidWorksTools. File 命名空间中，有一个名为 BitmapHandler 的工具类，它包含一个从插件程序集中提取位图资源并从中创建位图文件的帮助函数。

• 【Class View】窗口　【Class View】窗口用于浏览项目中的类定义和引用。类视图以分层树状结构显示项目中定义的类。可以展开并选择树中的每个节点并在下方窗格中查看其所有成员。如果双击一个类的成员，该成员的源代码将显示在编辑器中。对于引用的类，双击时，成员将显示在【Object Browser】中。

步骤 28　显示类视图　在【View】菜单上单击【Class View】，显示类视图窗口。

依次展开 References 节点下的 SolidWorksTools 类型库、SolidWorksTools 命名空间和 File 命名空间，选择 BitmapHandler 类，如图 10-37 所示。

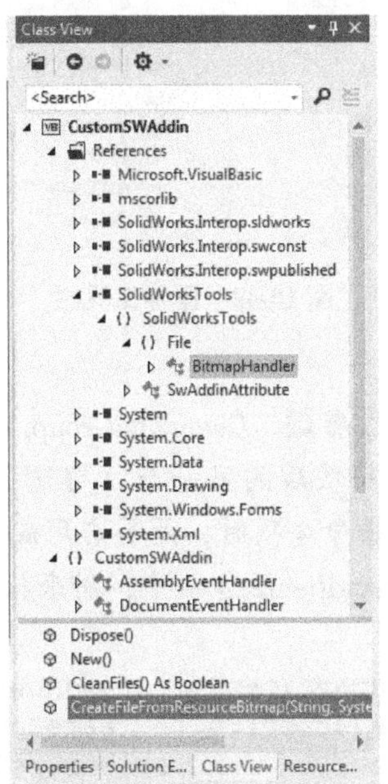

图 10-37　【Class View】窗口

下方的窗格中会显示 BitmapHandler 类的 4 个方法，其中比较常用的是 CreateFileFromResourceBitmap 方法。该方法用于利用 DLL 程序集中保存的位图资源创建位图文件。

步骤 29　双击一个方法名　双击类视图中的 CreateFileFromResourceBitmap 方法，将其显示在对象浏览器中。

利用这个方法可以提取存储在插件 DLL 程序集中的位图，并将其保存到硬盘上。

重新创建图片后，它将使用新的文件路径名并将其发送回调用方，这样新建的图片便可以用于添加到命令组中。

提示　为什么要用这些代码在硬盘上重建位图？这是因为该方法解决了一个问题，即发布插件时，如何管理位图在目标计算机上的确切位置。

10.2.16　添加工具栏

通过 CommandGroup::HasToolbar 属性，可以指定此 CommandGroup 是否应具有自定义工具栏，并将该工具栏名称添加到 SOLIDWORKS 软件的【视图】/【工具栏】菜单中，如图 10-38 所示。

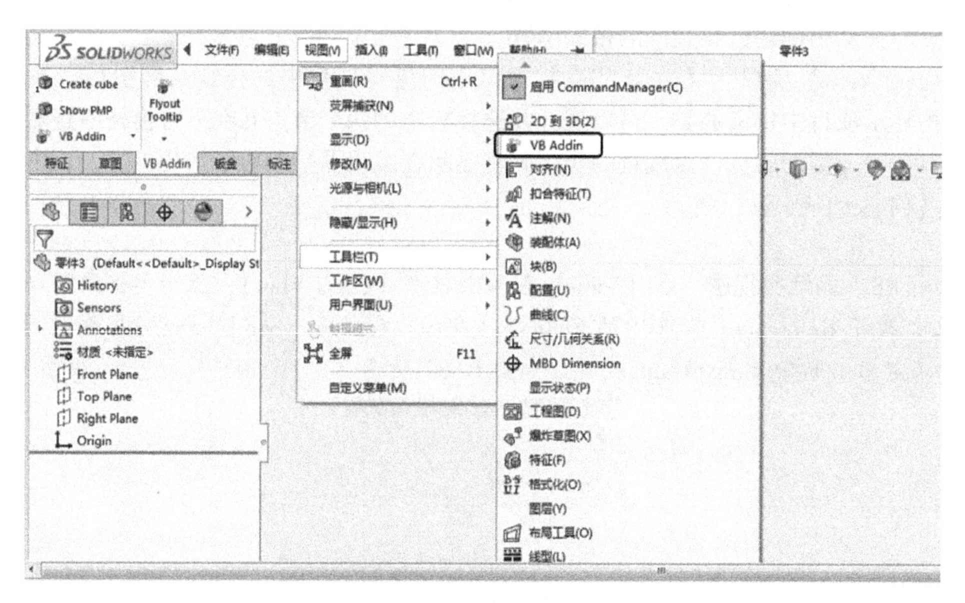

图 10-38　添加工具栏

步骤 30　查看 EnableMethod 参数　CommandGroup.AddCommandItem2 方法的 EnableMethod 参数用于指定可以在插件中实现的另一个（可选）回调函数。这是一个有着特殊用途的回调函数，它将决定在单击命令项时，是否启用或禁用该命令项。将字符串“CreateCubeEnable”添加到 AddCommandItem2 方法中，用来指定【CreateCube】命令项中该回调函数的名称，如图 10-39 所示。

```
cmdIndex0 = cmdGroup.AddCommandItem2("CreateCube", -1, "Create a cube", _
                 "Create cube", 0, "CreateCube", "CreateCubeEnable", _
                 mainItemID1, menuToolbarOption)
```

图 10-39　EnableMethod 参数

步骤31 检查工具栏命令项的回调函数 展开源代码文件中的“UI Callbacks”程序块，添加下面的新方法，如图10-40所示。

```
Function CreateCubeEnable() As Integer
  CreateCubeEnable = 1
End Function
```

```
#Region "UI Callbacks"
    Sub CreateCube ...
    Function CreateCubeEnable() As Integer
        CreateCubeEnable = 1
    End Function

    Sub ShowPMP ...
    Function PMPEnable ...

    Sub FlyoutCallback ...
    Function FlyoutEnable ...

    Sub FlyoutCommandItem1 ...
    Function FlyoutEnableCommandItem1 ...
#End Region
```

图10-40 工具栏命令项的回调函数

技巧

命令项的启用回调函数当前返回1。从该方法返回1可以确保在单击命令项后其仍处于可用状态。可以使用所需的任何逻辑来确定应用程序适合的状态设置。

以下设置可作为命令项启用回调函数的返回值：

- 0——取消选中并禁用命令项。
- 1——取消选中并启用命令项。这是未指定启用状态时命令项的默认状态。
- 2——选中并禁用命令项。
- 3——选中并启用命令项。

步骤32 测试工具栏 在Visual Studio菜单中单击【Debug】/【Start】，SOLIDWORKS将启动并加载插件。新建一个零件，单击工具栏上的任意一个命令项，根据被按下的命令项，SOLIDWORKS将会生成一个立方体或者显示一个属性管理器（PropertyManager）。

步骤33 停止调试器 返回开发环境。

10.3 PropertyManager 页面

创建插件的另一个好处是可以创建自定义的PropertyManager页面。API提供了供程序员用来设计自定义PropertyManager页面的函数。这些自定义页面支持SOLIDWORKS自带的PropertyManager页面上所有可用的特征和控件。自定义PropertyManager页面允许开发人员为插件提供一个稳定且外观和行为都接近SOLIDWORKS软件的用户界面。

10.3.1 PropertyManager 页面成员

使用 API 创建自定义 PropertyManager 页面时，主要用到两个接口：

- PropertyManagerPage2
- PropertyManagerPage2Handler9

PropertyManagerPage2Handler9 接口在 SwPublished 类型库中定义，在首次创建项目时该接口由插件向导自动引用。

插件的 UserPMPage 类有 ppage 和 handler 两个成员，分别用于表示这些接口。另外，任何在此页面上创建的控件也都是该类的成员。

图 10-41 所示为创建自定义 PropertyManager 页面时插件向导使用的类和接口。

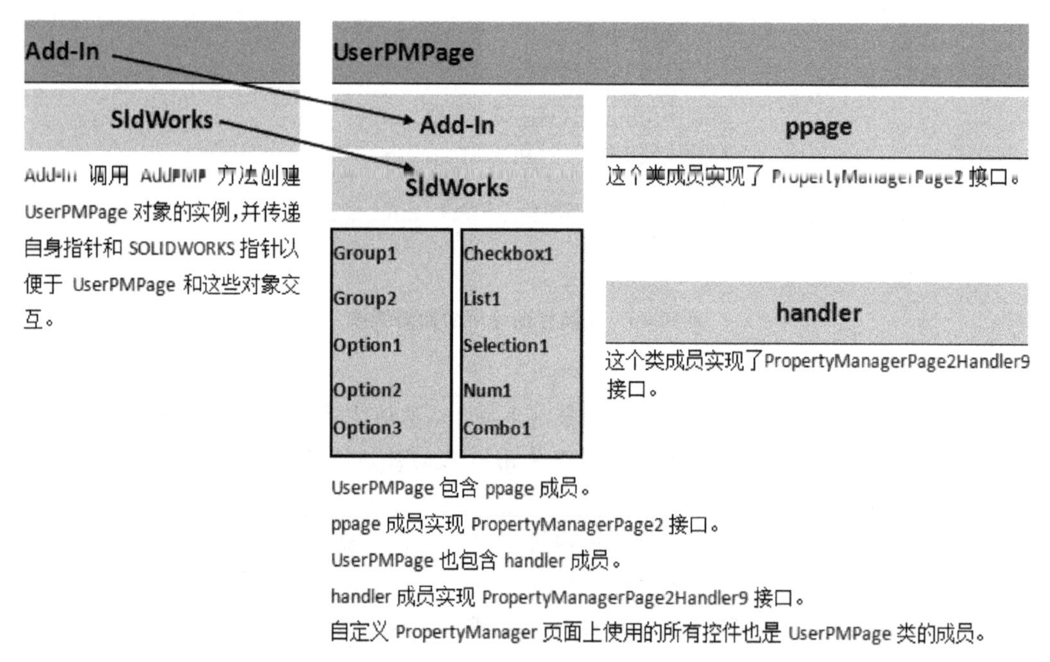

图 10-41 创建自定义 PropertyManager 页面

10.3.2 PropertyManagerPage2

PropertyManagerPage2 对象使插件具备了显示功能，以及与 PropertyManager 页面进行交互的功能。这些 PropertyManager 页面无论外观还是行为都与 SOLIDWORKS PropertyManager 类似。这个对象表示显示给终端用户的实际页面，它提供了添加组框和控件到页面以及显示页面的方法。

10.3.3 PropertyManagerPage2Handler9

要达到与程序员定义的 PropertyManagerPage2 对象进行交互的目的，必须实现 PropertyManagerPage2Handler9 接口。这个接口负责处理自定义 PropertyManager 页面发送回来的所有事件。

PropertyManagerPage2Handler9 接口会在页面创建之前实例化。实例化完成后，其指针将传递给 SldWorks::CreatePropertyManagerPage 方法。通过将指针传递给此方法，SOLIDWORKS 知道了这两个对象可以协同工作以处理终端用户与页面进行交互时发送的事件。

由向导生成的项目将为 UserPMPage 对象创建一个名为 handler 的类成员。它是 PMPageHandler 类的实例。这个对象实现了 SwPublished 类型库中定义的 PropertyManagerPage2Handler9 接口。

PropertyManagerPage2Handler9 接口的所有方法必须在 PMPageHandler 对象中实现，否则项目将无法编译。

10.3.4　创建 PropertyManager 页面

SldWorks::CreatePropertyManagerPage 方法用于新建 PropertyManager 页面，见表 10-9。

表 10-9　新建 PropertyManager 页面

SldWorks::CreatePropertyManagerPage retval = SldWorks.CreatePropertyManagerPage (title, Options, handler, errors)		
返回值	retval	指向新建的 PropertyManager 页面的指针
输入	title	页面标题
输入	Options	swPropertyManagerPageOptions_e 中定义的选项
输入	handler	指向页面事件处理程序的指针
输出	errors	swPropertyManagerPageStatus_e 中定义的创建状态

PropertyManagerPage2::Show 方法用于显示页面，见表 10-10。

表 10-10　显示 PropertyManager 页面

PropertyManagerPage2::Show retval = PropertyManagerPage2.Show ( )		
返回值	retval	页面创建状态：0 = 成功；其他值 = 失败

步骤 34　查看添加 PropertyManager 页面的代码　在【Class View】窗口中，双击 SwAddin::AddPMP 方法。AddPMP 函数的代码将显示在代码编辑器中，如图 10-42 所示。

```
Function AddPMP() As Boolean
    ppage = New UserPMPage()
    ppage.Init(iSwApp, Me)
End Function
```

图 10-42　PropertyManager 页面的代码

此函数将创建 UserPMPage 对象的新实例并调用其 Init 方法。右键单击 ppage.Init 函数，从弹出菜单中选择【Go To Definition】。

步骤 35　研究 UserPMPage::Init 函数　该初始化函数将插件和 SOLIDWORKS 指针传递给 PropertyManager 页面，并将它们保存在变量中。然后，调用其他两个函数创建页面并向页面添加控件，如图 10-43 所示。

```
Sub Init(ByVal sw As SldWorks, ByVal addin As SwAddin)
    iSwApp = sw
    userAddin = addin
    CreatePage()
    AddControls()
End Sub
```

图 10-43　UserPMPage::Init 函数

步骤 36　检查创建页面的代码　右键单击 CreatePage 函数，从弹出菜单中选择【Go To Definition】。该函数将新建一个处理程序对象，并调用 handler.Init 方法。这个方法将插件和 SOLIDWORKS 指针传递给处理程序对象，以便它们可以通信。最后，创建 PropertyManager 页面并将处理程序对象传递给它，如图 10-44 所示。

```
Sub CreatePage()
    handler = New PMPageHandler()
    handler.Init(iSwApp, userAddin)
    Dim options As Integer
    Dim errors As Integer
    options = swPropertyManagerPageOptions_e.swPropertyManagerOptions_OkayButton + _
              swPropertyManagerPageOptions_e.swPropertyManagerOptions_CancelButton
    ppage = iSwApp.CreatePropertyManagerPage("Sample PMP", options, handler, errors)
End Sub
```

图 10-44　创建页面的代码

10.4　PropertyManager 页面组框和控件

创建 PropertyManager 页面的下一个步骤是添加用于组织页面控件的组框。图 10-45 中有两个自定义组框，一个已展开，另一个未展开。

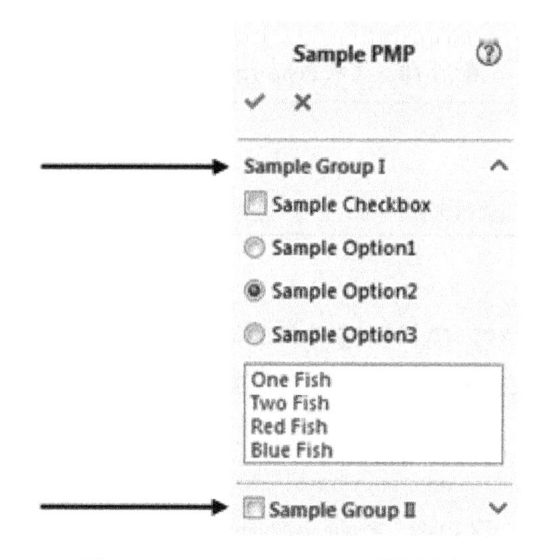

图 10-45　PropertyManager 页面组框

10.4.1　添加组框

使用 API 中的 PropertyManagerPage2::AddGroupBox 方法添加组框到自定义 PropertyManager 页面，见表 10-11。

表 10-11　添加组框

PropertyManagerPage2::AddGroupBox retval = PropertyManagerPage2. AddGroupBox (Id, Caption, Options)		
返回值	retval	指向新建组框的指针
输入	Id	组框的资源 ID
输入	Caption	组框的标题
输入	Options	swAddGroupBoxOptions_e 中定义的选项

10.4.2　组和控件 ID

构建 PropertyManager 页面时，页面上创建的每个组和控件都分配了一个唯一的 ID。可以在该页面的控件事件处理程序中使用 Select Case 语句，以确定插件的终端用户在与哪个控件进行交互。组和控件 ID 由插件的开发人员创建和管理。它们是在设计阶段分配给这些控件对象的长整型值。

步骤 37　检查在页面中添加组框的代码　使用【Class View】在编辑器中显示 UserPMPage::AddControls 函数。

代码中声明 3 个局部变量后，调用 PropertyManagerPage2::AddGroupBox 方法构建了 2 个分组框，如图 10-46 所示。

```
Sub AddControls()
    Dim options As Integer
    Dim leftAlign As Integer
    Dim controlType As Integer

    'Add Groups
    options = swAddGroupBoxOptions_e.swGroupBoxOptions_Expanded + _
              swAddGroupBoxOptions_e.swGroupBoxOptions_Visible
    group1 = ppage.AddGroupBox(group1ID, "Sample Group I", options)

    options = swAddGroupBoxOptions_e.swGroupBoxOptions_Checkbox + _
              swAddGroupBoxOptions_e.swGroupBoxOptions_Visible
    group2 = ppage.AddGroupBox(group2ID, "Sample Group II", options)
```

图 10-46　添加组框的代码

步骤 38　添加代码到组框事件处理程序　使用【Class View】在编辑器中显示 PMPageHandler::OnGroupExpand 方法。添加图 10-47 所示代码，这段代码使用组框 ID 来确定 PropertyManager 页面上的哪个组框被展开。

```
Sub OnGroupExpand(ByVal id As Integer, ByVal status As Boolean) _
  Implements PropertyManagerPage2Handler8.OnGroupExpand
  Select Case id
    Case 0
      If status = True Then
        iSwApp.SendMsgToUser2("Group 1 was expanded", _
            swMessageBoxIcon_e.swMbInformation, swMessageBoxBtn_e.swMbOk)
      Else
        iSwApp.SendMsgToUser2("Group 1 was collapsed", _
            swMessageBoxIcon_e.swMbInformation, swMessageBoxBtn_e.swMbOk)
      End If
    Case 1
      If status = True Then
        iSwApp.SendMsgToUser2("Group 2 was expanded", _
            swMessageBoxIcon_e.swMbInformation, swMessageBoxBtn_e.swMbOk)
      Else
        iSwApp.SendMsgToUser2("Group 2 was collapsed", _
            swMessageBoxIcon_e.swMbInformation, swMessageBoxBtn_e.swMbOk)
      End If
  End Select
End Sub
```

图 10-47　组框事件处理程序

10.4.3　添加控件

使用 PropertyManagerPageGroup::AddControl 方法将控件添加到组框中，见表 10-12。

表 10-12　添加控件

PropertyManagerPageGroup::AddControl
retval = PropertyManagerPage2. AddControl (Id, ControlType, Caption, LeftAlign, Options, Tip)

返回值	retval	指向新建的 PropertyManagerPageControl 的指针
输入	Id	控件的资源 ID
输入	ControlType	swPropertyManagerPageControlType_e 中定义的控件类型
输入	Caption	控件的标题
输入	LeftAlign	swPropertyManagerPageControlLeftAlign_e 中定义的控件的左对齐属性
输入	Options	swAddControlOptions_e 中定义的选项
输入	Tip	控件的工具提示

表 10-13 列出了可以添加到 PropertyManager 页面的不同类型的控件。

表 10-13　PropertyManager 控件类型

Tab	Tab1 Tab2	NumberBox	0
Group	GroupBox	Option	Option
Bitmap		SelectionBox	
Button	Button	TextBox	Textbox
Checkbox	Checkbox	BitmapButton	
Combobox	Combobox	Checkable BitmapButton	
Listbox	Listbox	Slider	
Label	Label	—	—

技巧

AddControl 方法也是由 PropertyManagerPage2 接口暴露。控件在不创建组框的情况下也可以直接添加到 PropertyManager 页面。另外，还可以将控件和组框添加到选项卡，这些选项卡可以使用 AddTab 方法添加到 PropertyManager 页面。

步骤 39　返回至 AddControls 方法　使用【Class View】返回至 UserPMPage::AddControls 方法。向下滚动查看用于将控件添加到组框的代码。

如图 10-48 所示，代码中设置了几个控件选项，并使用 PropertyManagerPageGroup::AddControl 方法将复选框添加到组框中。

步骤 40　继续向下滚动　组框上还创建了 3 个选项控件。请注意，每个选项控件都分配有一个 ID，如图 10-49 所示。

```
Sub AddControls()
    Dim options As Integer
    Dim leftAlign As Integer
    Dim controlType As Integer

    'Add Groups
    options = swAddGroupBoxOptions_e.swGroupBoxOptions_Expanded + _
              swAddGroupBoxOptions_e.swGroupBoxOptions_Visible
    group1 = ppage.AddGroupBox(group1ID, "Sample Group I", options)

    options = swAddGroupBoxOptions_e.swGroupBoxOptions_Checkbox + _
              swAddGroupBoxOptions_e.swGroupBoxOptions_Visible
    group2 = ppage.AddGroupBox(group2ID, "Sample Group II", options)

    'Add Controls to Group1
    'Checkbox1
    controlType = swPropertyManagerPageControlType_e.swControlType_Checkbox
    leftAlign = swPropertyManagerPageControlLeftAlign_e.swControlAlign_LeftEdge
    options = swAddControlOptions_e.swControlOptions_Enabled + _
              swAddControlOptions_e.swControlOptions_Visible
    checkbox1 = group1.AddControl(checkbox1ID, controlType, "Sample Checkbox", _
                                  leftAlign, options, "True or False Checkbox")
```

图 10-48　添加控件的代码

```
    'Option1
    controlType = swPropertyManagerPageControlType_e.swControlType_Option
    leftAlign = swPropertyManagerPageControlLeftAlign_e.swControlAlign_LeftEdge
    options = swAddControlOptions_e.swControlOptions_Enabled + _
              swAddControlOptions_e.swControlOptions_Visible
    option1 = group1.AddControl(option1ID, controlType, "Sample Option1", _
                                leftAlign, options, "Radio Buttons")

    'Option2
    controlType = swPropertyManagerPageControlType_e.swControlType_Option
    leftAlign = swPropertyManagerPageControlLeftAlign_e.swControlAlign_LeftEdge
    options = swAddControlOptions_e.swControlOptions_Enabled + _
              swAddControlOptions_e.swControlOptions_Visible
    option2 = group1.AddControl(option2ID, controlType, "Sample Option2", _
                                leftAlign, options, "Radio Buttons")
    If Not option2 Is Nothing Then
        option2.Checked = True
    End If

    'Option3
    controlType = swPropertyManagerPageControlType_e.swControlType_Option
    leftAlign = swPropertyManagerPageControlLeftAlign_e.swControlAlign_LeftEdge
    options = swAddControlOptions_e.swControlOptions_Enabled + _
              swAddControlOptions_e.swControlOptions_Visible
    option3 = group1.AddControl(option3ID, controlType, "Sample Option3", _
                                leftAlign, options, "Radio Buttons")
```

图 10-49　创建选项控件

步骤 41　修改 OnOptionCheck 事件处理程序　使用【Class View】显示 PMPageHandler::OnOptionCheck 事件处理程序代码。将以下代码段添加到事件处理程序，如图 10-50 所示。

```
Sub OnOptionCheck(ByVal id As Integer) _
  Implements PropertyManagerPage2Handler8.OnOptionCheck
  Select Case id
    Case 3
      iSwApp.SendMsgToUser2("The first option was clicked", _
              swMessageBoxIcon_e.swMbInformation, swMessageBoxBtn_e.swMbOk)
    Case 4
      iSwApp.SendMsgToUser2("The second option was clicked", _
              swMessageBoxIcon_e.swMbInformation, swMessageBoxBtn_e.swMbOk)
    Case 5
      iSwApp.SendMsgToUser2("The third option was clicked", _
              swMessageBoxIcon_e.swMbInformation, swMessageBoxBtn_e.swMbOk)
  End Select
End Sub
```

图 10-50　OnOptionCheck 事件处理程序

10.4.4　为控件添加图片标签

使用 PropertyManagerPageControl::SetStandardPictureLabel 方法在 PropertyManager 页面控件上显示 SOLIDWORKS 定义的图片标签，如图 10-51 所示。标准图片标签在 SwConst 类型库的 swControlBitmapLabelType_e 枚举中定义。

使用 PropertyManagerPageControl::SetPictureLabelByName 方法可为 PropertyManager 页面控件添加自定义位图。

图 10-51　图片标签

步骤 42　在 PropertyManager 页面中添加新控件　在【Class View】中找到 UserPMPage 对象。双击该类的 checkbox1 成员。所有 PropertyManager 页面控件的声明都将显示在编辑器中。

步骤 43　添加新的控件变量　添加代码，声明一个新的数字框（NumberBox）控件变量，如图 10-52 所示。

```
#Region "Property Manager Page Controls"
        'Groups
        Dim group1 As PropertyManagerPageGroup
        Dim group2 As PropertyManagerPageGroup

        'Controls
        Dim checkbox1 As PropertyManagerPageCheckbox
        Dim option1 As PropertyManagerPageOption
        Dim option2 As PropertyManagerPageOption
        Dim option3 As PropertyManagerPageOption
        Dim list1 As PropertyManagerPageListbox

        Dim selection1 As PropertyManagerPageSelectionbox
        Dim num1 As PropertyManagerPageNumberbox
        Dim combo1 As PropertyManagerPageCombobox

        'Adding a new number box control to the PropertyManager page
        Dim newNumberBox As PropertyManagerPageNumberbox

        'Control IDs
        Dim group1ID As Integer = 0
        Dim group2ID As Integer = 1
        Dim checkbox1ID As Integer = 2
        Dim option1ID As Integer = 3
        Dim option2ID As Integer = 4
        Dim option3ID As Integer = 5
        Dim list1ID As Integer = 6
        Dim selection1ID As Integer = 7
        Dim num1ID As Integer = 8
        Dim combo1ID As Integer = 9

        'Add a new control ID for the number box
        Dim newNumberBoxID As Integer = 10

#End Region
```

图 10-52　添加新的控件变量

注意

这个页面上控件变量的作用域必须为整个 UserPMPage 类。否则，事件处理程序将无法正常工作。

步骤 44 添加新的控件 ID 向下滚动到控件 ID 的定义。添加以下变量以定义新的数字框控件 ID，如图 10-53 所示。

```
'Control IDs
Dim group1ID As Integer = 0
Dim group2ID As Integer = 1
Dim checkbox1ID As Integer = 2
Dim option1ID As Integer = 3
Dim option2ID As Integer = 4
Dim option3ID As Integer = 5
Dim list1ID As Integer = 6
Dim selection1ID As Integer = 7
Dim num1ID As Integer = 8
Dim combo1ID As Integer = 9

'Add a new control ID for the number box
Dim newNumberBoxID As Integer = 10

-#End Region
```

图 10-53 添加新的控件 ID

步骤 45 添加数字框控件 使用【Class View】查看 UserPMPage::AddControls 方法。添加代码，创建带有图片标签的数字框，如图 10-54 所示。

```
option3 = group1.AddControl(option3ID, controlType, "Sample Option3", _
                            leftAlign, options, "Radio Buttons")

'New Number Box
controlType = swPropertyManagerPageControlType_e.swControlType_Numberbox
leftAlign = swPropertyManagerPageControlLeftAlign_e.swControlAlign_LeftEdge
options = swAddControlOptions_e.swControlOptions_Enabled + _
          swAddControlOptions_e.swControlOptions_Visible
'Create the new number box control on group 1
newNumberBox = group1.AddControl(newNumberBoxID, controlType, "New Number Box", _
                            leftAlign, options, "Number Box with Picture label")

'Set the Range
newNumberBox.SetRange(swNumberboxUnitType_e.swNumberBox_UnitlessInteger, _
                      0, 100, 10, True)
'Set the default value
newNumberBox.Value = 10
'Add a picture to the control
newNumberBox.SetStandardPictureLabel( _
            swControlBitmapLabelType_e.swBitmapLabel_LinearDistance)

'List1
controlType = swPropertyManagerPageControlType_e.swControlType_Listbox
```

图 10-54 添加数字框控件

10.5 删除菜单和工具栏

从 SOLIDWORKS 卸载插件时，将调用 SwAddin::DisconnectFromSW 方法。该方法用于删除插件创建的所有自定义用户界面，还用于删除该插件使用的其他资源，见表 10-14。

表 10-14 删除菜单和工具栏

SwAddin::DisconnectFromSW IsDisconnected = SwAddin. DisconnectFromSW ( )		
返回值	IsDisconnected	插件成功断开连接返回 True，否则返回 False

使用CommandManager::RemoveCommandGroup方法和CommandManager::RemoveFlyoutGroup方法删除插件创建的所有自定义命令组，见表10-15和表10-16。

表10-15 删除自定义命令组

CommandManager::RemoveCommandGroup Retval = CommandManager. RemoveCommandGroup (UserID)		
返回值	Retval	成功删除CommandGroup返回True，否则返回False
输入	UserID	用户为标识CommandGroup定义的ID

表10-16 删除自定义弹出式命令组

CommandManager::RemoveFlyoutGroup Retval = CommandManager. RemoveFlyoutGroup (UserID)		
返回值	Retval	成功删除FlyoutGroup返回True，否则返回False
输入	UserID	用户为标识FlyoutGroup定义的ID

步骤46 显示DisconnectFromSW方法 使用【Class View】窗口显示SwAddin::DisconnectFromSW方法。右键单击RemoveCommandMgr函数，然后单击【Go To Definition】，代码如图10-55所示。

```
'this method is called by SolidWorks when the add-in is unloaded.
Function DisconnectFromSW() As Boolean _
Implements SolidWorks.Interop.swpublished.SwAddin.DisconnectFromSW

  RemoveCommandMgr()
  RemovePMP()
  DetachEventHandlers()

  System.Runtime.InteropServices.Marshal.ReleaseComObject(iCmdMgr)
  iCmdMgr = Nothing
  System.Runtime.InteropServices.Marshal.ReleaseComObject(iSwApp)
  iSwApp = Nothing
  'The addin _must_ call GC.Collect() here in order
  'to retrieve all managed code pointers
  GC.Collect()
  GC.WaitForPendingFinalizers()

  GC.Collect()
  GC.WaitForPendingFinalizers()

  DisconnectFromSW = True
End Function
```

图10-55 DisconnectFromSW方法

步骤47 查看代码 这个函数中的代码用于删除加载插件时创建的CommandGroup，如图10-56所示。

```
Public Sub RemoveCommandMgr()
  Try
    iBmp.Dispose()
    iCmdMgr.RemoveCommandGroup(mainCmdGroupID)
    iCmdMgr.RemoveFlyoutGroup(flyoutGroupID)
  Catch e As Exception
  End Try
End Sub
```

图10-56 删除CommandGroup代码

步骤 48　测试插件　启动插件调试器。在【VB Addin】菜单中单击【CreateCube】。创建新零件后，在【VB Addin】菜单中单击【Show PMP】。现在，在 3 个单选按钮下方可以看到新添加的带有图片标签的数字框控件，如图 10-57 所示。

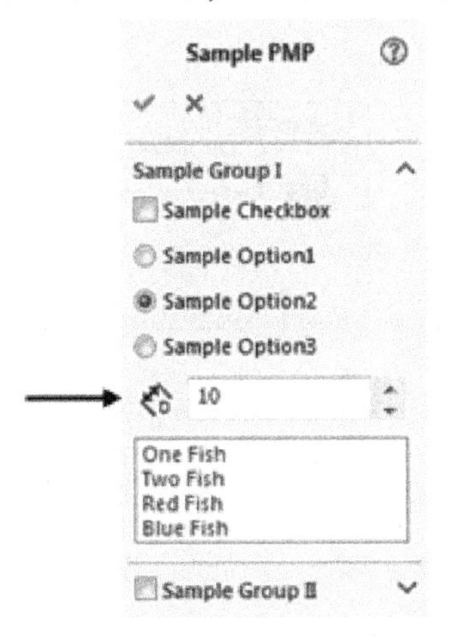

图 10-57　带图片标签的数字框控件

步骤 49　测试组框事件处理程序　展开 PropertyManager 页面上的第二个组框，会弹出一条消息显示哪个组框被展开了，如图 10-58 所示。单击【OK】按钮关闭消息框。

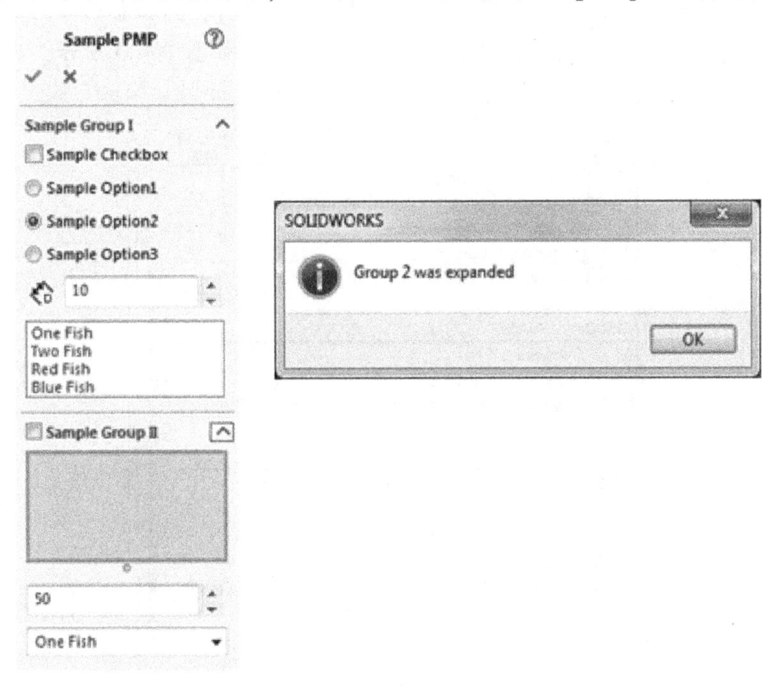

图 10-58　测试组框事件处理程序

步骤 50　测试单选按钮　单击第一个组框中的一个单选按钮。会弹出一条消息显示哪个单选按钮被选中了，如图 10-59 所示。单击【OK】按钮关闭消息框。单击【确定】✓关闭 PropertyManager。

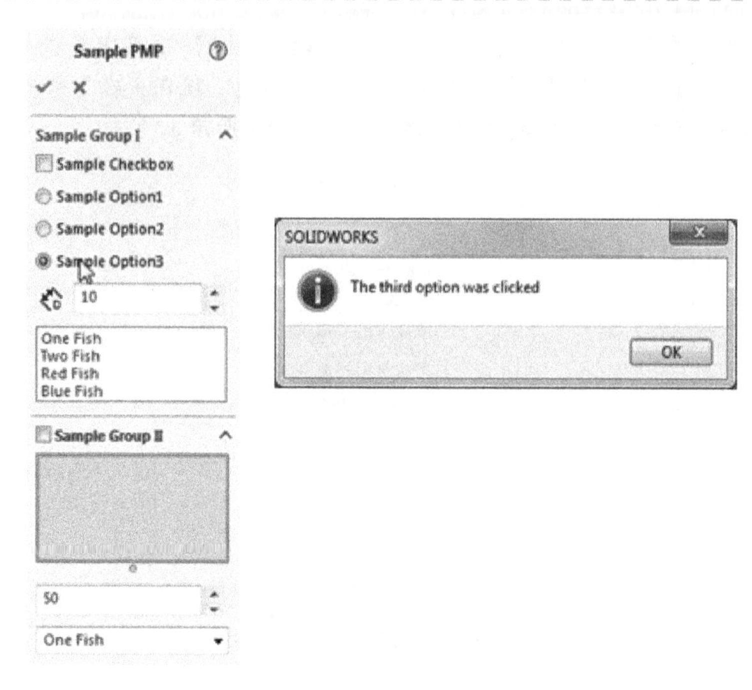

图 10-59　测试单选按钮

步骤 51　卸载插件　在【工具】菜单中单击【加载项】，弹出插件管理器。取消勾选【CustomSwAddin】复选框。单击【确定】按钮卸载插件，如图 10-60 所示。

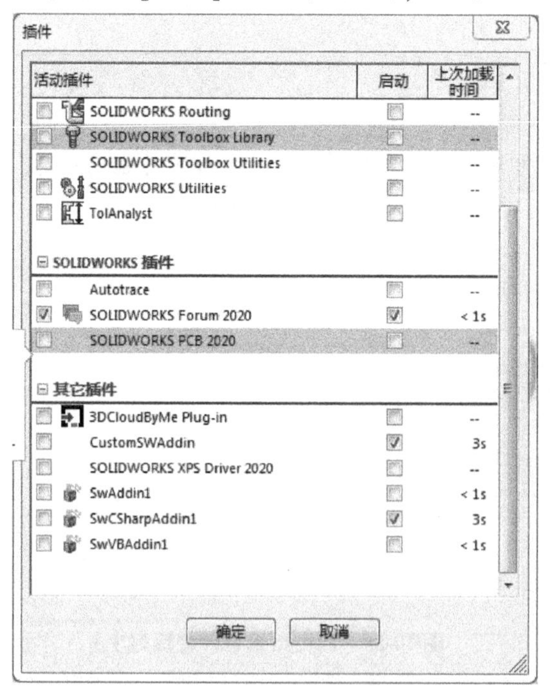

图 10-60　卸载插件

步骤 52　检查 SOLIDWORKS 用户界面　自定义菜单和工具栏不再存在。

步骤 53　停止调试器　保存并关闭 Visual Basic 项目。

10.6　其他自定义内容

下面介绍的内容在自定义 SOLIDWORKS 用户界面时也适用。

10.6.1　自定义状态栏

要在 SOLIDWORKS 状态栏中设置文本，首先要获取指向 SldWorks::Frame 对象的接口指针。然后，调用 Frame::GetStatusBarPane 连接到 StatusBarPane 对象。最后，调用 StatusBarPane::Text 设置窗格的文本，如图 10-61 和图 10-62 所示。

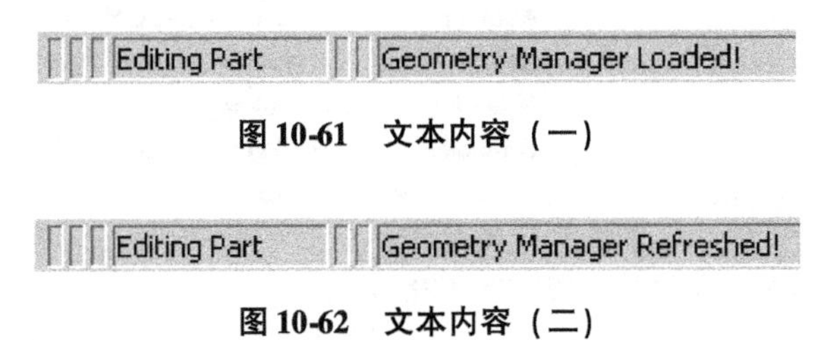

图 10-61　文本内容（一）

图 10-62　文本内容（二）

10.6.2　自定义快捷菜单

调用 CommandManager::AddContextMenu 方法添加一个命令组到快捷菜单，如图 10-63 所示。

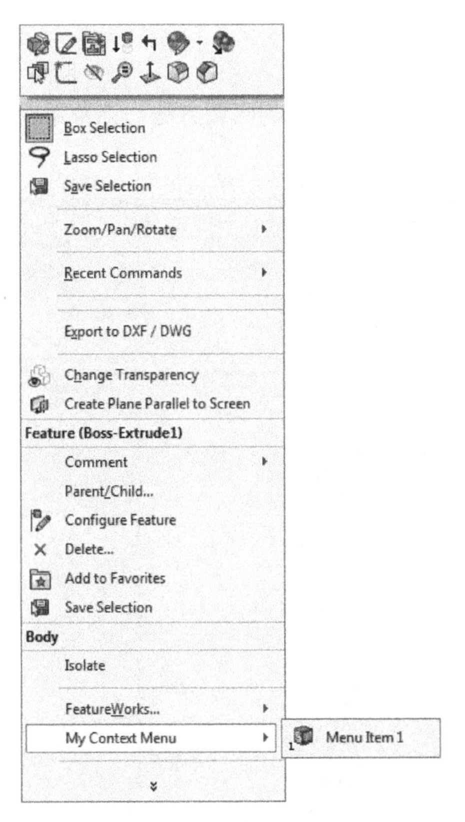

图 10-63　自定义快捷菜单

10.6.3　自定义模型视图窗口

调用 ModelViewManager::AddControl 方法创建自定义模型视图窗口，如图 10-64 所示。

A	B	C	D	E
Red	0	Density	2.7	grams/cubic cm
Green	128			
Blue	255	CenterOfMassX	5.000	cm
Ambient	1	CenterOfMassY	5.000	cm
Diffuse	1	CenterOfMassZ	5.000	cm
Specular	0.6	Volume	122.441	cubic cm
Shininess	0.02	Surface Area	379.221	square cm
Transparency	0	Mass	330.591	grams
Emission	0			

图 10-64　自定义模型视图窗口

练习 10-1　新建菜单

1. 训练目标

新建一个自定义菜单，设置菜单项和它的回调方法。该菜单应显示在所有文件类型中，并且在没有活动文件时也能显示，如图 10-65 所示。

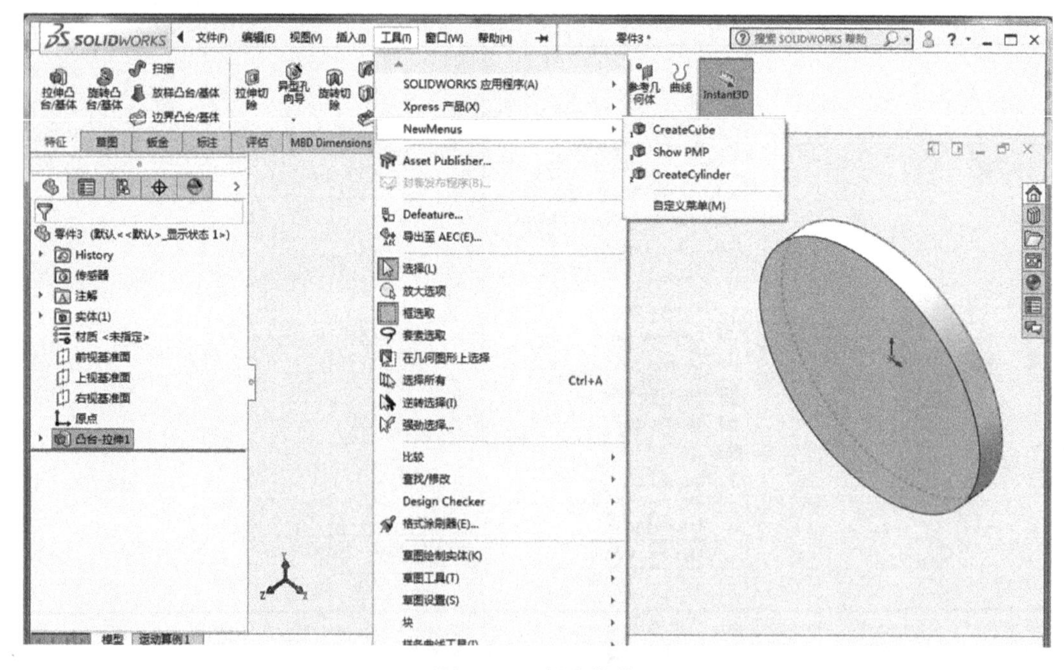

图 10-65　新建菜单

2. 用到的 API

- CommandManager::CreateCommandGroup2
- CommandGroup::AddCommandItem2

- CommandGroup::HasMenu
- CommandGroup::HasToolbar
- CommandGroup::Activate
- SldWorks::GetUserPreferenceStringValue
- SldWorks::NewDocument
- ModelDoc2::SketchManager
- SketchManager::InsertSketch
- SketchManager::CreateCircleByRadius
- ModelDoc2::FeatureManager
- FeatureManager::FeatureExtrusion2

3. 操作步骤

扫码看视频

1）运行 SOLIDWORKS VB 插件向导。
2）添加一个新菜单项到插件程序创建的自定义菜单中。
3）为新菜单项添加回调函数。
4）在回调函数中创建一个拉伸圆柱体。
5）编译项目并测试新菜单项。

4. 程序解答

以下代码行已添加到“Local Variables”区域。

```
#Region "Local Variables"
Dim WithEvents iSwApp As SldWorks
Dim iCmdMgr As ICommandManager
Dim addinID As Integer
Dim openDocs As Hashtable
Dim SwEventPtr As SldWorks
Dim ppage As UserPMPage
Dim iBmp As BitmapHandler
Public Const mainCmdGroupID As Integer = 0
Public Const mainItemID1 As Integer = 0
Public Const mainItemID2 As Integer = 1
Public Const mainItemID3 As Integer = 2
Public ConstflyoutGroupID As Integer = 91
```

将以下代码行添加到 AddCommandMgr 子程序中，以添加菜单。

```
#Region "UI Methods"
Public Sub AddCommandMgr()
  Dim cmdGroup As ICommandGroup
  If iBmp Is Nothing Then
    iBmp = New BitmapHandler()
  End If
  Dim thisAssembly As Assembly
  Dim cmdIndex0 As Integer, cmdIndex1 As Integer
  Dim cmdIndex2 As Integer
  Dim Title As String = "NewMenus"
  Dim ToolTip As String = "New Menus"
```

```
        Dim Hint As String = "New Menus"
        Dim docTypes() As Integer = { _
        swDocumentTypes_e.swDocASSEMBLY, swDocumentTypes_e.swDocDRAWING, _
        swDocumentTypes_e.swDocPART}
        thisAssembly = System.Reflection.Assembly. GetAssembly(Me.GetType())
        Dim cmdGroupErr As Integer = 0
        Dim ignorePrevious As Boolean = False
        Dim registryIDs As Object = Nothing
        Dim getDataResult As Boolean = _
        iCmdMgr.GetGroupDataFromRegistry(mainCmdGroupID, registryIDs)
        Dim knownIDs As Integer() = New Integer(2) { mainItemID1, mainItemID2, main-
ItemID3}
        If getDataResult Then
          'if the IDs don't match, reset the CommandGroup
            If Not CompareIDs(registryIDs, knownIDs) Then
            ignorePrevious = True
          End If
        End If

        cmdGroup = iCmdMgr.CreateCommandGroup2( _
        mainCmdGroupID, Title, ToolTip, Hint, -1, ignorePrevious, cmdGroupErr)
        If cmdGroup Is Nothing Or thisAssembly Is Nothing Then
          Throw New NullReferenceException()
        End If
        cmdGroup.LargeIconList = iBmp.CreateFileFromResourceBitmap( _
        "NewMenus.ToolbarLarge.bmp", thisAssembly)
        cmdGroup.SmallIconList = iBmp.CreateFileFromResourceBitmap( _
        "NewMenus.ToolbarSmall.bmp", thisAssembly)
        cmdGroup.LargeMainIcon = iBmp.CreateFileFromResourceBitmap( _
        "NewMenus.MainIconLarge.bmp", thisAssembly)
        cmdGroup.SmallMainIcon = iBmp.CreateFileFromResourceBitmap( _
        "NewMenus.MainIconSmall.bmp", thisAssembly)
        Dim menuToolbarOption As Integer = swCommandItemType_e.swMenuItem Or _
        swCommandItemType_e.swToolbarItem

        cmdIndex0 = cmdGroup.AddCommandItem2( _
        "CreateCube", -1, "Create a cube", "Create cube", 0, "CreateCube", "", main-
ItemID1, menuToolbarOption)
        cmdIndex1 = cmdGroup.AddCommandItem2( "Show PMP", -1, _
        "Display sample property manager", "Show PMP", 2, _
        "ShowPMP", "PMPEnable", mainItemID2, menuToolbarOption)
        'Add New Menu Item
        cmdIndex2 = cmdGroup.AddCommandItem2( "CreateCylinder", -1, _
        "Create an extruded cylinder", "Creates an extruded cylinder", 1, _
        "CreateCylinder", "", mainItemID3, menuToolbarOption)
```

```
cmdGroup.HasToolbar = True
cmdGroup.HasMenu = True
cmdGroup.Activate()

Dim flyGroup As FlyoutGroup
flyGroup = iCmdMgr.CreateFlyoutGroup(flyoutGroupID, _
"Dynamic Flyout", "Flyout Tooltip", "Flyout Hint", _
cmdGroup.SmallMainIcon, cmdGroup.LargeMainIcon, _
cmdGroup.SmallIconList, cmdGroup.LargeIconList, "FlyoutCallback", "FlyoutEn-
able")
flyGroup.AddCommandItem("FlyoutCommand 1", "test", 0, "FlyoutCommandItem1", _
"FlyoutEnableCommandItem1")

flyGroup.FlyoutType = swCommandFlyoutStyle_e.swCommandFlyoutStyle_Simple
For Each docType As Integer In docTypes
  Dim cmdTab As ICommandTab = iCmdMgr.GetCommandTab(docType, Title)
  Dim bResult As Boolean
  'if tab exists, but we have ignored the registry
  'info, re-create the tab. Otherwise the ids won't
  'match up and the tab will be blank
  If NotcmdTab Is Nothing And Not getDataResult Or ignorePrevious Then
    Dim res As Boolean =iCmdMgr.RemoveCommandTab(cmdTab)
    cmdTab = Nothing
  End If
  If cmdTab Is Nothing Then
    cmdTab = iCmdMgr.AddCommandTab(docType, Title)
    Dim cmdBox As CommandTabBox = cmdTab.AddCommandTabBox

    Dim cmdIDs(3) As Integer
    Dim TextType(3) As Integer
    cmdIDs(0) = cmdGroup.CommandID(cmdIndex0)
    TextType(0) = swCommandTabButtonTextDisplay_e. _
    swCommandTabButton_TextHorizontal
    cmdIDs(1) = cmdGroup.CommandID(cmdIndex1)
    TextType(1) = swCommandTabButtonTextDisplay_e. _
    swCommandTabButton_TextHorizontal
    cmdIDs(2) = cmdGroup.CommandID(cmdIndex2)
    TextType(2) = swCommandTabButtonTextDisplay_e. _
    swCommandTabButton_TextHorizontal
    cmdIDs(3) = cmdGroup.ToolbarId
    TextType(3) = swCommandTabButtonTextDisplay_e. _
    swCommandTabButton_TextHorizontal
    bResult = cmdBox.AddCommands(cmdIDs, TextType)
    Dim cmdBox1 As CommandTabBox = cmdTab.AddCommandTabBox()
    ReDim cmdIDs(1)
```

```
            ReDim TextType(1)
            cmdIDs(0) = flyGroup.CmdID
            TextType(0) = swCommandTabButtonTextDisplay_e. _
            swCommandTabButton_TextBelow
            bResult = cmdBox1.AddCommands(cmdIDs, TextType)
            cmdTab.AddSeparator(cmdBox1, cmdIDs(0))
          End If
        Next
        thisAssembly = Nothing
      End Sub
```

以下代码行已添加到“UI Callbacks”区域。

```
      Sub CreateCylinder()
        Dim partTemplate As String
        Dim model As ModelDoc2
        Dim featMan As FeatureManager
        partTemplate = iSwApp.GetUserPreferenceStringValue _
        (swUserPreferenceStringValue_e.swDefaultTemplatePart)
        model =iSwApp.NewDocument(partTemplate, swDwgPaperSizes_e.swDwgPaperA2size,
0.0, 0.0)
        model.SketchManager.InsertSketch(True)
        model.SketchManager.CreateCircleByRadius(0, 0, 0, 0.5)
        'Extrude the sketch
        featMan = model.FeatureManager
        featMan.FeatureExtrusion2(True, False, False, swEndConditions_e.swEndCondBlind,
swEndConditions_e.swEndCondBlind, 0.1, 0.0, False, False, False, False, 0.0, 0.0, False,
False, False, False, True, False, False, swStartConditions_e.swStartSketchPlane, 0.0,
False)
      End Sub
```

练习 10-2　设置工具栏命令项

1. 训练目标

使用练习 10-1 中创建的项目设置自定义工具栏的命令项，用它来在模型视图中旋转零件，如图 10-66 所示。

2. 用到的 API

- CommandGroup::LargeIconList
- CommandGroup::SmallIconList
- CommandGroup::LargeMainIcon
- CommandGroup::SmallMainIcon
- CommandManager::CreateCommandGroup2
- CommandManager::GetCommandTab
- CommandManager::AddCommandTab

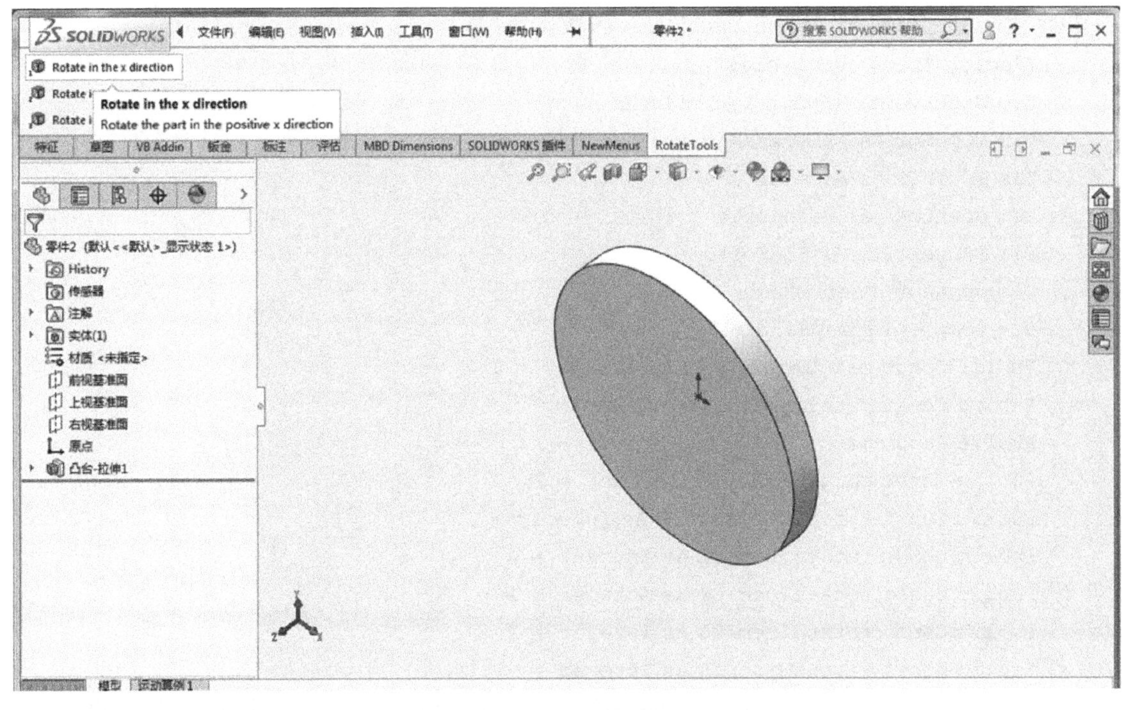

图 10-66　设置工具栏命令项

- CommandTab::AddCommandTabBox
- CommandTab::AddSeparator
- CommandTabBox::AddCommands
- CommandGroup::AddCommandItem2
- CommandGroup::HasMenu
- CommandGroup::HasToolbar
- CommandGroup::Activate
- CommandGroup::CommandID
- CommandGroup::ToolbarId
- SldWorks::ActiveDoc
- ModelDoc2::ViewRotateplusx
- ModelDoc2::ViewRotateplusy
- ModelDoc2::ViewRotateplusz

3. 操作步骤

扫码看视频

1）在 AddCommandMgr 函数中添加代码，创建一个新的命令组。

2）设置图标位图，添加命令项，指定所需工具栏并激活命令组。

3）修改代码，为新命令组添加命令选项卡。

4）展开“UI Callbacks”区域。

5）在工具栏各回调函数中添加代码，实现零件在 X、Y 或 Z 方向上旋转的功能。

6）编译项目并测试工具栏。

4. 程序解答

以下代码行已添加到“Local Variables”区域。

```
#Region "Local Variables"
Dim WithEvents iSwApp As SldWorks
Dim iCmdMgr As ICommandManager
Dim addinID As Integer
Dim openDocs As Hashtable
Dim SwEventPtr As SldWorks
Dim ppage As UserPMPage
Dim iBmp As BitmapHandler
Public Const mainCmdGroupID As Integer = 0
Public Const mainItemID1 As Integer = 0
Public Const mainItemID2 As Integer = 1
Public Const mainItemID3 As Integer = 2
Public Const rotateCmdGroupID As Integer = 10
Public Const rotateItemID1 As Integer = 0
Public Const rotateItemID2 As Integer = 1
Public Const rotateItemID3 As Integer = 2
Public Const flyoutGroupID As Integer = 91
```

将以下代码行添加到 AddCommandMgr 函数中，以创建新的命令组并添加菜单项和命令选项卡。

```
            Dim cmdBox1 As CommandTabBox = cmdTab.AddCommandTabBox()
            ReDim cmdIDs(1)
            ReDim TextType(1)
            cmdIDs(0) = flyGroup.CmdID
            TextType(0) = swCommandTabButtonTextDisplay_e. _
            swCommandTabButton_TextBelow
            bResult = cmdBox1.AddCommands(cmdIDs, TextType)
            cmdTab.AddSeparator(cmdBox1, cmdIDs(0))
          End If
        Next

        'Check to see whether there has been a change
        'of Rotate Tools Command IDs
        registryIDs = Nothing
        Dim getDataResultRotate As Boolean = iCmdMgr.GetGroupDataFromRegistry( _
        rotateCmdGroupID, registryIDs)
        Dim knownRotateIDs As Integer() = New Integer(2) { _
        rotateItemID1, rotateItemID2, rotateItemID3}
        Dim ignorePreviousRotate As Boolean = False
        If getDataResultRotate Then
          'if the IDs don't match, reset the CommandGroup
          If Not CompareIDs(registryIDs, knownRotateIDs) Then
            ignorePreviousRotate = True
          End If
```

```
End If

'Add new Rotate Tools command group
Dim TitleRotate As String = "RotateTools"
Dim ToolTipRotate As String = "Rotate Tools"
Dim HintRotate As String = "Rotate Tools"
Dim cmdGroupRotate As CommandGroup
cmdGroupRotate = iCmdMgr.CreateCommandGroup2( _
rotateCmdGroupID, TitleRotate, ToolTipRotate, _
HintRotate, -1, ignorePreviousRotate, cmdGroupErr)
cmdGroupRotate.LargeIconList = iBmp.CreateFileFromResourceBitmap _
("NewMenus.ToolbarLarge.bmp", thisAssembly)
cmdGroupRotate.SmallIconList = iBmp.CreateFileFromResourceBitmap _
("NewMenus.ToolbarSmall.bmp", thisAssembly)
cmdGroupRotate.LargeMainIcon = iBmp.CreateFileFromResourceBitmap _
("NewMenus.MainIconLarge.bmp", thisAssembly)
cmdGroupRotate.SmallMainIcon = iBmp.CreateFileFromResourceBitmap _
("NewMenus.MainIconSmall.bmp", thisAssembly)

'Add New Rotate Tools commands
cmdIndexRotate0 = cmdGroupRotate.AddCommandItem2( "Rotate X", -1, _
"Rotate the part in the positive x direction", _
"Rotate in the x direction", 0, "RotateX", "", 0, menuToolbarOption)
cmdIndexRotate1 = cmdGroupRotate.AddCommandItem2( "Rotate Y", -1, _
"Rotate the part in the positive y direction", _
"Rotate in the y direction", 1, "RotateY", "", 1, menuToolbarOption)
cmdIndexRotate2 = cmdGroupRotate.AddCommandItem2( "Rotate Z", -1, _
"Rotate the part in the positive z direction", _
"Rotate in the z direction", 2, "RotateZ", "", 2, menuToolbarOption)
'We only want a toolbar and no menu
'for this command group
cmdGroupRotate.HasToolbar = True
cmdGroupRotate.HasMenu = False
cmdGroupRotate.Activate()

'Add a Rotate Tools Command Manager Tab
'for each document type
For EachdocType As Integer In docTypes
  Dim cmdTab As CommandTab = iCmdMgr.GetCommandTab(docType, TitleRotate)
  Dim bResult As Boolean
  'if tab exists, but we have ignored the registry
  'info, re-create the tab. Otherwise the ids won't
  'match up and the tab will be blank
  If Not cmdTab Is Nothing And Not getDataResultRotate Or ignorePreviousRotate
Then
```

```
            Dim res As Boolean =iCmdMgr.RemoveCommandTab(cmdTab)
            cmdTab = Nothing
          End If

          If cmdTab Is Nothing Then
            cmdTab = iCmdMgr.AddCommandTab(docType, TitleRotate)
            Dim cmdBox As CommandTabBox = cmdTab.AddCommandTabBox
            Dim cmdIDs(2) As Integer
            Dim TextType(2) As Integer
            cmdIDs(0) = cmdGroupRotate.CommandID(cmdIndexRotate0)
            TextType(0) = swCommandTabButtonTextDisplay_e. _
            swCommandTabButton_TextHorizontal
            cmdIDs(1) = cmdGroupRotate.CommandID(cmdIndexRotate1)
            TextType(1) = swCommandTabButtonTextDisplay_e. _
            swCommandTabButton_TextHorizontal
            cmdIDs(2) = cmdGroupRotate.CommandID(cmdIndexRotate2)
            TextType(2) = swCommandTabButtonTextDisplay_e. _
            swCommandTabButton_TextHorizontal
            bResult = cmdBox.AddCommands(cmdIDs, TextType)
          End If
        Next
        thisAssembly = Nothing
      End Sub
```

将以下代码行添加到RemoveCommandMgr子程序中，以在卸载插件时删除“旋转工具”（rotate tools）命令组。

```
      Public Sub RemoveCommandMgr()
      Try
      iBmp.Dispose()
      iCmdMgr.RemoveCommandGroup(mainCmdGroupID)
      iCmdMgr.RemoveCommandGroup(rotateCmdGroupID)
      iCmdMgr.RemoveFlyoutGroup(flyoutGroupID)
      Catch e As Exception
      End Try
      End Sub
```


以下代码行已添加到“UI Callbacks”区域。

```
      Sub RotateX()
        'Rotate the part in the plus X direction.
        Dim swModel As ModelDoc2
        swModel = iSwApp.ActiveDoc
        If Not swModel Is Nothing Then
          Dim i As Integer = 0
          While i <= 25
            swModel.ViewRotateplusx()
            i = i + 1
```

```
    End While
  End If
End Sub
Sub RotateY()
  'Rotate the part in the plus Y direction.
  Dim swModel As ModelDoc2
  swModel = iSwApp.ActiveDoc
  If Not swModel Is Nothing Then
    Dim i As Integer = 0
    While i < = 25
      swModel.ViewRotateplusy()
      i = i + 1
    End While
  End If
End Sub

Sub RotateZ()
  'Rotate the part in the plus Z direction.
  Dim swModel As ModelDoc2
  swModel = iSwApp.ActiveDoc
  If Not swModel Is Nothing Then
    Dim i As Integer = 0
    While i < = 25
      swModel.ViewRotateplusz()
      i = i + 1
    End While
  End If
End Sub
```

练习 10-3　在 PropertyManager 页面上添加控件

1. 训练目标

使用同一个向导生成的项目，学习如何在自定义 PropertyManager 页面上创建并设置控件，了解 PropertyManagerPage2 对象和 PropertyManagerPage2Handler9 对象之间如何交互，如图 10-67 所示。

2. 用到的 API

- PropertyManagerPage2::AddGroupBox
- PropertyManagerPage2::AddControl
- PropertyManagerPageCombobox::AddItems
- PartDoc::GetBodies2
- Body2::GetFirstFace
- Face2::MaterialPropertyValues
- Face2::GetNextFace

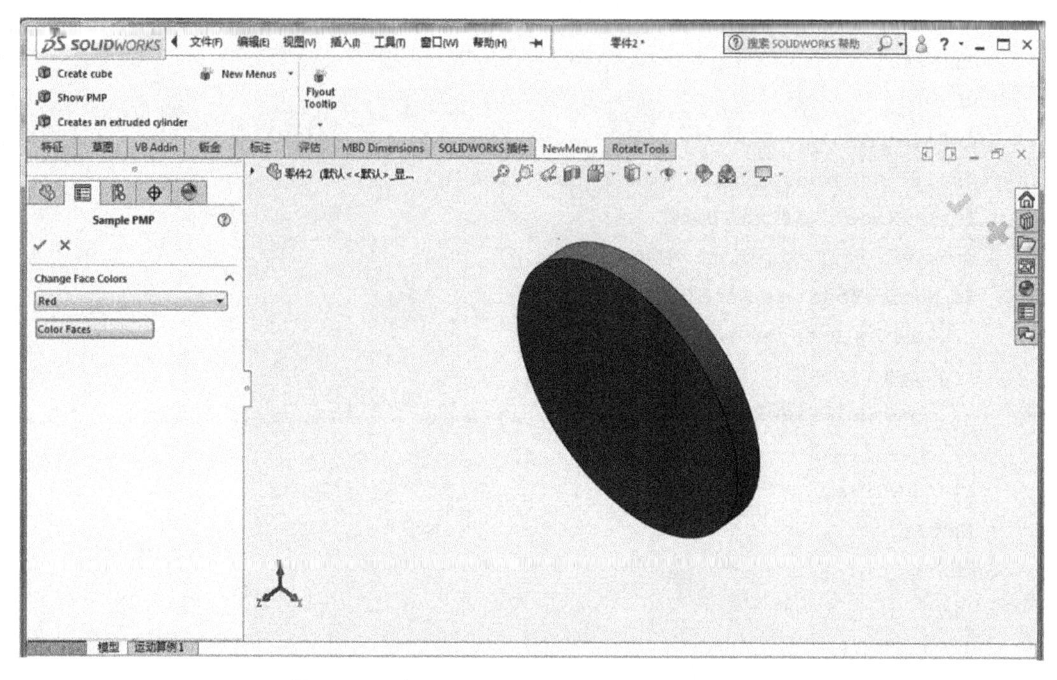

图10-67　在PropertyManager页面上添加控件

3. 操作步骤

1）删除第一个组框中的所有控件。

2）删除第二个组框。

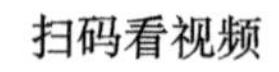

扫码看视频

3）将组合框和按钮控件添加到第一个组框。

4）为按钮实现OnButtonPress事件。

5）按钮单击事件将遍历实体上的所有面，并根据在组合框控件中选择的颜色为其着色。

6）编译项目并测试自定义的PropertyManager页面。

4. 程序解答

在UserPMPage.vb的“Property Manager Page Controls”代码段中，为两个新控件添加了控件变量和控件ID。

```
#Region "Property Manager Page Controls"
  'Groups
  Dim group1 As PropertyManagerPageGroup
  Dim group2 As PropertyManagerPageGroup
  'Controls
  Dim checkbox1 As PropertyManagerPageCheckbox
  Dim option1 As PropertyManagerPageOption
  Dim option2 As PropertyManagerPageOption
  Dim option3 As PropertyManagerPageOption
  Dim list1 As PropertyManagerPageListbox
  Dim selection1 As PropertyManagerPageSelectionbox
  Dim num1 As PropertyManagerPageNumberbox
  Dim combo1 As PropertyManagerPageCombobox
  Dim newCombo As PropertyManagerPageCombobox
```

```
    Dim newButton As PropertyManagerPageButton
    'Control IDs
    Dim group1ID As Integer = 0
    Dim group2ID As Integer = 1
    Dim checkbox1ID As Integer = 2
    Dim option1ID As Integer = 3
    Dim option2ID As Integer = 4
    Dim option3ID As Integer = 5
    Dim list1ID As Integer = 6
    Dim selection1ID As Integer = 7
    Dim num1ID As Integer = 8
    Dim combo1ID As Integer = 9
    Dim newComboID As Integer = 10
    Dim newButtonID As Integer = 11
  #End Region
```

以下代码已添加到 AddControls 子程序中。

```
  Sub AddControls()
    Dim options As Integer
    Dim leftAlign As Integer
    Dim controlType As Integer
    'Add Groups
    options = swAddGroupBoxOptions_e.swGroupBoxOptions_Expanded _
     + swAddGroupBoxOptions_e.swGroupBoxOptions_Visible
    group1 = ppage.AddGroupBox(group1ID, "Change Face Colors", options)
    'Add Controls to Group1
    'New ComboBox
    controlType = swPropertyManagerPageControlType_e.swControlType_Combobox
    leftAlign = swPropertyManagerPageControlLeftAlign_e.swControlAlign_LeftEdge
    options = swAddControlOptions_e.swControlOptions_Enabled + _
    swAddControlOptions_e.swControlOptions_Visible
    Me.newCombo = group1.AddControl(Me.newComboID, _
    controlType, "Color Selection", leftAlign, options, "Color Selection")
    Me.newCombo.AddItems("Red")
    Me.newCombo.AddItems("Green")
    Me.newCombo.AddItems("Blue")
    'New Button
    controlType = swPropertyManagerPageControlType_e.swControlType_Button
    leftAlign = swPropertyManagerPageControlLeftAlign_e.swControlAlign_Left-
Edge
    options = swAddControlOptions_e.swControlOptions_Enabled + _
    swAddControlOptions_e.swControlOptions_Visible
    Me.newButton = group1.AddControl(Me.newButtonID, _
    controlType, "Color Faces", leftAlign, options, "Color Faces")
  End Sub
```

PMPageHandler 对象的新用户变量如下所示。

```
Public Class PMPageHandler
Implements PropertyManagerPage2Handler9
Dim iSwApp As SldWorks
Dim userAddin As SwAddin
Dim SelectedColor As String = "Red"
```

OnComboboxSelectionChanged 事件处理程序的代码如下所示。

```
Sub OnComboboxSelectionChanged(ByVal id As Integer, ByVal item As Integer) _
Implements PropertyManagerPage2Handler9. OnComboboxSelectionChanged
  'Nested Select Case statement to determine
  'which combo box was changed.
  Select Case id
    Case 10
    'this select case determines
    'which color was selected
    Select Case item
      Case 0
      Me. SelectedColor = "Red"
      Case 1
      Me. SelectedColor = "Green"
      Case 2
      Me. SelectedColor = "Blue"
    End Select
  End Select
End Sub
```

OnButtonPress 事件处理程序的代码如下所示。

```
Sub OnButtonPress(ByVal id As Integer) _
Implements PropertyManagerPage2Handler9. OnButtonPress
  Dim swModel As ModelDoc2
  swModel = iSwApp. ActiveDoc
  If Not swModel Is Nothing Then
    Dim swPart As PartDoc = swModel
    Dim swBodies As Object = swPart. GetBodies2 (swBodyType_e. swAllBodies, True)
    Dim i As Integer
      For i = 0 To UBound(swBodies)
      Dim swFace As Face2 = swBodies(i). GetFirstFace()
      While Not swFace Is Nothing
        Dim swMatProps(8) As Double
        Select Case Me. SelectedColor
          Case "Red"
          swMatProps(0) = 1
          swMatProps(1) = 0
          swMatProps(2) = 0
          Case "Green"
          swMatProps(0) = 0
          swMatProps(1) = 1
```

```
            swMatProps(2) = 0
            Case "Blue"
            swMatProps(0) = 0
            swMatProps(1) = 0
            swMatProps(2) = 1
          End Select
          swMatProps(3) = 1
          swMatProps(4) = 1
          swMatProps(5) = 0.3
          swMatProps(6) = 0.3
          swMatProps(7) = 0
          swMatProps(8) = 0
          Dim objSwMatProps As Object = swMatProps
          swFace.MaterialPropertyValues = objSwMatProps
          swFace = swFace.GetNextFace
        End While
      Next
      Dim swModelView As ModelView = swModel.ActiveView
      swModelView.GraphicsRedraw(Nothing)
    End If
  End Sub
```

第 11 章　通知

学习目标

- 编写代码，监听并响应 SOLIDWORKS 通知
- 识别哪些 SOLIDWORKS 对象支持通知
- 在 VBA 中建立一个简单的通知
- 使用插件向导为通知创建事件处理程序
- 了解插件向导如何处理文件级事件处理程序

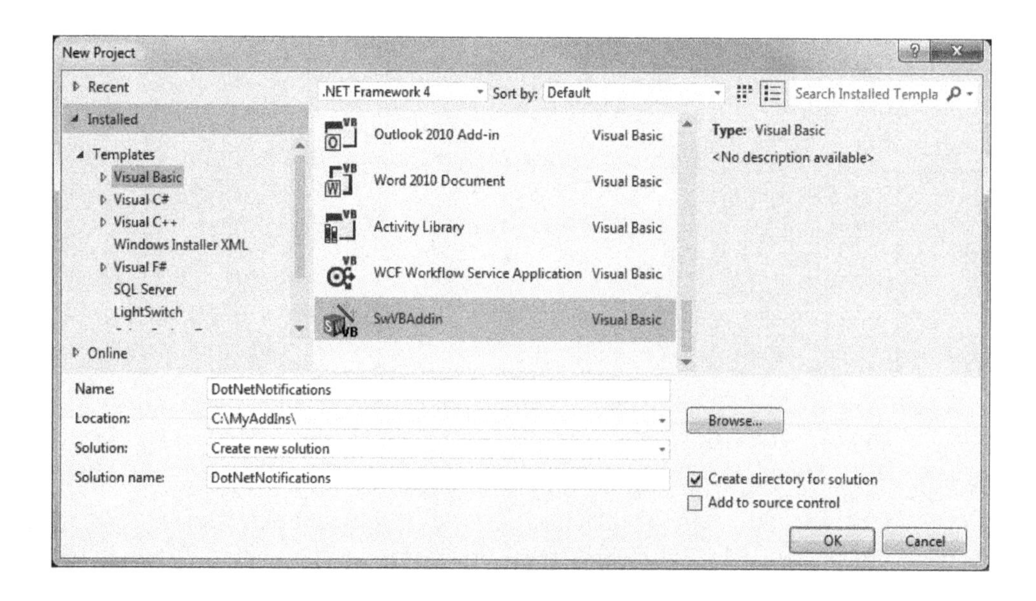

11.1　通知概述

SOLIDWORKS 中的某些事件发生时，客户端应用程序可以“监听”和“处理”它，这些事件称为通知。仅需添加几行代码，就可以在事件发生时捕获 SOLIDWORKS 通知并执行 API 调用。

SOLIDWORKS 中的下列对象支持通知：

- SldWorks
- PartDoc、AssemblyDoc、DrawingDoc
- ModelView
- FeatMgrView
- MotionStudy
- Mouse
- TaskpaneView
- SwPropertySheet

11.2　VBA 中的通知

为了在 SOLIDWORKS 中捕获通知，声明对象时需使用 WithEvents 关键字，例如 Dim WithEvents swApp As SldWorks. SldWorks。

当在 VBA 开发环境中使用 WithEvents 关键字声明支持通知的对象时，开发环境会有一些改变。当在【Object】（对象）下拉菜单中选择了使用 WithEvents 关键字声明的对象时，【Procedure】（过程）下拉菜单中将会显示该对象接口支持的所有通知。

在【Procedure】下拉菜单中选择一个通知，此时会在代码中相应地添加一个事件处理框架程序，可以在此框架程序中添加代码以使其具有实际功能。

如图 11-1 所示，在【Procedure】下拉菜单中选择了 FileNewNotify2 通知，从而自动添加了通知的框架处理程序代码。当宏运行时，不管何时在 SOLIDWORKS 中新建文件，这个通知都将被“路由”（routed）到代码中的这个处理程序。然后，宏执行此处理程序中的代码以对通知做出反应。

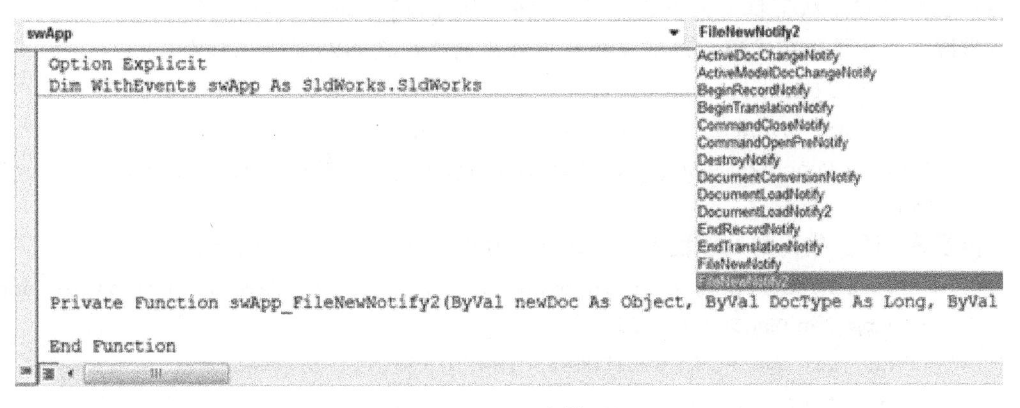

图 11-1　VBA 中的通知

11.3　实例学习：简单通知

在本实例学习中，将捕获一条 SOLIDWORKS 发送的通知，并将其发送到客户端程序的通知处理程序。通知发送后，作为响应，客户端将向终端用户显示一条消息，确切地指出什么事件被触发了。

提示 本例在宏中实现了一个事件处理程序。尽管在宏中执行此操作可能很有用，但通知事件处理程序最适合在插件（DLL）应用程序中实现。在本章11.4节的实例中会详细介绍这一技术。

操作步骤

扫码看视频

步骤1 新建宏 在宏工具栏中单击【新建宏】按钮。

步骤2 保存宏 在【新建宏】对话框中，将宏保存为notifications.swp。

步骤3 添加类模块 在【插入】菜单中单击【类模块】。

- 类模块 在本例中，类模块用于创建包含SOLIDWORKS对象变量的对象。这类对象在内存中创建并一直存在，直到SOLIDWORKS关闭。如果这类对象的作用域仅是当前宏，则在宏退出后它们将被立即删除。这种设计可以确保即使宏退出，类对象也依然能保持活动状态，并能够捕获SOLIDWORKS事件。

步骤4 修改类模块中的代码 添加下面的变量声明：

```
Option Explicit
Public WithEvents swApp As SldWorks.SldWorks
```

步骤5 选择swApp变量 在【Object】下拉菜单中选择【swApp】，如图11-2所示。

图11-2 选择swApp变量

步骤6 选择过程 单击【Procedure】下拉菜单的向下箭头，swApp支持的所有通知都显示在列表中。从下拉菜单中选择【FileOpenNotify2】，如图11-3所示。

步骤7 查看通知代码 以下通知处理程序的代码已添加到源代码中：

```
Option Explicit
Public WithEvents swApp As SldWorks.SldWorks
Private Function swApp_FileOpenNotify2(ByVal FileName As String) As Long
End Function
```

步骤8 添加代码到处理程序 在通知处理程序中添加以下代码行：

```
Private Function swApp_FileOpenNotify2(ByVal FileName As String) As Long
  swApp.SendMsgToUser2 FileName + _
  "was just opened in SOLIDWORKS",swMbInformation, swMbOk
End Function
```

步骤9 添加代码到类模块 将以下代码行添加到类模块中：

```
Public Sub MonitorSolidWorks()
  Set swApp = Application.SldWorks
End Sub
```

图 11-3　选择过程

步骤 10　改变宏入口代码　在【Project Explorer】中双击 notifications1。

更改代码如下：

```
Option Explicit
Public NotifyWrapper As Class1
Sub main()
  Set NotifyWrapper = New Class1
  NotifyWrapper.MonitorSolidWorks
End Sub
```

步骤 11　保存并运行宏

步骤 12　打开已有零件　打开文件 Sample. sldprt，应出现图 11-4 所示消息提示框（其中显示的路径为文件所在的实际路径）。

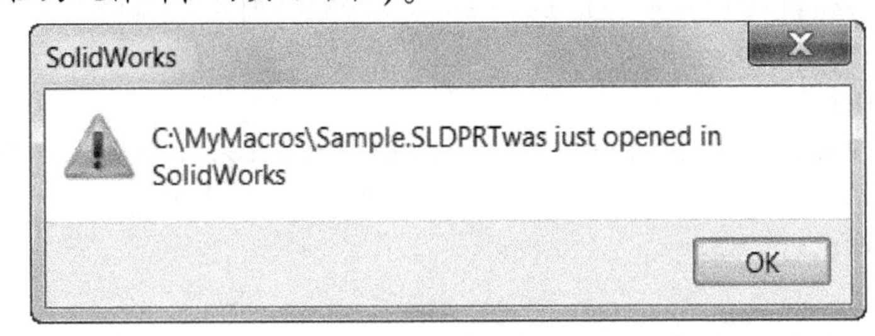

图 11-4　消息提示框

步骤 13　关闭文件　退出 SOLIDWORKS。

11.4 实例学习：使用 .NET 中的通知

在前面的实例学习中，我们在 SldWorks 应用程序对象上处理了一个通知。在为 SOLIDWORKS 文件和模型视图对象创建通知处理程序时，情况稍微有些复杂。文件和模型视图是由 SOLIDWORKS 的终端用户动态创建的，这就需要额外的代码来动态创建和管理事件处理程序对象。这些对象需要被创建并关联到终端用户动态创建的每个文件和模型视图。

SOLIDWORKS VB. NET 插件向导将创建关联通知事件处理程序和 SOLIDWORKS 对象的所有必需代码。它还会生成用于动态创建和管理所有文件事件处理程序对象的代码。本实例学习将介绍文件事件处理程序是如何创建、如何工作以及如何删除的。

操作步骤

步骤 1　新建插件　使用 SOLIDWORKS VB 插件向导创建新插件。将该插件命名为“DotNetNotifications”。单击【OK】按钮，如图 11-5 所示。

扫码看视频

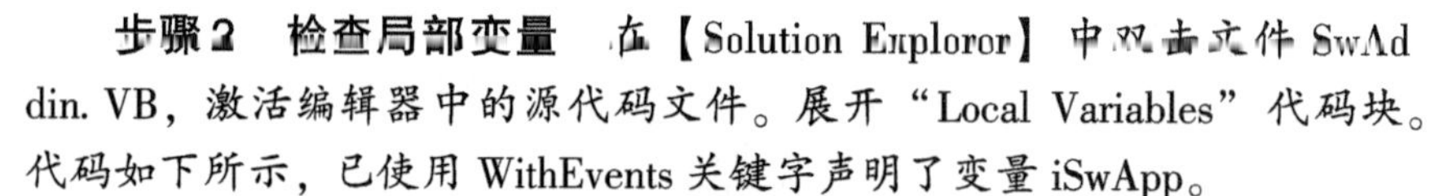

步骤 2　检查局部变量　在【Solution Explorer】中双击文件 SwAddin. VB，激活编辑器中的源代码文件。展开“Local Variables”代码块。代码如下所示，已使用 WithEvents 关键字声明了变量 iSwApp。

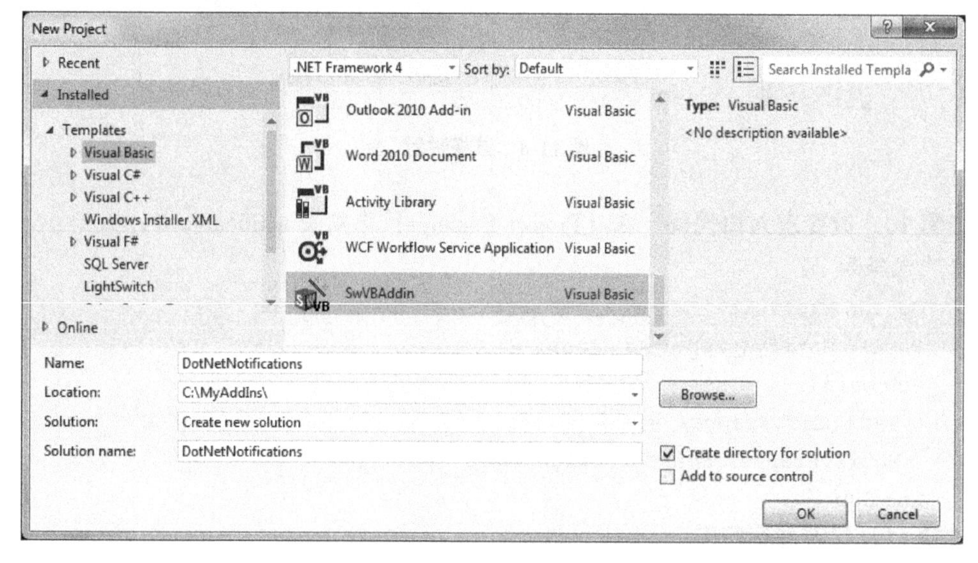

图 11-5　新建插件

```
<Guid("0b6af22b-96d4-4e05-b435-b4d88ac0a4d9") > _
<ComVisible(True) > _
<SwAddin( _
Description: = "DotNetNotifications description", Title: = "DotNetNotifi-
cations", _
LoadAtStartup: = True _
) >_
  Public Class SwAddin
    Implements SolidWorks. Interop. swpublished. SwAddin
#Region "Local Variables"
```

```
Dim WithEvents iSwApp As SldWorks
Dim iCmdMgr As ICommandManager
Dim addinID As Integer
Dim openDocs As Hashtable
Dim SwEventPtr As SldWorks
Dim ppage As UserPMPage
Dim iBmp As BitmapHandler
```

步骤3 检查ConnectToSW函数 使用【Class View】窗口在编辑器中显示SwAddin::ConnectToSW函数，代码如下所示。下拉到AttachEventHandlers函数调用，调用该函数来创建并关联事件处理程序。右键单击该子程序，从弹出菜单中选择【Go To Definition】。

```
Function ConnectToSW(ByVal ThisSW As Object, _
ByVal Cookie As Integer) As Boolean Implements _
SolidWorks.Interop.swpublished.SwAddin.ConnectToSW
  iSwApp = ThisSW
  addinID = Cookie
  ' Setup callbacks
  iSwApp.SetAddinCallbackInfo(0, Me, addinID)
  ' Setup the Command Manager
  iCmdMgr = iSwApp.GetCommandManager(Cookie)
  AddCommandMgr()
  'Setup the Event Handlers
  SwEventPtr = iSwApp
  openDocs = New Hashtable
  AttachEventHandlers()
  'Setup Sample Property Manager
  AddPMP()
  ConnectToSW = True
End Function
```

步骤4 查看代码 这个子程序的第一行代码调用了一个函数关联通知和SOLIDWORKS应用程序对象，如下所示。右键单击AttachSWEvents调用，从弹出的菜单中选择【Go To Definition】。

```
Sub AttachEventHandlers()
  AttachSWEvents()
  'Listen for events on all currently open docs
  AttachEventsToAllDocuments()
End Sub
```

步骤5 检查代码 AttachSWEvents函数关联通知事件处理程序到由SOLIDWORKS应用程序对象发送的5种不同的通知，代码如下所示。

```
Sub AttachSWEvents()
  Try
    AddHandler iSwApp.ActiveDocChangeNotify, _
      AddressOf Me.SldWorks_ActiveDocChangeNotify
```

```
        AddHandler iSwApp.DocumentLoadNotify2, _
          AddressOf Me.SldWorks_DocumentLoadNotify2
        AddHandler iSwApp.FileNewNotify2, _
          AddressOf Me.SldWorks_FileNewNotify2
        AddHandler iSwApp.ActiveModelDocChangeNotify, _
          AddressOf Me.SldWorks_ActiveModelDocChangeNotify
        AddHandler iSwApp.FileOpenPostNotify, _
          AddressOf Me.SldWorks_FileOpenPostNotify
      Catch e As Exception
        Console.WriteLine(e.Message)
      End Try
    End Sub
```

11.4.1 AddHandler 关键字

AddHandler 关键字会通知插件应用程序监听从 SOLIDWORKS 应用程序发送的特定通知。其中，第一个参数是插件要处理的 SOLIDWORKS 通知的名称。

11.4.2 AddressOf 关键字

第二个参数是插件实现的委托函数的内存地址，当 SOLIDWORKS 发送通知时将调用该函数。在内存中实例化 SwAddin 类时，委托函数将被存储在该实例化对象的特定内存地址处。AddressOf 关键字返回这个内存地址，并将其作为 AddHandler 函数的第二个参数进行传递。任何时候从 SOLIDWORKS 发送通知，插件都会将该通知指派给位于该内存地址的委托函数。

提示：这些关键字在 VBA 中不可用。

步骤 6　找到委托函数　在 AttachSWEvents 函数中，下拉到第三个 AddHandler 语句。右键单击第二个参数 Me.SldWorks_FileNewNotify2，从弹出菜单中单击【Go To Definition】。

```
AddHandler iSwApp.FileNewNotify2, _
AddressOf Me.SldWorks_FileNewNotify2
```

步骤 7　为委托函数添加代码　添加以下代码到 FileNewNotify2 委托函数：

```
Function SldWorks_FileNewNotify2(ByVal newDoc As Object, ByVal doctype As
Integer, _
    ByVal templateName As String) As Integer
    AttachEventsToAllDocuments()
    'add this code to send a message specifying what type of
    'document was opened
    Select Case doctype
      Case swDocumentTypes_e.swDocPART
      iSwApp.SendMsgToUser2("A new Part Document has been opened", _
      swMessageBoxIcon_e.swMbInformation, swMessageBoxBtn_e.swMbOk)
      Case swDocumentTypes_e.swDocASSEMBLY
      iSwApp.SendMsgToUser2("A new Assembly Document has been opened", _
```

```
        swMessageBoxIcon_e. swMbInformation, swMessageBoxBtn_e. swMbOk)
        Case swDocumentTypes_e. swDocDRAWING
        iSwApp. SendMsgToUser2 ( "A new Drawing Document has been opened", _
        swMessageBoxIcon_e. swMbInformation, swMessageBoxBtn_e. swMbOk)
      End Select
    End Function
```

步骤 8　调试项目并加载 DLL　在 SOLIDWORKS 的【文件】菜单中单击【新建】，创建一个新的零件文件。委托函数被触发并显示图 11-6 所示的消息。

图 11-6　消息提示框

步骤 9　停止调试器　返回开发环境。

11. 4. 3　事件处理程序类

插件向导创建了 5 个类，如图 11-7 所示，用于封装支持通知的 SOLIDWORKS 对象的通知委托函数。【Class View】中突出显示的对象就是向导创建的类，这些类封装了通知的委托函数，如图 11-8 所示。

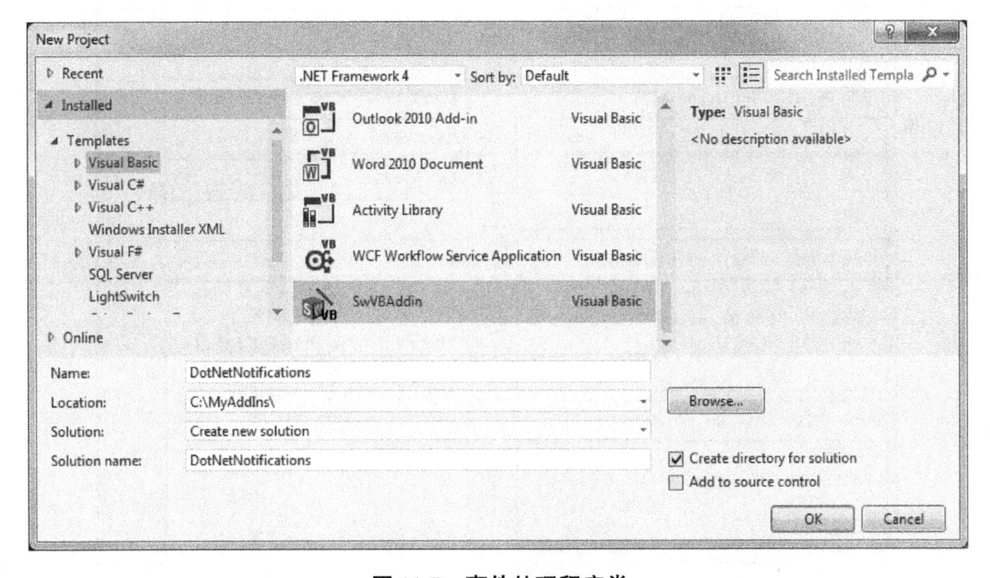

图 11-7　事件处理程序类

上述 5 个类中，有 3 个类支持从特定 SOLIDWORKS 文件类型发送的通知，分别是：

- PartEventHandlern
- AssemblyEventHandlern
- DrawingEventHandler

DocView 类是对 SOLIDWORKS 模型视图对象的封装。DocumentEventHandler 类是所有文件级事件处理程序的基类。

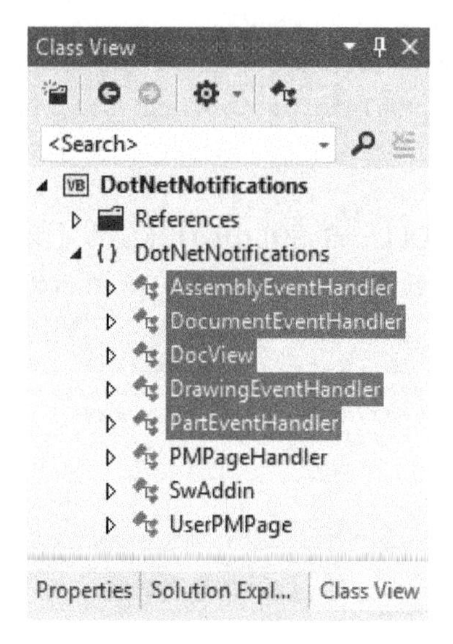

图 11-8　类视图

11.4.4　DocumentEventHandler 类

DocumentEventHandler 是 PartEventHandler、AssemblyEventHandler 和 DrawingEventHandler 的基类。DocumentEventHandler 还用于管理为每个文件中的每个模型视图创建的所有 DocView 事件处理程序对象，如图 11-9 所示。

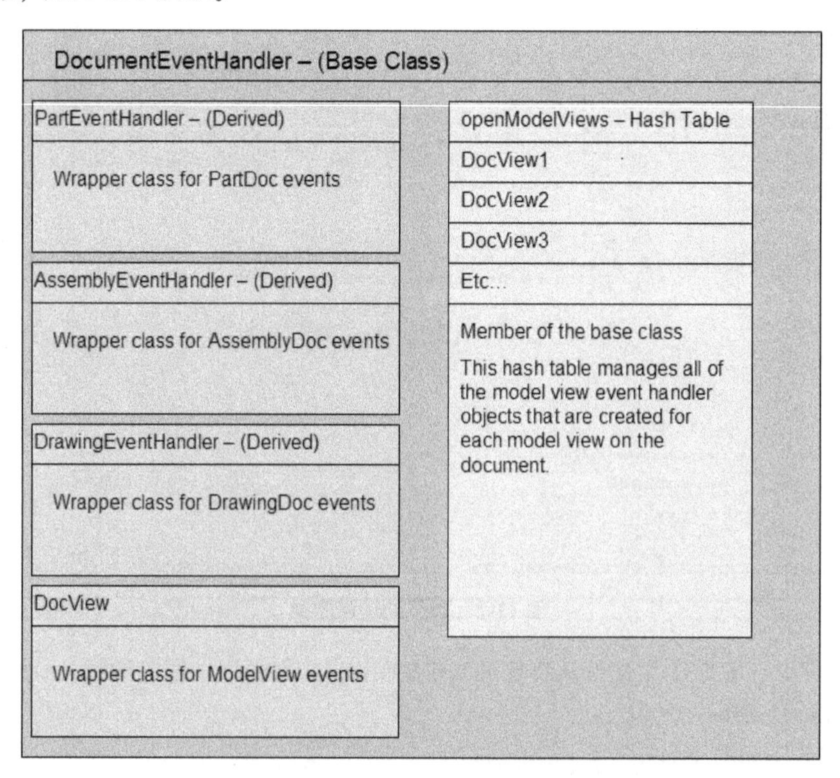

图 11-9　DocumentEventHandler 类

● 哈希表　哈希表是可以快速添加、查找和删除键值对（类似于数组）的高性能容器。因为哈希表具有高性能的数据检索功能，所以它是 openDocs 和 openModelViews 容器管理事件处理程序对象的最佳选择。

实例化一个新的 DocumentEventHandler 对象时，会将其添加到名为 openDocs 的哈希表中。该哈希表是插件类的成员，用于管理由插件创建的所有 DocumentEventHandler 对象。该成员在插件类的“Local Variables”程序块中声明，并由 OpenDocumentsTable 属性返回。

```
#Region "Local Variables"
  Dim WithEvents iSwApp As SldWorks
  Dim iCmdMgr As ICommandManager
  Dim addinID As Integer
  Dim openDocs As Hashtable
  Dim SwEventPtr As SldWorks
  Dim ppage As UserPMPage
  Dim iBmp As BitmapHandler
  Public Const mainCmdGroupID As Integer = 0
  Public Const mainItemID1 As Integer = 0
  Public Const mainItemID2 As Integer = 1
  Public Const flyoutGroupID As Integer = 91
  ' Public Properties
  ReadOnly PropertySwApp() As SldWorks
    Get
      Return iSwApp
    End Get
  End Property
  ReadOnly Property CmdMgr() As ICommandManager
    Get
      Return iCmdMgr
    End Get
  End Property
  ReadOnly Property OpenDocumentsTable() As Hashtable
    Get
      Return openDocs
    End Get
  End Property
#End Region
```

每个在 SOLIDWORKS 会话中打开的文件都将关联一个事件处理程序对象。事件处理程序对象创建后，将被添加到 openDocs 哈希表中。该哈希表的容量可以变得很大，尤其是在处理大型装配体时，如图 11-10 所示。当删除一个打开的文件时，将在哈希表中搜索其关联的事件处理程序对象并同时删除它。如果使用的数据结构不具备这种高性能的数据检索功能，则插件程序的性能可能会下降。

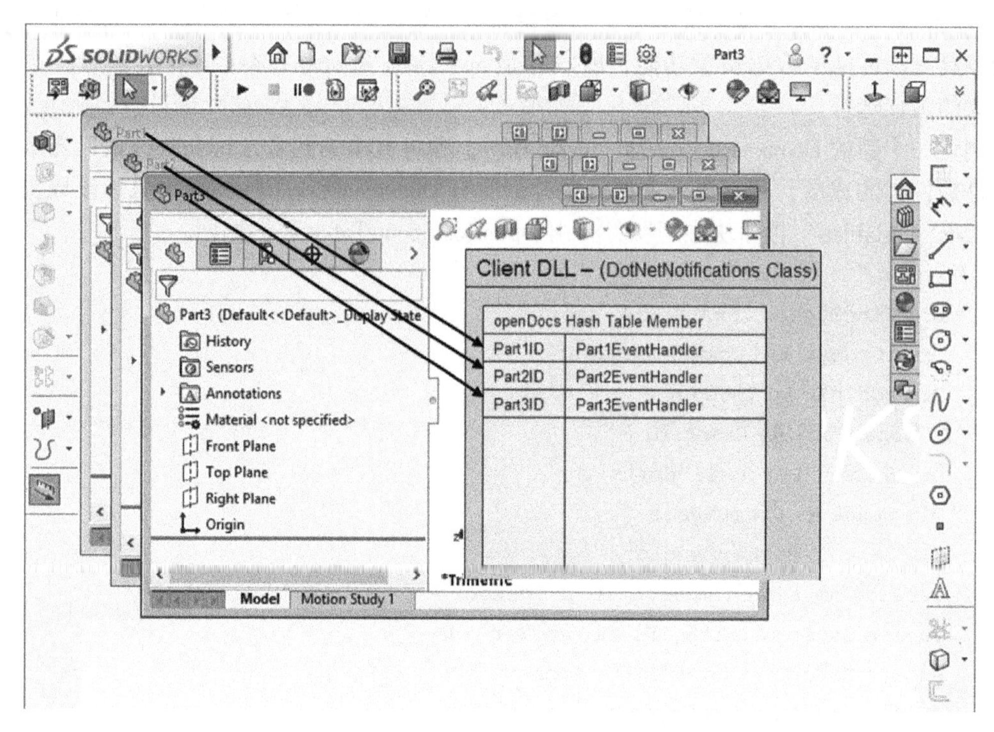

图 11-10 openDocs 哈希表管理所有 DocumentEventHandler 对象

11.4.5 关联 DocumentEvent 处理程序

在下列 3 种情况下插件将创建文件事件处理程序：

- 加载插件时，SwAddin::AttachEventHanders 函数中向导生成的代码将遍历当前所有打开的文件，为其创建并关联事件处理程序。
- 每次打开文件时，SldWorks::FileOpenPostNotify 通知都将被覆盖，以创建并关联新的事件处理程序。
- 每当新建文件时，SldWorks::FileNewNotify2 通知都将被覆盖，以创建并关联新的事件处理程序。

这样可以确保从插件加载时起，一直到被卸载，SOLIDWORKS 会话中的所有文件都将创建并关联文件级事件处理程序。

步骤 10 返回至 AttachEventHandlers 函数 使用【Class View】窗口显示 SwAddin::AttachEventHandlers 函数的代码。关联 SOLIDWORKS 应用程序事件处理程序后，通知将关联到所有打开的文件。右键单击 AttachEventsToAllDocuments 函数调用，从弹出的菜单中单击【Go To Definition】。

以下代码将遍历打开的 SOLIDWORKS 文件，并将事件处理程序与它们关联：

```
Sub AttachEventsToAllDocuments()
  Dim modDoc As ModelDoc2
  modDoc = iSwApp.GetFirstDocument()
  While Not modDoc Is Nothing
    If Not openDocs.Contains(modDoc) Then
      AttachModelDocEventHandler(modDoc)
```

```
        Else
          Dim docHandler As DocumentEventHandler = openDocs(modDoc)
          If Not docHandler Is Nothing Then
            docHandler.ConnectModelViews()
          End If
        End If
        modDoc = modDoc.GetNext()
      End While
    End Sub
```

步骤11 转到AttachModelDocEventHandler的定义 右键单击AttachModelDocEventHandler函数调用，从弹出的菜单中单击【Go To Definition】。

```
Sub AttachEventsToAllDocuments()
  Dim modDoc As ModelDoc2
  modDoc = iSwApp.GetFirstDocument()
  While Not modDoc Is Nothing
    If Not openDocs.Contains(modDoc) Then
      AttachModelDocEventHandler(modDoc)
    Else
      Dim docHandler As DocumentEventHandler = openDocs(modDoc)
      If Not docHandler Is Nothing Then
        docHandler.ConnectModelViews()
      End If
    End If
    modDoc = modDoc.GetNext()
  End While
End Sub
```

步骤12 研究代码 以下代码使用Select Case语句确定传递给此函数的文件的类型。文件类型确定之后，将创建适当的文件事件处理程序类。

程序中调用了DocumentEventHandler类的两个方法来实现：

- 初始化对象。
- 将事件处理程序关联到其相应的文件。

调用完这些方法后，DocumentEventHandler将添加到插件的openDocs哈希表成员中。

```
Function AttachModelDocEventHandler(ByVal modDoc As ModelDoc2) As Boolean
  If modDoc Is Nothing Then
    Return False
  End If
  Dim docHandler As DocumentEventHandler = Nothing
  If Not openDocs.Contains(modDoc) Then
    Select CasemodDoc.GetType
      Case swDocumentTypes_e.swDocPART
        docHandler = New PartEventHandler()
      Case swDocumentTypes_e.swDocASSEMBLY
        docHandler = New AssemblyEventHandler()
```

```
      Case swDocumentTypes_e. swDocDRAWING
        docHandler = New DrawingEventHandler()
    End Select
    docHandler. Init(iSwApp, Me, modDoc)
    docHandler. AttachEventHandlers()
    openDocs. Add(modDoc, docHandler)
  End If
End Function
```

11.4.6 继承

Visual Basic. NET 编程语言支持“继承”（inheritance）的特性。继承允许类从基类继承函数，这样就避免了在派生类中完全重新定义基类函数的麻烦。

11.4.7 多态

Visual Basic. NET 还支持“多态”（polymorphism）的特性。多态是在派生类中以不同方式实现基类函数的能力。派生类中的函数具有相同的名称，但可以是完全不同的实现方式。

从基类 DocumentEventHandler 派生了 3 个类，分别是：

- PartEventHandlern
- AssemblyEventHandlern
- DrawingEventHandler

基类 DocumentEventHandler 包含 3 个使用 Overridable 关键字声明的函数。这些 Overridable 函数中的代码在派生类中可以被重写。

3 个可重写的函数是：

- Init
- AttachEventHandlers
- DetachEventHandlers

通过在派生类中重写这些函数来体现多态特性。

提示  VBA 或 Visual Basic 6.0 不支持这些编程特性。

步骤 13 查看 DocumentEventHandler 类 在【Class View】窗口中双击 DocumentEventHandler 类，在编辑器中显示其类定义。检查前 3 个 Overridable 函数，这些函数原型都没有实现代码，其在派生类中将被重写。

```
Imports SolidWorks. Interop. sldworks
Imports SolidWorks. Interop. swconst
'Base class for model event handlers
Public Class DocumentEventHandler
  Protected openModelViews As New Hashtable()
  Protected userAddin As SwAddin
  Protected iDocument As ModelDoc2
  Protected iSwApp As SldWorks
  Overridable Function Init(ByVal sw As SldWorks, _
    ByVal addin As SwAddin, ByVal model As ModelDoc2) As Boolean
```

```
End Function
Overridable Function AttachEventHandlers() As Boolean
End Function
Overridable Function DetachEventHandlers() As Boolean
End Function
```

步骤14 检查 ConnectModelViews 方法 在 DocumentEventHandler 类中找到 ConnectModelViews 方法，代码如下所示。这个方法将遍历文件中的所有模型视图。每当遇到新的模型视图时，都会实例化新的 DocView 事件处理程序类。

程序中调用了 DocView 类的两个方法来实现：

- 初始化对象。
- 将事件处理程序关联到模型视图。

最后，添加新的 ModelView 指针及其相应的 DocView 事件处理程序类到 DocumentEventHandler 的 openModelViews 哈希表中。

```
Function ConnectModelViews() As Boolean
  Dim iModelView As ModelView
  iModelView = iDocument.GetFirstModelView()
  While (NotiModelView Is Nothing)
    If Not openModelViews.Contains(iModelView) Then
      Dim mView As New DocView()
      mView.Init(userAddin, iModelView, Me)
      mView.AttachEventHandlers()
      openModelViews.Add(iModelView, mView)
    End If
    iModelView = iModelView.GetNext
  End While
End Function
```

11.4.8 事件处理程序派生类

以下步骤将介绍从 DocumentEventHandler 类派生的 3 个类：

- PartEventHandler
- AssemblyEventHandler
- DrawingEventHandler

步骤15 显示 PartEventHandler 类的代码 在【Class View】窗口中双击 PartEventHandler 类。这个类使用 WithEvents 关键字声明了一个 PartDoc 变量。它重写了基类中声明的3个可重写函数，同时还实现了两个通知委托函数。

```
'Class to listen for Part Events
Public Class PartEventHandler
  Inherits DocumentEventHandler
  Dim WithEvents iPart As PartDoc
  Overrides Function Init(ByVal sw As SldWorks, _
    ByVal addin As SwAddin, ByVal model As ModelDoc2) As Boolean
```

```
        userAddin = addin
        iPart = model
        iDocument = iPart
        iSwApp = sw
        End Function
        Overrides Function AttachEventHandlers() As Boolean
          AddHandler iPart.DestroyNotify, AddressOf Me.PartDoc_DestroyNotify
          AddHandler iPart.NewSelectionNotify, AddressOf Me.PartDoc_NewSelection-
Notify
          ConnectModelViews()
        End Function
        Overrides Function DetachEventHandlers() As Boolean
          RemoveHandler iPart.DestroyNotify, AddressOf Me.PartDoc_DestroyNotify
          RemoveHandler iPart.NewSelectionNotify, _
          AddressOf Me.PartDoc_NewSelectionNotify
          DisconnectModelViews()
          userAddin.DetachModelEventHandler(iDocument)
        End Function

        Function PartDoc_DestroyNotify() As Integer
          DetachEventHandlers()
        End Function
        Function PartDoc_NewSelectionNotify() As Integer
        End Function
    End Class
```

步骤16　添加代码　在PartDoc_NewSelectionNotify委托函数中添加以下代码。当在任何SOLIDWORKS零件文件中选择任何对象时，都将显示这个消息。

```
        Function PartDoc_NewSelectionNotify() As Integer
            iSwApp.SendMsgToUser2( _
            "Something new has been selected in the " _
            +iDocument.GetTitle + " Part document", _
            swMessageBoxIcon_e.swMbInformation, _
            swMessageBoxBtn_e.swMbOk)
          End Function
        End Class
```

步骤17　显示AssemblyEventHandler类的代码　在【Class View】窗口中双击AssemblyEventHandler类。这个类使用WithEvents关键字声明了一个AssemblyDoc变量。它重写了基类中声明的3个可重写函数，同时还实现了6个通知委托函数。

```
        'Class to listen for Assembly Events
        Public Class AssemblyEventHandler
          Inherits DocumentEventHandler
```

```
Dim WithEvents iAssembly As AssemblyDoc
Dim swAddin As SwAddin
Overrides Function Init(ByVal sw As SldWorks, _
  ByVal addin As SwAddin, ByVal model As ModelDoc2) As Boolean
  userAddin = addin
  iAssembly = model
  iDocument = iAssembly
  iSwApp = sw
  swAddin = addin
End Function
Overrides Function AttachEventHandlers() As Boolean
  AddHandler iAssembly.DestroyNotify, _
    AddressOf Me.AssemblyDoc_DestroyNotify
  AddHandler iAssembly.NewSelectionNotify, _
    AddressOf Me.AssemblyDoc_NewSelectionNotify
  AddHandler iAssembly.ComponentStateChangeNotify, _
    AddressOf Me.AssemblyDoc_ComponentStateChangeNotify
  AddHandler iAssembly.ComponentStateChangeNotify2, _
    AddressOf Me.AssemblyDoc_ComponentStateChangeNotify2
  AddHandler _
    iAssembly.ComponentVisualPropertiesChangeNotify, _
    AddressOf _
    Me.AssemblyDoc_ComponentVisiblePropertiesChangeNotify
  AddHandler iAssembly.ComponentDisplayStateChangeNotify, _
    AddressOf _
    Me.AssemblyDoc_ComponentDisplayStateChangeNotify
  ConnectModelViews()
End Function
Overrides Function DetachEventHandlers() As Boolean
  RemoveHandler iAssembly.DestroyNotify, _
  AddressOf Me.AssemblyDoc_DestroyNotify
  RemoveHandler iAssembly.NewSelectionNotify, _
  AddressOf Me.AssemblyDoc_NewSelectionNotify
  RemoveHandler iAssembly.ComponentStateChangeNotify, _
  AddressOf Me.AssemblyDoc_ComponentStateChangeNotify
  RemoveHandler iAssembly.ComponentStateChangeNotify2, _
  AddressOf Me.AssemblyDoc_ComponentStateChangeNotify2
  RemoveHandler _
  iAssembly.ComponentVisualPropertiesChangeNotify, _
  AddressOf _
  Me.AssemblyDoc_ComponentVisiblePropertiesChangeNotify
```

```
        RemoveHandler _
        iAssembly.ComponentDisplayStateChangeNotify, _
        AddressOf _
        Me.AssemblyDoc_ComponentDisplayStateChangeNotify
        DisconnectModelViews()
        userAddin.DetachModelEventHandler(iDocument)
      End Function

      Function AssemblyDoc_DestroyNotify() As Integer
        DetachEventHandlers()
      End Function
      Function AssemblyDoc_NewSelectionNotify...
      Protected Function ComponentStateChange...
      'attach events to a component if it becomes resolved
      Public Function AssemblyDoc_ComponentStateChangeNotify...
      'attach events to a component if it becomes resolved
      Public Function AssemblyDoc_ComponentStateChangeNotify2...
      Public Function AssemblyDoc_ComponentVisiblePropertiesChangeNotify...
      Public Function AssemblyDoc_ComponentDisplayStateChangeNotify...
    End Class
```

步骤 18　添加代码　在 AssemblyDoc_NewSelectionNotify 委托函数中添加以下代码。当在任何装配体文件中选择任何对象时，将显示此消息。

```
Function AssemblyDoc_NewSelectionNotify() As Integer
  iSwApp.SendMsgToUser2(_
  "Something new has been selected in the " _
   +iDocument.GetTitle + " Assembly document", _
  swMessageBoxIcon_e.swMbInformation, swMessageBoxBtn_e.swMbOk)
End Function
```

步骤 19　显示 DrawingEventHandler 类的代码　在【Class View】窗口中双击 DrawingEventHandler 类。这个类使用 WithEvents 关键字声明了一个 DrawingDoc 变量。它重写了基类中声明的 3 个可重写函数，同时还实现了两个通知委托函数。

```
'Class to listen for Drawing Events
Public Class DrawingEventHandler
  Inherits DocumentEventHandler
  Dim WithEvents iDrawing As DrawingDoc
  Overrides Function Init(ByVal sw As SldWorks, _
    ByVal addin As SwAddin, ByVal model As ModelDoc2) As Boolean
    userAddin = addin
    iDrawing = model
    iDocument = iDrawing
```

```
        iSwApp = sw
    End Function
    Overrides Function AttachEventHandlers() As Boolean
        AddHandler iDrawing.DestroyNotify, AddressOf Me.DrawingDoc_DestroyNotify
        AddHandler iDrawing.NewSelectionNotify, _
        AddressOf Me.DrawingDoc_NewSelectionNotify
        ConnectModelViews()
    End Function
    Overrides Function DetachEventHandlers() As Boolean
        RemoveHandler iDrawing.DestroyNotify, _
        AddressOf Me.DrawingDoc_DestroyNotify
        RemoveHandler iDrawing.NewSelectionNotify, _
        AddressOf Me.DrawingDoc_NewSelectionNotify
        DisconnectModelViews()
        userAddin.DetachModelEventHandler(iDocument)
    End Function

    Function DrawingDoc_DestroyNotify() As Integer
        DetachEventHandlers()
    End Function
    Function DrawingDoc_NewSelectionNotify() As Integer
    End Function
End Class
```

步骤 20　添加代码　在 DrawingDoc_NewSelectionNotify 委托函数中添加以下代码。当在任何工程图文件中选择任何对象时，将显示此消息。

```
Function DrawingDoc_NewSelectionNotify() As Integer
    iSwApp.SendMsgToUser2( _
    "Something new has been selected in the " _
    + iDocument.GetTitle + " Drawing document", _
    swMessageBoxIcon_e.swMbInformation, _
    swMessageBoxBtn_e.swMbOk)
End Function
```


11.4.9　DocView 类

DocView 类用于为所有类型的 SOLIDWORKS 文件的模型视图实现通知事件处理程序。DocView 类不是从 DocumentEventHandler 类派生的。所有模型文件类型都支持 SOLIDWORKS 模型视图对象。因此，该类的定义不需要类派生和多态。

步骤 21　显示 DocView 类的代码　在【Class View】窗口中双击 DocView 类，代码如下所示：

```
'Class for handling ModelView events
Public Class DocView
  Dim WithEvents iModelView As ModelView
  Dim userAddin As SwAddin
  Dim parentDoc As DocumentEventHandler
  Function Init(ByVal addin As SwAddin, ByVal mView As ModelView, _
    ByVal parent As DocumentEventHandler) As Boolean
    userAddin = addin
    iModelView = mView
    parentDoc = parent
  End Function
  Function AttachEventHandlers() As Boolean
    AddHandler iModelView.DestroyNotify2, _
    AddressOf Me.ModelView_DestroyNotify2
    AddHandler iModelView.RepaintNotify, _
    AddressOf Me.ModelView_RepaintNotify
  End Function

  Function DetachEventHandlers() As Boolean
    RemoveHandler iModelView.DestroyNotify2, _
    AddressOf Me.ModelView_DestroyNotify2
    RemoveHandler iModelView.RepaintNotify, _
    AddressOf Me.ModelView_RepaintNotify
    parentDoc.DetachModelViewEventHandler(iModelView)
  End Function

  Function ModelView_DestroyNotify2( ByVal destroyTYpe As Integer) As In-
teger
    DetachEventHandlers()
  End Function

  Function ModelView_RepaintNotify( ByVal repaintTYpe As Integer) As Integer
  End Function
End Class
```

步骤 22　添加代码　将以下代码添加到 ModelView_ RepaintNotify 委托函数中：

```
Function ModelView_RepaintNotify( ByVal repaintTYpe As Integer) As Integer
  MsgBox("TheModelView has been repainted")
End Function
```

步骤 23　调试并测试插件　在【Debug】菜单中单击【Start】。

步骤 24　新建零件文件　当 ModelView_ RepaintNotify 通知显示其消息时，单击【OK】按钮。

当 SldWorks_ FileNewNotify2 通知显示其消息时，单击【OK】按钮，如图 11-11 所示。

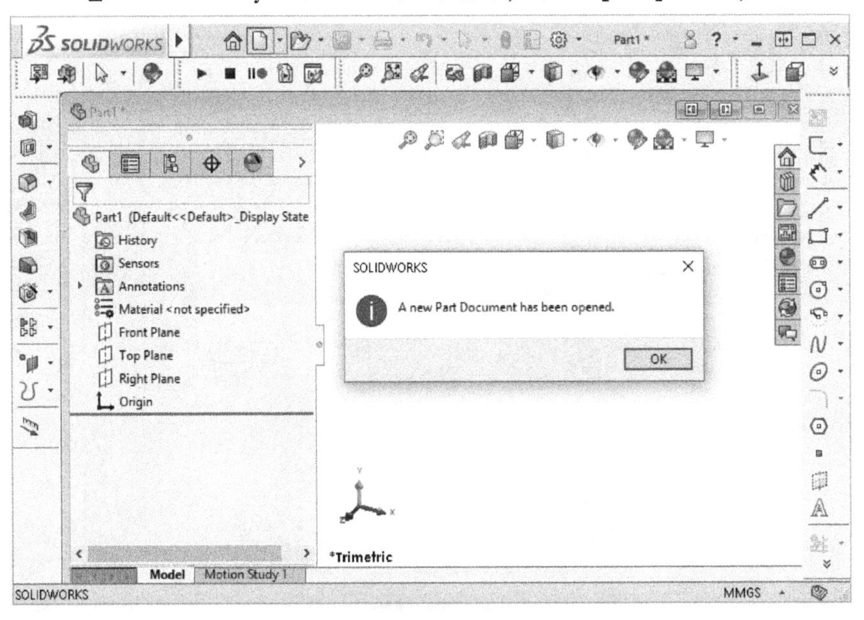

图 11-11　新建零件文件

提示：打开新文件时，会触发多个 ModelView_RepaintNotify 事件。

步骤 25　新建装配体　当 ModelView_RepaintNotify 通知显示其消息时，单击【OK】按钮。

当 SldWorks_FileNewNotify2 通知显示其消息时，单击【OK】按钮，如图 11-12 所示。

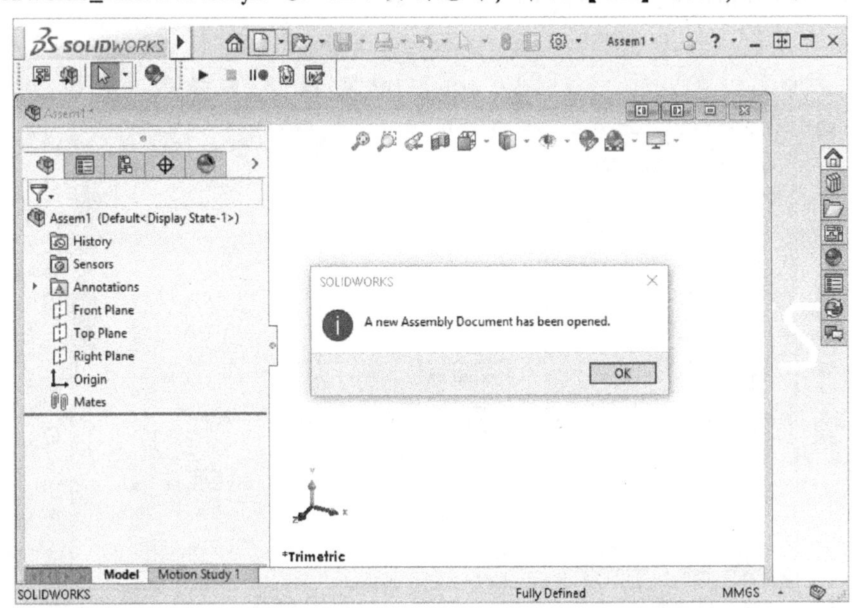

图 11-12　新建装配体

步骤 26　新建工程图　当 ModelView_ RepaintNotify 通知显示其消息时，单击【OK】按钮。

当SldWorks_FileNewNotify2通知显示其消息时，单击【OK】按钮，如图11-13所示。

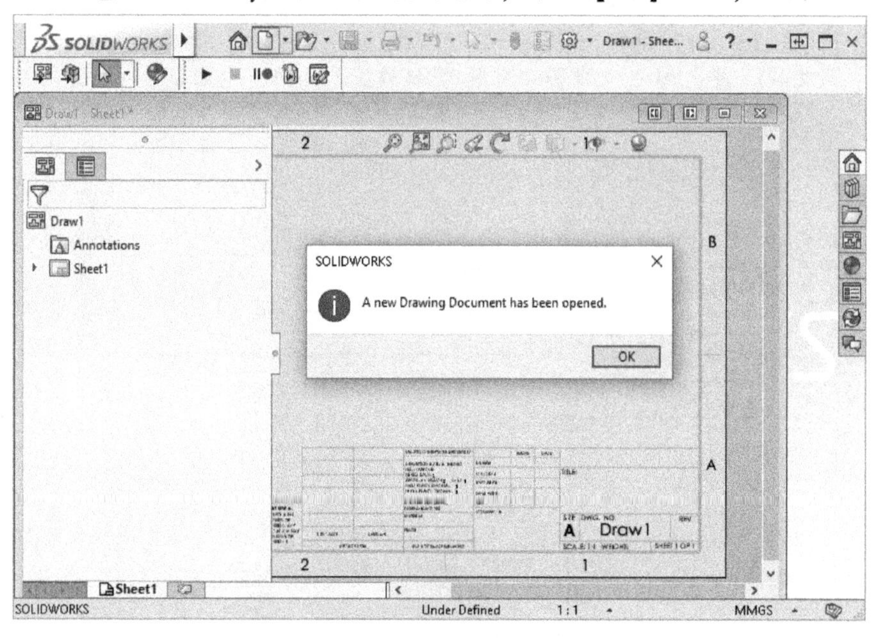

图11-13 新建工程图

步骤27 切换回零件文件 使用<Ctrl>+<Tab>键激活零件文件。在FeatureManager设计树中选择前视基准面（Front Plane），此时，将发送PartDoc_ NewSelectionNotify通知给插件，并向用户显示相应的消息，如图11-14所示。同理，切换到装配体文件并选择其中的任何对象时，将显示AssemblyDoc_NewSelectionNotify消息；对工程图文件尝试此操作，将显示DrawingDoc_NewSelectionNotify消息。

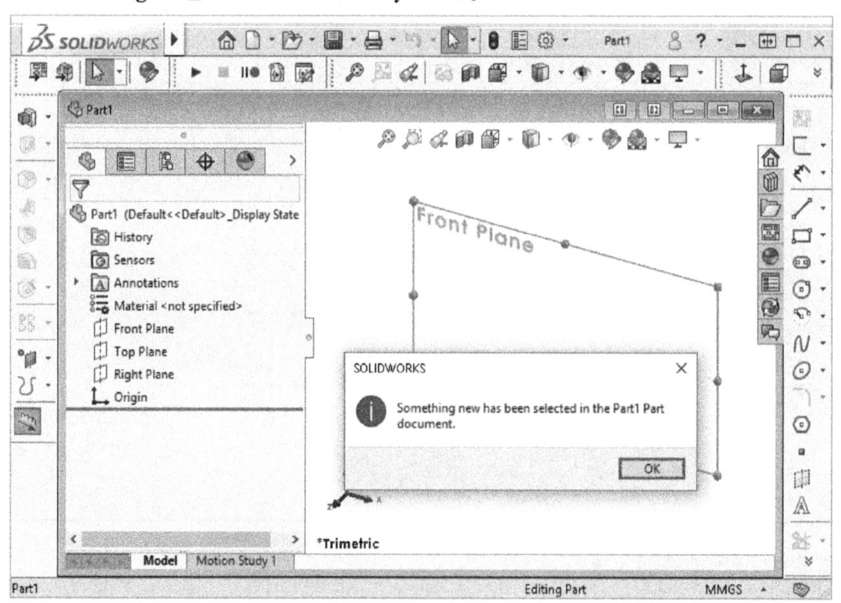

图11-14 切换回零件文件

步骤28 返回到代码 返回到开发环境。在【Debug】菜单中单击【Stop Debugging】。

11.4.10　分离文件和模型视图事件处理程序

每次插件加载到SOLIDWORKS时，都会创建许多文件和模型视图事件处理对象，并将它们添加到哈希表中。在文件被关闭时，可以使用几个所有事件处理对象都具有的方法来分离该文件关联的事件处理对象，并删除它们。

插件向导创建的每个文件事件处理程序都会为DestroyNotify通知实现一个事件处理程序。此通知发送后，它将在文件创建的所有相关事件处理程序类中引发一系列的连锁反应。这种连锁反应将删除所有与待关闭的文件相关联的事件处理程序对象和哈希表项。

步骤29　检查DestroyNotify事件处理程序　在【Class View】窗口中双击PartEventHandler::PartDoc_DestroyNotify成员。其实现代码中调用了PartEventHandler对象的DetachEventHandlers方法。右键单击这个方法，从弹出的菜单中选择【Go To Definition】。

```
Function PartDoc_DestroyNotify() As Integer
  DetachEventHandlers()
End Function
```

步骤30　查看DetachEventHandlers方法　DetachEventHandlers方法在该事件处理程序对象支持的所有通知上调用了RemoveHandler语句。然后，调用基类的DisconnectModelViews方法来删除模型视图事件处理程序和哈希表项。一旦删除了所有的文件和模型视图事件处理程序，便可以从插件对象的openDocs哈希表中删除该文件对象。

右键单击DisconnectModelViews方法，从弹出的菜单中选择【Go To Definition】。

```
Overrides Function DetachEventHandlers() As Boolean
   RemoveHandler iPart.DestroyNotify, _
   AddressOf Me.PartDoc_DestroyNotify
   RemoveHandler iPart.NewSelectionNotify, _
   AddressOf Me.PartDoc_NewSelectionNotify
  DisconnectModelViews()
   userAddin.DetachModelEventHandler(iDocument)
End Function
```

步骤31　检查DisconnectModelViews方法　这个方法将遍历openModelViews哈希表中的所有模型视图。每当遇到模型视图时将执行以下操作：

- 从模型视图中删除事件处理程序。
- 删除模型视图哈希表项。

```
Function DisconnectModelViews() As Boolean
     'Close events on all currently open docs
     Dim mView As DocView
     Dim key As ModelView
     Dim numKeys As Integer
     'Get the number of keys in the hash table
     numKeys = openModelViews.Count
     'Create a traversable array of keys
     Dim keys() As Object = New Object(numKeys - 1) {}
     'Traverse all the hash table keys to
     'Remove all ModelView event handlers
```

```
        openModelViews.Keys.CopyTo(keys, 0)
        For Each key In keys
        mView = openModelViews.Item(key)
        'Removes the model view pointers from the hash table
        mView.DetachEventHandlers()
        'Removes the key corresponding to the model view pointer
        openModelViews.Remove(key)
        'Destroy the memory used by the keys and model views
        mView = Nothing
        key = Nothing
      Next
    End Function
```

提示　openModelViews 哈希表项是由两个单独的帮助函数删除的。PartEventHandler:: DetachEventHandlers 和 DocumentEventHandler:: DetachModelViewEventHandler 帮助函数用于从哈希表中删除 DocView 对象指针及其对应的键。

步骤 32　创建断点并调试代码　在【Class View】中双击 PartEventHandler:: PartDoc_DestroyNotify 方法。在此通知事件处理程序上添加一个断点，如图 11-15 所示。

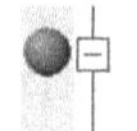

```
Function PartDoc_DestroyNotify() As Integer
  DetachEventHandlers()
End Function
```

图 11-15　创建断点

调试应用程序。SOLIDWORKS 启动后，新建零件文件。

步骤 33　关闭 SOLIDWORKS 中的新文件　按 <F10> 键转到下一行代码。按 <F11> 键进入 DetachEventHandlers 方法，如图 11-16 所示。

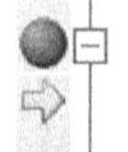

```
Function PartDoc_DestroyNotify() As Integer
  DetachEventHandlers()
End Function
```

图 11-16　关闭新文件

步骤 34　继续步进调试代码　按 <F10> 键步进到 DisconnectModelViews 函数调用，如图 11-17 所示。按 <F11> 键进入该函数。

```
Overrides Function DetachEventHandlers() As Boolean
  RemoveHandler iPart.DestroyNotify, _
    AddressOf Me.PartDoc_DestroyNotify
  RemoveHandler iPart.NewSelectionNotify, _
    AddressOf Me.PartDoc_NewSelectionNotify
  DisconnectModelViews()
  userAddin.DetachModelEventHandler(iDocument)
End Function
```

图 11-17　步进调试代码

步骤 35　继续调试　继续按 <F10> 键，直到到达 DetachEventHandlers 方法调用，如图 11-18 所示。按 <F11> 键进入该函数。

```
Function DisconnectModelViews() As Boolean
  'Close events on all currently open docs
  Dim mView As DocView
  Dim key As ModelView
  Dim numKeys As Integer
  'Get the number of keys in the hash table
  numKeys = openModelViews.Count
  'Create a traversable array of keys
  Dim keys() As Object = New Object(numKeys - 1) {}
  'Traverse all the hash table keys to
  'Remove all ModelView event handlers
  openModelViews.Keys.CopyTo(keys, 0)
  For Each key In keys
    mView = openModelViews.Item(key)
    'Removes the model view pointers from the hash table
    mView.DetachEventHandlers()
    'Removes the key corresponding to the model view pointer
    openModelViews.Remove(key)
    'Destroy the memory used by the keys and model views
    mView = Nothing
    key = Nothing
  Next
End Function
```

图 11-18 调试 DetachEventHandlers 方法

步骤 36 进入帮助函数 继续按<F10>键，直到到达 DetachModelViewEventHandler 函数，如图 11-19 所示。现在，事件处理程序已从模型视图中删除。按<F11>键进入这个帮助函数，该函数将从哈希表中删除模型视图事件处理程序对象。

```
Function DetachEventHandlers() As Boolean
  RemoveHandler iModelView.DestroyNotify2, _
    AddressOf Me.ModelView_DestroyNotify2
  RemoveHandler iModelView.RepaintNotify, _
    AddressOf Me.ModelView_RepaintNotify
  parentDoc.DetachModelViewEventHandler(iModelView)
End Function
```

图 11-19 帮助函数

步骤 37 继续调试 使用<F10>键逐步执行该函数。从哈希表中删除为此文件创建的所有模型视图指针（本例中只有一个）。当遇到 End Sub 关键字时，再按三下<F10>键，返回到原来的 DisconnectModelViews 方法调用，如图 11-20 所示。

```
Sub DetachModelViewEventHandler(ByVal mView As ModelView)
  'the ModelView object is removed from the hash table before
  'the key is removed. This method simply removes the ModelView
  'pointer from the hash table and cleans up its memory.
  Dim docView As DocView
  If openModelViews.Contains(mView) Then
    docView = openModelViews.Item(mView)
    openModelViews.Remove(mView)
    mView = Nothing
    docView = Nothing
  End If
  'this subroutine returns to where it was called from
  'in the DisconnectModelViews method to remove the corresponding
  'key from the hash table
End Sub
End Class
```

图 11-20 调试 DisconnectModelViews 方法

步骤 38　步进到下一行代码　按<F10>键，从 openModelViews 哈希表中删除键，如图 11-21 所示。继续按<F10>键退出函数，并返回到 PartEventHandler::DetachEventHandlers 函数。

```
Function DisconnectModelViews() As Boolean
  'Close events on all currently open docs
  Dim mView As DocView
  Dim key As ModelView
  Dim numKeys As Integer
  'Get the number of keys in the hash table
  numKeys = openModelViews.Count
  'Create a traversable array of keys
  Dim keys() As Object = New Object(numKeys - 1) {}
  'Traverse all the hash table keys to
  'Remove all ModelView event handlers
  openModelViews.Keys.CopyTo(keys, 0)
  For Each key In keys
    mView = openModelViews.Item(key)
    'Removes the model view pointers from the hash table
    mView.DetachEventHandlers()
    'Removes the key corresponding to the model view pointer
    openModelViews.Remove(key)
    'Destroy the memory used by the keys and model views
    mView = Nothing
    key = Nothing
  Next
End Function
```

图 11-21　步进到下一行代码

步骤 39　继续调试　再次使用<F10>键移动到 DetachModelEventHandler 函数调用，如图 11-22 所示。此时，所有模型视图事件处理程序和 openModelViews 哈希表项都已被删除。按<F11>键进入下一个方法。

```
Overrides Function DetachEventHandlers() As Boolean
  RemoveHandler iPart.DestroyNotify, _
    AddressOf Me.PartDoc_DestroyNotify
  RemoveHandler iPart.NewSelectionNotify, _
    AddressOf Me.PartDoc_NewSelectionNotify
  DisconnectModelViews()
  userAddin.DetachModelEventHandler(iDocument)
End Function
```

图 11-22　继续调试

步骤 40　单步执行方法　图 11-23 所示方法将从插件的 openDocs 哈希表中删除文件事件处理程序。按<F5>键继续调试代码。至此，所有从关闭的文件中删除处理程序的方法均已调用。


```
Sub DetachModelEventHandler(ByVal modDoc As ModelDoc2)
  Dim docHandler As DocumentEventHandler
  docHandler = openDocs.Item(modDoc)
  openDocs.Remove(modDoc)
  modDoc = Nothing
  docHandler = Nothing
End Sub
```

图 11-23　单步执行方法

11.4.11　分离 SOLIDWORKS 事件处理程序

每当 SOLIDWORKS 关闭时，都必须同时删除 SldWorks 通知。插件类中有一个方法可删除为所有 SOLIDWORKS 应用程序事件创建的事件处理程序。

步骤 41　插入断点　在【Class View】中双击 SwAddin::DisconnectFromSW 方法。在 DetachEventHandlers 方法的调用位置插入一个断点，如图 11-24 所示。

```
Function DisconnectFromSW() As Boolean _
  Implements _
  SolidWorks.Interop.swpublished.SwAddin.DisconnectFromSW
  RemoveCommandMgr()
  RemovePMP()
  DetachEventHandlers()

  System.Runtime.InteropServices.Marshal.ReleaseComObject(iCmdMgr)
  iCmdMgr = Nothing
  System.Runtime.InteropServices.Marshal.ReleaseComObject(iSwApp)
  iSwApp = Nothing
  'The addin _must_ call GC.Collect() here
  'in order to retrieve all managed code pointers
  GC.Collect()
  GC.WaitForPendingFinalizers()
  GC.Collect()
  GC.WaitForPendingFinalizers()
  DisconnectFromSW = True
End Function
```

图 11-24　插入断点

步骤 42　继续调试　返回 SOLIDWORKS 并退出应用程序。调试器将在断点处停止。按 <F11> 键进入代码，如图 11-25 所示。

```
Function DisconnectFromSW() As Boolean _
  Implements _
  SolidWorks.Interop.swpublished.SwAddin.DisconnectFromSW
  RemoveCommandMgr()
  RemovePMP()
  DetachEventHandlers()

  System.Runtime.InteropServices.Marshal.ReleaseComObject(iCmdMgr)
  iCmdMgr = Nothing
  System.Runtime.InteropServices.Marshal.ReleaseComObject(iSwApp)
  iSwApp = Nothing
  'The addin _must_ call GC.Collect() here
  'in order to retrieve all managed code pointers
  GC.Collect()
  GC.WaitForPendingFinalizers()
  GC.Collect()
  GC.WaitForPendingFinalizers()
  DisconnectFromSW = True
End Function
```

图 11-25　继续调试

步骤 43　检查代码　该子函数用于从即将关闭的 SOLIDWORKS 实例中删除所有事件处理程序。如图 11-26 所示，代码中高亮显示的部分是用于删除应用程序级通知的函数。按 <F11> 键进入该函数。

```
Sub DetachEventHandlers()
  DetachSWEvents()

  'Close events on all currently open docs
  Dim docHandler As DocumentEventHandler
  Dim key As ModelDoc2
  Dim numKeys As Integer
  numKeys = openDocs.Count
  If numKeys > 0 Then
    Dim keys() As Object = New Object(numKeys - 1) {}

    'Remove all document event handlers
    openDocs.Keys.CopyTo(keys, 0)
    For Each key In keys
      docHandler = openDocs.Item(key)
      'This also removes the pair from the hash
      docHandler.DetachEventHandlers()
      docHandler = Nothing
      key = Nothing
    Next
  End If
End Sub
```

图 11-26 检查代码

步骤 44 继续调试 按<F10>键单步执行此代码，直到返回此函数原来的调用位置，如图11-27所示。

```
Sub DetachSWEvents()
  Try
    RemoveHandler iSwApp.ActiveDocChangeNotify, _
      AddressOf Me.SldWorks_ActiveDocChangeNotify
    RemoveHandler iSwApp.DocumentLoadNotify2, _
      AddressOf Me.SldWorks_DocumentLoadNotify2
    RemoveHandler iSwApp.FileNewNotify2, _
      AddressOf Me.SldWorks_FileNewNotify2
    RemoveHandler iSwApp.ActiveModelDocChangeNotify, _
      AddressOf Me.SldWorks_ActiveModelDocChangeNotify
    RemoveHandler iSwApp.FileOpenPostNotify, _
      AddressOf Me.SldWorks_FileOpenPostNotify
  Catch e As Exception
    Console.WriteLine(e.Message)
  End Try
End Sub
```

图 11-27 单步执行代码

步骤 45 完成调试 代码返回到DetachEventHandlers子程序。该函数中的其余代码用于删除SOLIDWORKS会话中所有打开的剩余文件。按<F10>键逐步完成此子程序的其余部分。

图11-28所示代码将遍历openDocs哈希表成员，并从哈希表中删除所有文件事件处理程序。每当遇到文件时，它都会显式调用DocumentEventHandler::DetachEventHandlers方法。

步骤 46 关闭编程项目 当DisconnectFromSW函数退出时，调试器将停止。这是因为此时SOLIDWORKS已终止，且插件已被卸载。

```
Sub DetachEventHandlers()
  DetachSWEvents()

  'Close events on all currently open docs
  Dim docHandler As DocumentEventHandler
  Dim key As ModelDoc2
  Dim numKeys As Integer
  numKeys = openDocs.Count
  If numKeys > 0 Then
    Dim keys() As Object = New Object(numKeys - 1) {}

    'Remove all document event handlers
    openDocs.Keys.CopyTo(keys, 0)
    For Each key In keys
      docHandler = openDocs.Item(key)
      'This also removes the pair from the hash
      docHandler.DetachEventHandlers()
      docHandler = Nothing
      key = Nothing
    Next
  End If
End Sub
```

图 11-28　完成调试

11.4.12　支持通知的接口

在 API 在线帮助文件中，“SOLIDWORKS API Events” 可在 “SolidWorks. Interop. sldworks” 命名空间下的 “Delegates” 部分找到。展开 “Delegates” 部分，将显示接口支持的所有可用事件，并提供相关的使用文件。

练习　使用插件向导处理事件

1. 训练目标

事件处理程序的一个常见用法是在自动化过程中消除用户输入。本练习演示了装配体缺少文件时如何清除出现的缺少引用的对话框。通过清除这些对话框，终端用户无须进行任何手动干预来替换丢失的文件，插件便可以继续运行，如图 11-29 所示。

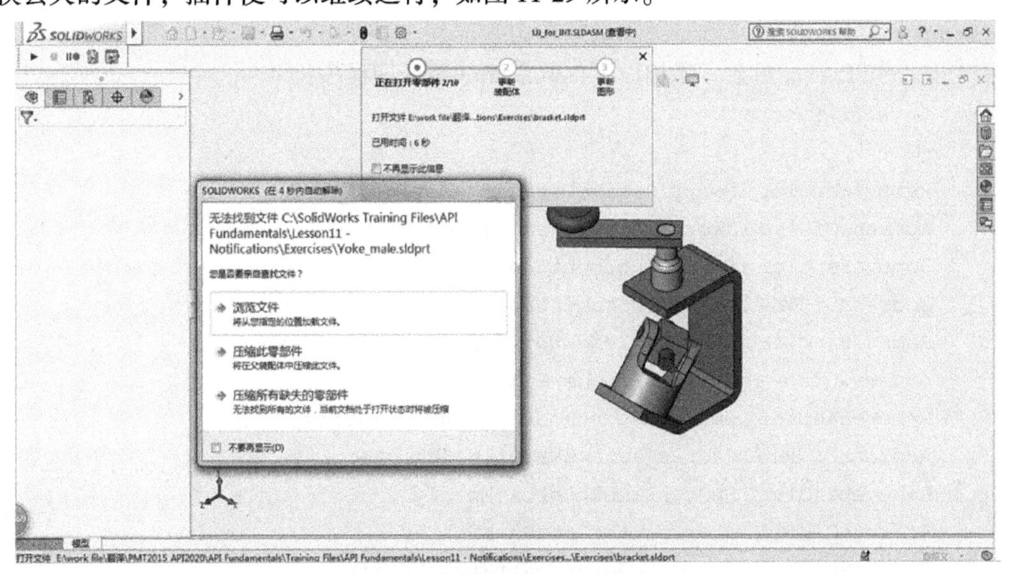

图 11-29　使用插件向导处理事件

在本练习中，将创建一个监听 SldWorks::ReferenceNotFoundNotify 通知的插件程序。此事件触发后，用新的零件替换装配体中缺少的零件即可，不必停止代码的执行。该事件处理程序将使用专门设计的方法 SldWorks::SetMissingReferencePathName 来用另一个文件替换丢失的引用文件。

2. 操作步骤

扫码看视频

1）打开 UJ_for_INT.SLDASM，注意出现的缺少引用的对话框。

2）选择不替换文件并关闭装配体。

3）运行 SOLIDWORKS VB.NET 插件向导。

4）实现 ReferenceNotFoundNotify 事件处理程序。

5）编译项目，并在提供的装配体上测试通知事件处理程序。

3. 程序解答

找到 AttchSWEvents 函数，添加以下代码以关联事件处理程序：

```
Sub AttachSWEvents()
  Try
    AddHandler iSwApp.ActiveDocChangeNotify, _
    AddressOf Me.SldWorks_ActiveDocChangeNotify
    AddHandler iSwApp.DocumentLoadNotify2, _
    AddressOf Me.SldWorks_DocumentLoadNotify2
    AddHandler iSwApp.FileNewNotify2, _
    AddressOf Me.SldWorks_FileNewNotify2
    AddHandler iSwApp.ActiveModelDocChangeNotify, _
    AddressOf Me.SldWorks_ActiveModelDocChangeNotify
    AddHandler iSwApp.FileOpenPostNotify, _
    AddressOf Me.SldWorks_FileOpenPostNotify
    AddHandler iSwApp.ReferenceNotFoundNotify, _
    AddressOf Me.SldWorks_ReferenceNotFoundNotify
  Catch e As Exception
    Console.WriteLine(e.Message)
  End Try
End Sub
```

找到 DetachSWEvents 函数，添加以下代码以删除该处理程序：

```
Sub DetachSWEvents()
  Try
    RemoveHandler iSwApp.ActiveDocChangeNotify, _
    AddressOf Me.SldWorks_ActiveDocChangeNotify
    RemoveHandler iSwApp.DocumentLoadNotify2, _
    AddressOf Me.SldWorks_DocumentLoadNotify2
    RemoveHandler iSwApp.FileNewNotify2, _
    AddressOf Me.SldWorks_FileNewNotify2
    RemoveHandler iSwApp.ActiveModelDocChangeNotify, _
    AddressOf Me.SldWorks_ActiveModelDocChangeNotify
    RemoveHandler iSwApp.FileOpenPostNotify, _
    AddressOf Me.SldWorks_FileOpenPostNotify
    RemoveHandler iSwApp.ReferenceNotFoundNotify, _
    AddressOf Me.SldWorks_ReferenceNotFoundNotify
```

```
    Catch e As Exception
      Console.WriteLine(e.Message)
    End Try
  End Sub
```

在 “Event Handlers” 区域添加以下代码，以实现通知事件处理程序。

```
  Function SldWorks_ReferenceNotFoundNotify (ByVal FileName As String) As Integer
    'Set the new path name
    iSwApp.SetMissingReferencePathName _
    ("C:\SOLIDWORKS Training Files\" + "API Fundamentals\Lesson11 - Notifications
\" + _
    "Exercises\Yoke_Male_New.sldprt")
    'Return -1 to replace the file path name
    SldWorks_ReferenceNotFoundNotify = -1
  End Function
```

附　录

附录中的示例将重点介绍使用 SOLIDWORKS API 构建生产工具的其他方式。尽管用于构建这些应用程序的概念可能比较超前，但它们可以为读者未来的开发需求提供资源。

学习目标

- 宏特征
- 批量转换 1
- 批量转换 2
- 遍历装配体
- 自定义模型视图

附录 A　宏特征

1. 模块：沉孔（CounterBore）

MacroFeature 或“COM”特征允许程序员在 SOLIDWORKS 中创建自己的自定义特征。

本例中，将创建一个允许用户输入直径和深度的沉孔特征，如附图 A-1 所示。当用户接受输入值时，PropertyManager 页面的 OnClose 处理程序将在 FeatureManager 设计树中创建一个宏特征。用户随时可以右键单击新的宏特征来更改值，通过接受新的输入值的方式重建特征。

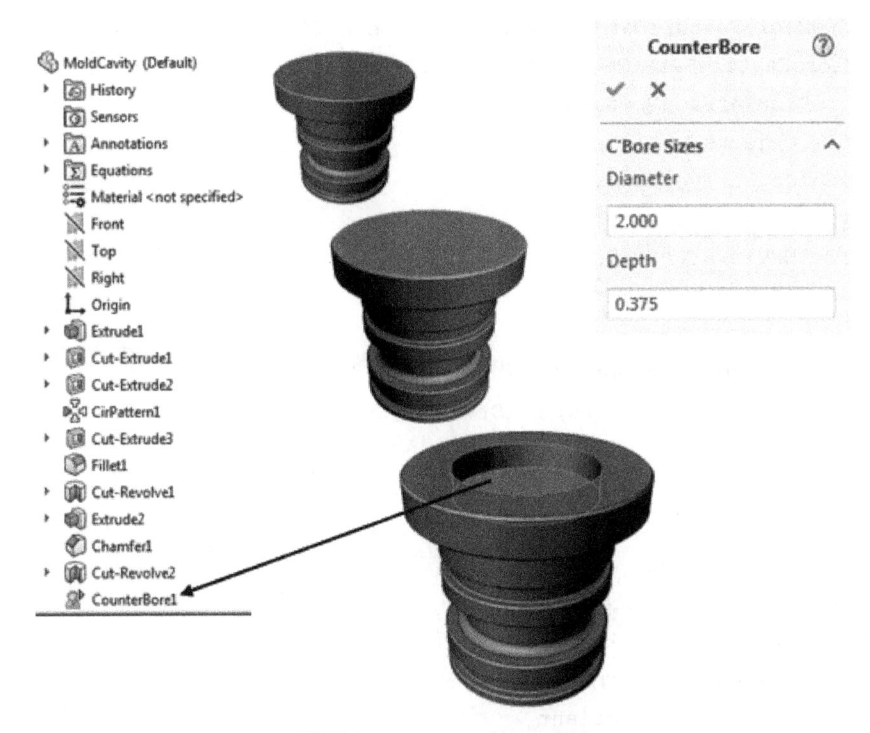

附图 A-1　CounterBore 特征

实现代码如下所示：

```
Sub main()
  'Entry Point for the Macro.
  'As Soon as the Macro is started, we call the Method that
  'creates and shows our custom PropertyManagerPage
  Dim MacroUI As New CMacroFeaturePropPage
  MacroUI. PropPageMenuCallback
End Sub
```

2. 模块：MacroFeature 函数

以下代码模块包含 MacroFeature 函数。为清楚起见，已将其与 PMP 实现代码分开。

有关此代码的注释，请参阅宏 CounterBoreMacroFeature. swp。

```
Public Function swmRegenCBore(app As Variant, _
  swPart As Variant, feature As Variant) As Variant
  Dim swMyFeature As SldWorks. feature
  Dim swMacroFeatureData As SldWorks. MacroFeatureData
  Dim dboxDimArray(7) As Double
```

```
Dim boxDimArray As Variant
Dim PartBody As Object
Dim ResultBodies As Variant
Dim errorCode As Long
Dim MyParamNames As Variant
Dim MyParamTypes As Variant
Dim MyParamValues As Variant
Set swMyFeature = feature
Set swMacroFeatureData = swMyFeature.GetDefinition
swMacroFeatureData.GetParameters MyParamNames, MyParamTypes, MyParamValues
Dim swCicularFace As SldWorks.face2
Dim SelObjects As Variant
Dim SelObjectTypes As Variant
Dim SelMarks As Variant
Dim SelDrViews As Variant
Dim SelXforms As Variant

swMacroFeatureData.GetSelections3 SelObjects, _
SelObjectTypes, SelMarks, SelDrViews, SelXforms
Set swCircularFace = SelObjects(0)
Dim swSurface As SldWorks.Surface
Set swSurface = swCircularFace.GetSurface
Dim Edges As Variant
Edges =swCircularFace.GetEdges
Dim swCurve As SldWorks.Curve
Set swCurve = Edges(0).GetCurve
Dim CircleParams As Variant
CircleParams = swCurve.CircleParams
Dim FaceODRadius As Double
FaceODRadius = CircleParams(6)
Dim FaceNormal As Variant
FaceNormal = swCircularFace.Normal
Dim TparamValues(9) As Double
TparamValues(0) = CircleParams(0)
TparamValues(1) = CircleParams(1)
TparamValues(2) = CircleParams(2)
TparamValues(3) = -FaceNormal(0)
TparamValues(4) = -FaceNormal(1)
TparamValues(5) = -FaceNormal(2)
TparamValues(6) = MyParamValues(0) * 0.0254
TparamValues(7) = MyParamValues(1) * 0.0254
TparamValues(8) = 0
TparamValues(9) = 0
dboxDimArray(0) = TparamValues(0)
dboxDimArray(1) = TparamValues(1)
```

```
    dboxDimArray(2) = TparamValues(2)
    dboxDimArray(3) = TparamValues(3)
    dboxDimArray(4) = TparamValues(4)
    dboxDimArray(5) = TparamValues(5)
    dboxDimArray(6) = TparamValues(6) / 2
    dboxDimArray(7) = TparamValues(7)
    boxDimArray = dboxDimArray
    Dim swModeler As SldWorks.Modeler
    Set swModeler = app.GetModeler
    Dim TempCylOut As SldWorks.body2
    Set TempCylOut = swModeler.CreateBodyFromCyl(boxDimArray)
    TempCylOut.Display3 swPart, RGB(1, 0, 0), swTempBodySelectOptionNone
    Dim vEditBodies As Variant
    vEditBodies = swMacroFeatureData.EditBodies
    Set PartBody = vEditBodies(0)
    Dim ResultBodiesPerm As Variant
    ResultBodiesPerm = PartBody.Operations2(SWBODYCUT, TempCylOut, errorCode)
    swmRegenCBore = True
End Function

Public FunctionswmEditCBore(app As Variant, _
    swPart As Variant, feature As Variant) As Variant
    Dim MacroUI As New CMacroFeaturePropPage
    MacroUI.m_IsEditing = True
    Dim i_feature AsSldWorks.feature
    Set MacroUI.swMacroFeatureParent = feature
    Set MacroUI.swMacroFeatureData = feature.GetDefinition
    MacroUI.swMacroFeatureData.AccessSelections swPart, Nothing
    Dim MyParamNames As Variant
    Dim MyParamTypes As Variant
    Dim MyParamValues As Variant
    MacroUI.swMacroFeatureData.GetParameters MyParamNames, _
    MyParamTypes, MyParamValues
    MacroUI.m_dDiameter = MyParamValues(0)
    MacroUI.m_dDepth = MyParamValues(1)
    MacroUI.PropPageMenuCallback
End Function
```

附录 B　批量转换 1

本例中，将一次性自动修改多个工程图的某一注释，如附图 B-1 所示。

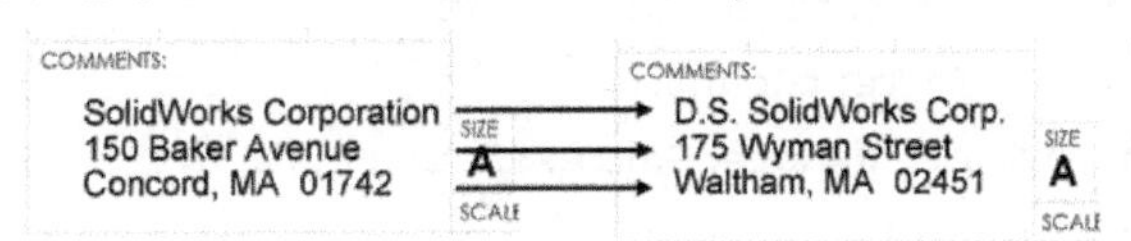

附图 B-1　批量转换 1

实现代码如下所示：

```
Const TRAININGDIR As String ="C:\SOLIDWORKS Training Files\API Fundamentals\"
Const FILEDIR As String =TRAININGDIR & "Appendix\BatchConversions\"
Const FILEMASK As String = "*.slddrw"
Const OLDNAME As String = "SolidWorks Corporation"
Const NEWNAME As String = "D.S. SolidWorks Corp."
Const OLDADDRESS As String = "150 Baker Avenue"
Const NEWADDRESS As String = "175 Wyman Street"
Const OLDCITY As String = "Concord, MA 01742"
Const NEWCITY As String = "Waltham, MA 02451"
Private Sub DoReplaceText(ByRef NoteText As String)
  NoteText = Replace(NoteText, OLDNAME, NEWNAME, 1, -1, vbTextCompare)
  NoteText = Replace(NoteText, OLDADDRESS, NEWADDRESS, 1, -1, vbTextCompare)
  NoteText = Replace(NoteText, OLDCITY, NEWCITY, 1, -1, vbTextCompare)
End Sub

Sub main()
  Dim swApp As SldWorks.SldWorks
  Dim swModel As SldWorks.ModelDoc2
  Dim swDraw As SldWorks.DrawingDoc
  Dim swView As SldWorks.view
  Dim swNote As SldWorks.note
  Dim FileName As String
  Dim NoteText As String
  Dim TextCount As Long
  Dim Errors As Long
  Dim Warnings As Long
  Dim i As Long
  Set swApp = Application.SldWorks
  FileName = Dir(FILEDIR + FILEMASK,vbNormal)

  Do While FileName <>""
    Set swModel = swApp.OpenDoc6(FILEDIR + FileName, _
    swDocDRAWING, swOpenDocOptions_Silent, "", Errors, Warnings)
    Set swDraw = swModel
    Set swView = swDraw.GetFirstView
    Do While Not swView Is Nothing
      Set swNote = swView.GetFirstNote
      Do While Not swNote Is Nothing
        If swNote.IsCompoundNote Then
          TextCount = swNote.GetTextCount
            For i = 1 To TextCount
              NoteText = swNote.GetTextAtIndex(i)
              DoReplaceText NoteText
              swNote.SetTextAtIndex i, NoteText
```

```
            Next i
          Else
            NoteText = swNote.GetText
            DoReplaceText NoteText
            swNote.SetText NoteText
          End If
          Set swNote = swNote.GetNext
        Loop
        Set swView = swView.GetNextView
      Loop
      Dim SaveSuccess As Boolean
      SaveSuccess = swModel.Save3(swSaveAsOptions_Silent, Errors, Warnings)
      swApp.QuitDoc FileName
      FileName = Dir
    Loop
  End Sub
```

附录 C　批量转换 2

本例中，将自动在多张图纸的指定位置添加注释，如附图 C-1 所示。

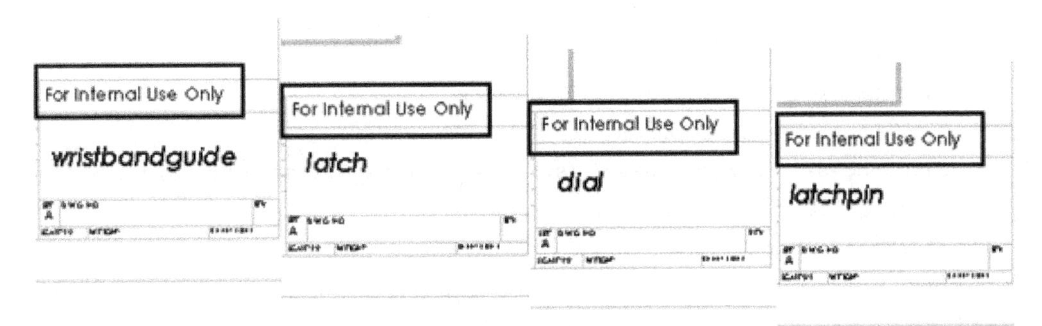

附图 C-1　批量转换 2

实现代码如下所示：

```
Const TRAININGDIR As String ="C:\SOLIDWORKS Training Files\API Fundamentals\"
Const FILEDIR As String =TRAININGDIR & "Appendix\BatchConversions\"
Const FILEMASK As String = "*.slddrw"
Const NEWNOTE As String = "For Internal Use Only"
Const NOTEPT_X As Double = 0.2128516978344
Const NOTEPT_Y As Double = 0.04630161580401
Const HEIGHT As Double = 0.003704
Const ANGLE As Double = 0#
Const FONTNAME As String = "Century Gothic"
Sub main()
  Dim swApp As SldWorks.SldWorks
  Dim swModel As SldWorks.ModelDoc2
  Dim swDraw As SldWorks.DrawingDoc
  Dim swNote As SldWorks.note
```

```
    Dim swTextFormat As SldWorks.textFormat
    Dim FileName As String
    Dim NoteText As String
    Dim errors As Long
    Dim warnings As Long
    Dim i As Long

    Set swApp = Application.SldWorks
    FileName = Dir(FILEDIR + FILEMASK,vbNormal)
    Do While FileName < >""
      Set swModel = swApp.OpenDoc6(FILEDIR + FileName, _
      swDocDRAWING, swOpenDocOptions_Silent, "", errors, warnings)
      Set swDraw = swModel
      swModel.SketchManager.AddToDB = True
      swDraw.EditTemplate
      Set swNote = swDraw.CreateText2(NEWNOTE, NOTEPT_X, _
      NOTEPT_Y, 0#, HEIGHT, ANGLE)
      Set swTextFormat = swNote.GetAnnotation. GetTextFormat(0)
      swTextFormat.TypeFaceName = FONTNAME
      swNote.GetAnnotation.SetTextFormat 0, False, swTextFormat
      swDraw.EditSheet
      swModel.SketchManager.AddToDB = False
      Dim SaveSuccess As Boolean
      SaveSuccess = swModel.Save3 (swSaveAsOptions_Silent, errors, warnings)
      swApp.QuitDoc FileName
      FileName = Dir
    Loop
  End Sub
```

附录 D　装配体遍历

本例将演示如何遍历装配体，并创建其所有零部件的列表。可以使用这些代码创建材料表，也可以用来遍历每个部件中的所有特征，并将它们显示在列表中部件的下方。

在 VBA 中运行此宏时，单击【视图】/【立即窗口】，可以查看输出。

```
  Sub main()
    'Macro Entry point
    Dim swApp As SldWorks.SldWorks
    Dim swModel As SldWorks.ModelDoc2
    Dim swConfigMgr As SldWorks.ConfigurationManager
    Dim swAssy As SldWorks.AssemblyDoc
    Dim swConf As SldWorks.configuration
    Dim swRootComp As SldWorks.Component2
    Dim nStart As Single
    Dim bRet As Boolean
    Set swApp = Application.SldWorks 'Connect to SW
```

```
  Set swModel = swApp.ActiveDoc 'Get the active assembly
  Set swConfigMgr = swModel. ConfigurationManager
  'Get the active config
  Set swConf = swConfigMgr. ActiveConfiguration
  'Get it's root component
  Set swRootComp = swConf. GetRootComponent3 (True)
  nStart = Timer
  Debug. Print "File = " &swModel. GetPathName
  'traverse all of the assembly features
  TraverseModelFeaturesswModel, 1
  'Now traverse all of the components and sub assemblies
  TraverseComponent swRootComp, 1
  Debug. Print""
  Debug. Print "Time = " & Timer -nStart & " s"
End Sub

Sub TraverseModelFeatures (swModel As SldWorks. ModelDoc2, nLevel As Long)
  'this code recursively traverses all of the
  'features in a model
  Dim swFeat As SldWorks. feature
  SetswFeat = swModel. FirstFeature
  TraverseFeatureFeaturesswFeat, nLevel
End Sub
Sub TraverseFeatureFeatures (swFeat As SldWorks. feature, nLevel As Long)
  'recursively traversing the feature's features
  Dim swSubFeat As SldWorks. feature
  Dim swSubSubFeat As SldWorks. feature
  Dim swSubSubSubFeat As SldWorks. feature
  Dim sPadStr As String
  Dim i As Long
  For i = 0 To nLevel
    sPadStr = sPadStr + " "
  Next i
  While Not swFeat Is Nothing
    Debug. PrintsPadStr + swFeat. Name + " [" + swFeat. GetTypeName2 + "]"
    Set swSubFeat = swFeat. GetFirstSubFeature
    While Not swSubFeat Is Nothing
      Debug. Print sPadStr + " " + swSubFeat. Name + _
      " [" + swSubFeat. GetTypeName2 + "]"
      Set swSubSubFeat = swSubFeat. GetFirstSubFeature
      While Not swSubSubFeat Is Nothing
        Debug. PrintsPadStr + " " + _
        swSubSubFeat. Name + " [" + swSubSubFeat. GetTypeName2 + "]"
        Set swSubSubSubFeat = swSubFeat. GetFirstSubFeature
        While Not swSubSubSubFeat Is Nothing
```

```
                Debug.Print sPadStr + " " + _
                swSubSubSubFeat.Name + " [" + swSubSubSubFeat.GetTypeName2 + "]"
                Set swSubSubSubFeat = swSubSubSubFeat.GetNextSubFeature()
            Wend
            Set swSubSubFeat = swSubSubFeat.GetNextSubFeature()
        Wend
        Set swSubFeat = swSubFeat.GetNextSubFeature()
    Wend
    Set swFeat = swFeat.GetNextFeature
  Wend
End Sub

Sub TraverseComponent(swComp As SldWorks.Component2, nLevel As Long)
  'this recursively traverses all of the components in an
  'assembly and prints their name to the immediate window
  Dim vChildComp As Variant
  Dim swChildComp As SldWorks.Component2
  Dim swCompConfig As SldWorks.configuration
  Dim sPadStr As String
  Dim i As Long
  For i = 0 To nLevel - 1
    sPadStr = sPadStr + " "
  Next i
  vChildComp = swComp.GetChildren
  For i = 0 To UBound(vChildComp)
    Set swChildComp = vChildComp(i)
    Debug.Print sPadStr & "+" & swChildComp.Name2 & " <" & _
    swChildComp.ReferencedConfiguration & ">"
    TraverseComponentFeaturesswChildComp, nLevel
    TraverseComponent swChildComp, nLevel + 1
  Next i
End Sub
Sub TraverseComponentFeatures(swComp As SldWorks.Component2, nLevel As Long)
  'this recursively traverses all of the components features
  Dim swFeat As SldWorks.feature
  Set swFeat = swComp.FirstFeature
  TraverseFeatureFeaturesswFeat, nLevel
End Sub
```